Haftungsausschluss

Alle Hausmittel, Ratschläge und Hinweise in diesem Buch wurden von den Autorinnen nach bestem Wissen zusammengetragen und mit größtmöglicher Sorgfalt geprüft. Jede Leserin, jeder Leser ist für das eigene Handeln selbst verantwortlich. Weder die Autorinnen noch der Verlag können für eventuelle Nachteile oder Schäden, die aus den hier vorgestellten Hausmitteln und Ratschlägen resultieren, eine Haftung übernehmen.

Cäcilia Brendieck-Worm, Franziska Klarer, Elisabeth Stöger

Heilende Kräuter für Tiere

Pflanzliche Hausmittel für Heim- und Nutztiere

3., korrigierte Auflage

Haupt Verlag

Cäcilia Brendieck-Worm, Dr. med. vet., 30 Jahre tierärztliche Gemischtpraxis, seit 20 Jahren Arbeitsschwerpunkt Phytotherapie; seit 2008 Leiterin des Arbeitskreises Phytotherapie der Gesellschaft für Ganzheitliche Tiermedizin und verantwortlich für die Weiterbildung von Tierärzten in Phytotherapie durch die Bundestierärztekammer; beteiligt an der Phytotherapie-Ausbildung von Tierärzten in der Schweizerischen Medizinischen Gesellschaft für Phytotherapie und von Landwirten in NRW und Rheinland-Pfalz; Mitherausgeberin des Lehrbuches *Phytotherapie in der Tiermedizin*.

Franziska Klarer, Dr. med. vet., 15 Jahre Tätigkeit in Wissenschaft/Bildungsbereich und Marketingkommunikation/PR; Ausbildungen in Phytotherapie, Traditioneller Chinesischer Medizin/Ohrakupunktur und Kinesiologie; Landwirtin; Autorin des Buches *Jenzerwurz und Chäslichrut – Pflanzliche Hausmittel für Rinder, Schafe, Ziegen, Schweine und Pferde* (Sammlung von Hausmitteln aus dem Schweizer Bergkanton Graubünden) (Haupt, 2013).

Elisabeth Stöger, Dr. med. vet., seit 25 Jahren praktische tierärztliche Tätigkeit in Kärnten, Erfahrung mit Groß- und Kleintieren; Ausbildungen in Phytotherapie und Homöopathie, Vortragstätigkeit für Landwirte und Tierärzte zu den Themen Tiergesundheit in der Biologischen Landwirtschaft und bei Wiederkäuern sowie zur Komplementärmedizin; zahlreiche Artikel in landwirtschaftlichen Fachzeitschriften, mehrere Buchveröffentlichungen zum Thema Pflanzenheilkunde in der Tiermedizin.

Umschlagabbildungen:
Vorne, oben: *Plantago lanceolata* aus Gourdon, J., Naudin, P., Nouvelle iconographie fourragère (1865–1871); Vorne unten von links nach rechts: Flickr, CC-BY-SA-2.0, Ben Lancaster/Shutterstock, Ammit Jack/Flickr, CC-BY-SA-2.0, Regina; Hinten: Shutterstock, aaltair; Rücken: Pixabay, CC-BY-SA-01.0, Hans Braxmeier

Lektorat: Alessandra Kreibaum, D-Worpswede
Umschlag, Gestaltung und Satz: tiff.any GmbH, D-Berlin

3. Auflage: 2021
2. Auflage: 2018
1. Auflage: 2015

ISBN 978-3-258-08227-1

Wir verwenden FSC®-Papier. FSC® sichert die Nutzung der Wälder gemäß sozialen, ökonomischen und ökologischen Kriterien.

Gedruckt in der Tschechischen Republik

FSC www.fsc.org MIX Papier | Fördert gute Waldnutzung FSC® C010798

Diese Publikation ist in der Deutschen Nationalbibliografie verzeichnet. Mehr Informationen dazu finden Sie unter http://dnb.dnb.de.

Wir verlegen mit Freude und großem Engagement unsere Bücher. Daher freuen wir uns immer über Anregungen zum Programm und schätzen Hinweise auf Fehler im Buch, sollten uns welche unterlaufen sein. Falls Sie regelmäßig Informationen über die aktuellen Titel im Bereich Gestalten / Natur & Garten erhalten möchten, folgen Sie uns über Social Media oder bleiben Sie via Newsletter auf dem neuesten Stand!

www.haupt.ch

Inhalt

Vorwort

Vorwort zur 3. Auflage

Das Buch *Heilende Kräuter für Tiere* spricht auch im 5. Jahr nach Erscheinen viele Tierhalter an. Wir freuen uns insbesondere über das wachsende Interesse bei Bäuerinnen und Bauern und über die vielen positiven Rückmeldungen aus diesem Leserkreis.

Das Konzept, Heilende Kräuter für Tiere nicht als reines Rezeptnachschlagewerk zu verfassen, sondern die Wirkung der Heilpflanzen mit gesundheitsunterstützenden und krankheitsvermeidenden Aspekten in Zusammenhang zu bringen, ist auf positive Resonanz gestoßen.

Viele Leserinnen und Leser haben uns bestätigt, dass ihnen Heilende Kräuter für Tiere hilft, den Gesundheitszustand ihrer Tiere zu beurteilen und Heilpflanzen gezielt einzusetzen. Wir wünschen uns, dass dies auch Ihnen, unseren neuen Leserinnen und Lesern, gelingen wird.

Wir möchten Sie unterstützen, damit Sie Ihr Tier unterstützen können: Erkrankungen wo immer möglich vermeiden und die Heilung Ihres Tieres fördern. Es freut uns, wenn wir mit den Informationen in diesem Buch Gesundheit und Wohlbefinden Ihrer Tiere fördern und zum effektiven Heilpflanzeneinsatz beitragen können.

September 2020, Cäcilia Brendieck-Worm, Franziska Klarer, Elisabeth Stöger

Aus dem Vorwort zur 1. Auflage

Die Technik dominiert unser Leben und die digitalen Medien prägen unser Weltbild. Der Alltag in der Stadt – selbst in unseren modernen Dörfern – findet fern der Natur und ihren Rhythmen statt. Natürliche Tier- und Pflanzenwelt werden kaum mehr erlebt. Wir konsumieren fertig konfektionierte Produkte aus dem Supermarkt und wissen nur noch wenig über die Tiere und die Pflanzen, die sie produzieren oder aus denen sie produziert werden.

Hund, Katze, Kaninchen, Meerschweinchen und andere Tiere haben wir als Familienmitglieder in unsere Wohnungen aufgenommen. Vielen Menschen ersetzen sie Partner, Kinder oder Geschwister. Wir versorgen auch sie mit Futter aus dem Supermarkt.

Mittlerweile zeigt sich, dass es Heimtieren in unserer Obhut ergeht wie uns selbst: Sie werden immer älter und haben zunehmend Probleme mit Übergewicht, Hauterkrankungen, Magen-Darm-Störungen, Gelenksbeschwerden und Herz-Kreislauf-Erkrankungen. Oft sind schon junge Tiere betroffen, aber je älter Tiere werden, umso mehr treten derartige Beschwerden auf. Nicht selten liegen diesen Störungen Nahrungsmittelunverträglichkeiten und Allergien zugrunde. Die unnatürliche Lebensweise fordert ihren Preis – bei Mensch und Tier.

Doch was benötigen diese Tiere, die wir in unsere Obhut nehmen, damit sie sich wohlfühlen? Was brauchen sie, um gesund zu bleiben? Wie stärken wir ihre Gesundheit? Womit lindern wir leichte Beschwerden, und wie unterstützen wir ihre Selbstheilungskräfte?

Wenn wir von unseren reinen Fleischfressern – den Katzen – einmal absehen, unterstützen Pflanzen unsere Tiere und auch uns Menschen im Gesundbleiben und beim Gesundwerden. Unsere Vorfahren wussten noch recht gut, womit sie ihre Haus- und Stallgenossen zu versorgen und im Krankheitsfall zu pflegen hatten. Doch dieses Wissen droht in Vergessenheit zu geraten.

Es war deshalb unser Anliegen, in diesem Buch traditionelles bäuerliches Heilpflanzenwissen zusammenzutragen und diesen Hausmittelschatz für alle nutzbar zu machen, die mit Tieren zusammenleben. Hinzugenommen haben wir das Heilpflanzenwissen aus der traditionellen Literatur. Aufgeführt sind zusätzlich traditionelle Rezepturen aus der Tierarzneimittellehre. Diese werden von der modernen Tiermedizin nicht mehr anerkannt, können aber als Hausmittel eingesetzt werden.

Die in diesem Buch wiedergegebenen Rezepturen und Ratschläge sind nicht kritiklos aus alter Zeit übernommen, sondern wurden nach dem derzeitigen Wissenstand begutachtet. Wenn nötig, wurden Rezepturen und Anwendungen aktualisiert.

Die dargestellten Hausmittel sind in der Regel seit Jahrhunderten bewährt und bestens verträglich. Zur täglichen Gesunderhaltung, zur Unterstützung in belastenden Situationen und zur Linderung leichter Beschwerden sind sie hervorragend geeignet. Heilpflanzenanwendungen können jedoch bei schwerwiegenden Erkrankungen moderne Medikamente nicht ersetzen. Es ist wichtig, die Grenzen der Selbstbehandlung zu erkennen und rechtzeitig einen Tierarzt zurate zu ziehen. In Absprache mit dem behandelnden Tierarzt kann das Tier auch bei schwerwiegenden Krankheiten sinnvoll mit Heilpflanzen unterstützt werden.

Juni 2015, Cäcilia Brendieck-Worm,
Franziska Klarer, Elisabeth Stöger

1

Einführung

Heilpflanzen bei Tieren – einst und jetzt

In den Arzneimittellehrbüchern für Tierärzte ab 1850 kann man verfolgen, wie die traditionellen Arzneipflanzen für Tiere von chemisch hergestellten Medikamenten mehr und mehr verdrängt wurden. Arzneipflanzen spielen heute in der Tiermedizin nur noch eine untergeordnete Rolle. Umfassendes Fachwissen über Arzneipflanzen können Tierärzte zurzeit nur außerhalb der Universitäten in qualifizierten Zusatzausbildungen erwerben.

Tierhalter selbst greifen bis in die heutige Zeit gerne auf Hausmittel mit Heilpflanzen zurück. Es besteht sogar wieder vermehrt das Bedürfnis, die Tiere - durchaus auch zusätzlich zur tierärztlichen Behandlung - mit Hausmitteln zu unterstützen. Trotz des gesunkenen Wertes des Einzeltieres werden auch in der Nutztierhaltung die oft zeitaufwändigeren und mehrmals zu wiederholenden Hausmittelanwendungen durchgeführt.

Fig. 490. Kleienumschlag bei Halsentzündung.

Ein warmer Wickel für den Hund. Illustration aus «Dr. Lampes illustrierte Tierheilkunde», Leipzig 1899

Was versteht man unter Hausmitteln? Hausmittel werden vom Tierhalter selbst hergestellt und angewendet. Zumeist haben sie eine lange Tradition in der Anwendung. Hausmittel werden nicht ausschließlich aus Pflanzen hergestellt, sondern enthalten mitunter auch Bestandteile tierischen oder mineralischen Ursprungs. Oft haben sie nicht nur eine pharmakologische Wirkung, die auf die Inhaltsstoffe der Pflanzen zurückzuführen ist, sondern lösen auch physikalische Reize aus – wie Wärme und Kälte. Hausmittel können zur Gesunderhaltung und zur Unterstützung bei Erkrankungen von Tieren eingesetzt werden. Ein gezielter Einsatz in der Vorbeugung und in den Anfangsstadien von Störungen hat das Potenzial, den Einsatz von Arzneimitteln - beispielsweise von Antibiotika – zu reduzieren.

Wichtig ist, die Grenzen der Hausmittelanwendungen zu kennen und den Tierarzt rechtzeitig zuzuziehen. Weiter ist darauf zu achten, dass ein Hausmittel fachlich korrekt eingesetzt wird, damit man dem Tier keinen Schaden zufügt.

Hausmittel bei lebensmittelliefernden Tieren

Bei Nutztieren müssen die Hausmittel nicht nur zum Wohl des Tieres, sondern auch ohne Gefahr für die Konsumenten von Fleisch, Milch und Eiern eingesetzt werden. Speziell bei Anwendungen am Euter ist Vorsicht geboten. Die Wirkstoffe können über die Haut aufgenommen werden und in die Milch gelangen. Farbe, Geschmack und Zusammensetzung der Milch können sich verändern. Vor der Anwendung von Hausmitteln beim lebensmittelliefernden Tier sollte man Rücksprache mit dem Tierarzt nehmen. Dieser ist über Einschränkungen durch das Heilmittelgesetz (EU: Arzneimittelgesetz) informiert.

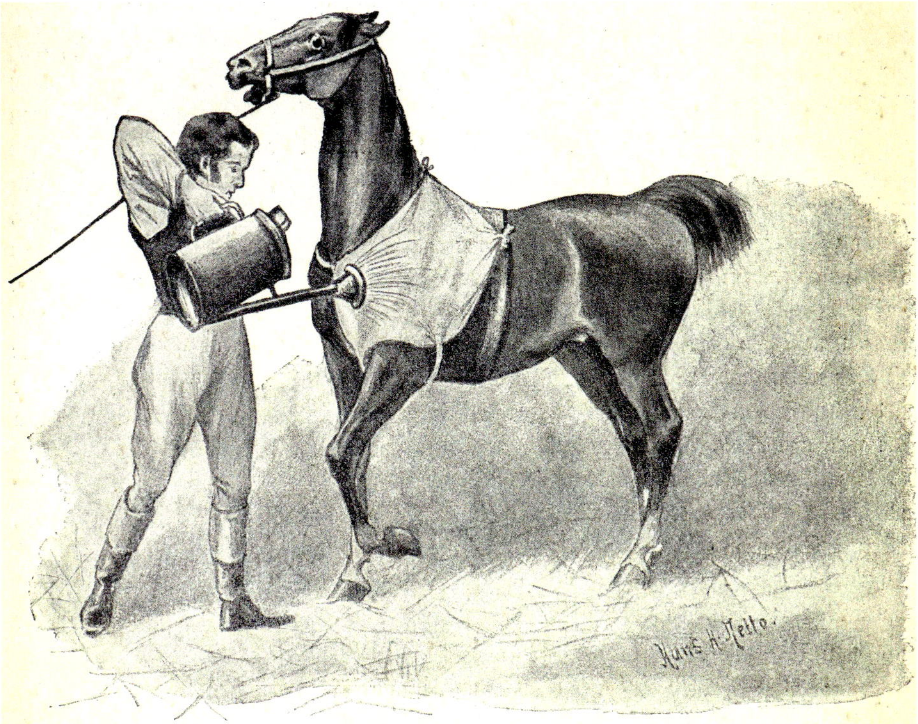

Fig. 219. Umschlag bei Schulterlähme.

Bei einem Schulterproblem empfiehlt Dr. Lampe einen Anguss. Illustration aus «Dr. Lampes illustrierte Tierheilkunde», Leipzig 1899

Gesunde und kranke Tiere

Wer Tiere in seine Obhut nimmt, trägt die Verantwortung für ihr Wohlbefinden. Mit einer ihrem Wesen angemessenen Haltung und Fütterung sorgt der Tierhalter für ihr Gedeihen. Fehler in Haltung und Fütterung führen zu Gesundheitsstörungen und Krankheiten. Doch selbst unter optimalen Bedingungen können Tiere erkranken.

Wichtig ist, seine Tiere täglich aufmerksam zu beobachten (siehe **Tabelle 1-1**). Ein aufmerksamer Tierhalter wird bald wahrnehmen, wenn mit einem Tier etwas nicht stimmt. Verhaltensänderungen verraten Störungen und Erkrankungen. Je besser man seine Tiere beobachtet, umso früher stellt man Erkrankungen fest und umso besser sind die Chancen, größere Schäden zu verhindern.

Besonderheiten der Tierarten

Rinder

Rinder verhalten sich ruhig und aufmerksam. Sie sind Herdentiere, die nicht gerne von der Gruppe abgesondert werden. Sie verbringen den Groß-

Normalwerte Rind
Körpertemperatur:
Erwachsene Tiere: 38,3–38,8 °C
Jungtiere: 38,5–39,5 °C
Atemfrequenz pro Minute:
Erwachsene Tiere: 10–30
Jungtiere: 20–40

Normalwerte Schaf und Ziege
Körpertemperatur Schaf:
Erwachsene Tiere: 38,5–39,5 °C
Jungtiere: 38,5–40,0 °C
Atemfrequenz pro Minute Schaf:
Erwachsene Tiere: 16–30
Jungtiere: 20–40
Körpertemperatur Ziege:
Erwachsene Tiere: 38,3–39,0 °C
Jungtiere: 38,5–39,5 °C
Atemfrequenz pro Minute Ziege:
Erwachsene Tiere: 10–30
Jungtiere: 20–40

teil des Tages mit Fressen, Wiederkäuen und Ruhen. Die Verhaltensweisen werden meist von allen Gruppenmitgliedern gemeinsam ausgeführt. Zum Wiederkäuen legen sich Rinder vorzugsweise hin. Je nach Futterzusammensetzung verbringen sie 8–12 Stunden mit Wiederkäuen. Rinder fühlen sich bei etwa -7 bis 16 °C am wohlsten. Hitze vertragen sie schlecht. Lange Liegezeiten abseits der Herde und ohne Wiederkäuen sind nicht normal.

Das kranke Rind unterstützen

Mit einer Stroh-Mist-Matratze kann den Rindern eine weiche und trockene Liegefläche angeboten werden, wenn sie Probleme mit dem Aufstehen oder den Klauen haben. Geht das Tier nicht mehr zur Futterkrippe, muss man ihm Wasser und Futter bringen. Rohfaserreiches, wiederkäuergerechtes Futter in kleinen Portionen unterstützt die Fresslust. Durch Striegeln steigert man das Wohlbefinden. Scheren hilft Verschmutzungen zu beseitigen und vermindert das Schwitzen. Kranke Kälber werden mit einer Kälberdecke oder mit einer Wärmelampe warm gehalten.

Schafe und Ziegen

Schafe sind den Menschen gegenüber eher zurückhaltend, wenn man von den «Flaschenkindern» oder Milchschafen absieht. Ihr Verhalten ist dem der Rinder ähnlich: Die meiste Zeit des Tages verbringen sie mit Fressen, im Liegen käuen sie wieder. Für Schafe ist die Herde besonders wichtig, und sie werden immer versuchen, möglichst alle Aktivitäten gemeinsam durchzuführen. Selbst wenn es einem Tier nicht so gut geht, versucht es, mit den anderen mitzuhalten.

Ziegen sind wache, unternehmungslustige Tiere. Wenn sie die Möglichkeit haben, fressen sie bevorzugt Blätter, Knospen, Rinden und Blüten. Um an Leckerbissen zu kommen, überwinden sie geschickt Zäune oder lange Strecken.

Bei Ziegen sind Klettermöglichkeiten zur Beschäftigung und Entschärfung von Rangordnungskämpfen notwendig.

Lange Liegezeiten, fehlendes Fressen oder Wiederkäuen und Zähneknirschen sind bei Schafen und Ziegen typische Krankheitszeichen. Auch wenn sie desinteressiert sind, von der Herde abgesondert liegen oder mit dem Tempo der anderen Tiere nicht Schritt halten können, muss man davon ausgehen, dass sie erkrankt sind.

Kranke Schafe und Ziegen unterstützen

Bei kranken Wiederkäuern ist es sehr wichtig, dass sie weiterfressen oder wieder zu fressen beginnen. Leckerbissen wie junge Blätter, Gartenkräuter, angewelkte Brennnesseln und bitter schmeckende Pflanzen können dabei helfen. Kranke Schafe sollten nicht allein gehalten, sondern mit einem zweiten Tier abgesondert werden. Zum Wohlbefinden trägt das Scheren bei Schafen bzw. das Kämmen und Bürsten bei Ziegen bei. Wenn Schafe bei ungünstiger Witterung geschoren werden, ist ein Schutz vor Wind und Kälte notwendig. Trockene, saubere Liegeflächen und frische Luft sind Voraussetzung für Gesundheit.

Schweine

Schweine sind intelligente und aufgeweckte Tiere. Wenn sie die Möglichkeit haben, durchpflügen sie mit ihrem Rüssel stundenlang die Erde. Sie suhlen sich in schlammigen Pfützen und scheuern sich anschließend an Bäumen und Zaunpfählen, um die Haut zu pflegen und Parasiten fernzuhalten. Sie fressen gerne. Ein Schwein, das sich absondert und mit Futter nicht locken lässt, ist vermutlich krank. Hautveränderungen sind beim Schwein gut sichtbar. Schweine sind reinliche Tiere, die ihre Liegefläche normalerweise nicht mit Harn und Kot verschmutzen.

Normalwerte Schwein

Körpertemperatur:
Erwachsene Tiere: 38,3–38,8 °C
Ferkel: 39–39,5 °C
Atemfrequenz pro Minute:
Erwachsene Tiere: 10–20
Ferkel: 30–50

Kranke Schweine unterstützen

Wenn ein Schwein krank ist und sich zurückziehen möchte, bedeckt es sich meist ganz mit Stroh und Einstreu. So hält es sich warm und wird von den anderen in Ruhe gelassen. Es hilft daher den Tieren, wenn viel saubere Einstreu angeboten wird. Junge Ferkel brauchen Wärme und bekommen eine Wärmelampe oder ein beheiztes Nest. Ein Zugang ins Freie mit der Möglichkeit zum Suhlen unterstützt das Tier bei der Wärmeregulation und fördert sein Wohlbefinden.

Pferde

In der freien Natur verbringen Pferde rund 16 Stunden des Tages mit der Futtersuche. Dabei können sie sehr weite Strecken zurücklegen. Sie haben ein großes Kaubedürfnis. Ihre Verdauung ist auf rohfaserreiches, über den ganzen Tag verteilt angebotenes Futter angewiesen. Pferde haben eine ausgeprägte Körpersprache und klare Rangordnungen in Gruppen. Genügend Ausweichmöglichkeiten, sichere Fressplätze für alle Tiere und konstante Herdenzusammensetzungen helfen, Kämpfe zu vermeiden. Pferde sind wach und aufmerksam sowie in unseren Haltungen oft sehr menschenbezogen. Ziehen sie

Normalwerte Pferde
Körpertemperatur:
Erwachsene Tiere:
Vollblut und Warmblut: 37,3–38,0 °C
Kaltblut: 37,5–38,2 °C
Atemfrequenz pro Minute:
Erwachsene Tiere: 8–14

Normalwerte Hunde
Körpertemperatur:
Erwachsene Tiere: 37,8–38,8 °C
Atemfrequenz pro Minute:
Erwachsene Tiere: 10–30

sich zurück, so stimmt etwas nicht. Appetitlosigkeit ist ein Krankheitszeichen. Pferde zeigen oft deutlich, wo es sie schmerzt, indem sie sich nach ihrem Bauch umschauen oder ein schmerzendes Bein entlasten.

Kranke Pferde unterstützen

Durch das Putzen werden Haut und Muskeln des Pferdes massiert und die Durchblutung gefördert. Besonders in Zeiten des Fellwechsels, bei verschmutztem Fell und fehlender Bewegung ist das Putzen ein wichtiger Beitrag zum Wohlbefinden. Bei Atemwegserkrankungen bewährt es sich, schädliche Partikel in der Stallluft zu reduzieren. Dies kann durch Maßnahmen wie Ausschütteln von Heu oder Stroh vor dem Stall, Einweichen von Heu vor der Fütterung, Verfütterung von Heulage, Nasskehren des Stallganges, gute Belüftung des Stalles oder Offenstallhaltung erreicht werden. Bei leichten Koliken wird empfohlen, das Pferd vorsichtig im Schritt zu führen. Es kann dem Pferd helfen, sich zu entspannen.

Hunde

Hunde sind sehr sozial und begrüßen ihre Familienmitglieder. Sie zeigen ihre Ansprüche deutlich. Sie kennen Futter- und Spaziergangzeiten und stehen dann voller Erwartung da. Sie haben Freude an der Bewegung und fordern zumindest in jungen Jahren zum Spiel auf. Ist ein Hund desinteressiert an Futter, Bewegung und Kontakt, so fühlt er sich nicht wohl.

Kranke Hunde unterstützen

Zum Gesundwerden trägt nicht nur die Medizin bei, sondern auch die Pflege des Tieres. Die Fellpflege kann durch Bürsten unterstützt werden, und zu lange Krallen müssen gekürzt werden. Der Appetit kann durch kleine leckere Happen angeregt werden. Wenn allerdings Durchfall oder Erbrechen besteht, ist ein kurzzeitiges Fasten und anschließendes Anfüttern mit leicht verdaulicher Nahrung hilfreich. Massagen und das vorsichtige passive Beugen und Strecken der Gliedmaßen helfen bei Problemen in Muskeln, Sehnen oder Knochen. Nach längerer Krankheit ist es wichtig, die Länge der Spaziergänge langsam zu steigern, um das Tier nicht zu überfordern.

Katzen

Katzen ist die Fellpflege wichtig. Sie putzen sich ausgiebig und machen dabei erstaunliche Bewegungen, um sich mit der rauen Zunge überall zu erreichen. Sie lieben ihren Freigang, fordern aber immer wieder ihre Streicheleinheiten ein. Aufmerksam muss man werden, falls sich eine zahme Katze zurückzieht und sich nicht mehr berühren lässt. Wenn eine Katze nicht frisst, mit gesträubtem Fell und gekrümmtem Rücken lange Zeit auf einem Platz hockt, ist sie offensichtlich krank. Ein Krankheitssymptom ist das Sichtbarwerden des dritten Augenlides.

Kranke Katzen unterstützen

Wenn sich eine Katze nicht mehr putzt, dann geht es ihr sehr schlecht. Nicht alle Katzen mögen gebürstet werden, aber es lohnt sich, einen vorsichtigen Versuch zu unternehmen. Alte Tiere bleiben oft mit ihren zu langen Krallen hängen. Sie müssen geschnitten werden. Kranke Katzen mögen gerne warme, kuschelige Plätze in der Nähe der Heizung. Kleine Mengen von Sahne oder Butter können Appetit und Verdauung anregen.

Kaninchen und Meerschweinchen

Kaninchen und Meerschweinchen haben in freier Natur viele Feinde. Das hat sie zu sehr vorsichtigen und aufmerksamen Tieren werden lassen, die blitzschnell flüchten können. In Außengehegen sind gedeckte Bereiche wichtig, damit sie sich sicher fühlen. Ein Drahtgitter reicht

Normalwerte Katzen
Körpertemperatur:
Erwachsene Tiere: 37,8–38,8 °C
Atemfrequenz pro Minute:
Erwachsene Tiere: 10–30

Normalwerte Kaninchen und Meerschweinchen
Körpertemperatur Kaninchen:
Erwachsene Tiere: 38,5–40,0 °C
Atemfrequenz pro Minute Kaninchen:
Erwachsene Tiere: 32–60
Körpertemperatur Meerschweinchen:
Erwachsene Tiere: 37,2–39,5 °C
Atemfrequenz pro Minute Meerschweinchen:
Erwachsene Tiere: 40–100

nicht als Schutz. Fühlen sich Kaninchen und Meerschweinchen sicher, so sind sie neugierig und menschenbezogen. Meerschweinchen fordern mit durchdringendem Quiekton zum Füllen der Futterschüssel auf. Ziehen die Tiere sich in ihren Unterschlupf zurück und zeigen kein Interesse am Geschehen um sie herum, sind sie ernstlich krank.

Für alle Pflanzenfresser, also auch für Kaninchen und Meerschweinchen, ist das beständige Fressen für das Funktionieren der Verdauung unbedingt notwendig. Deshalb ist die Fresslust ein zentraler Punkt in der Beurteilung, ob das Tier gesund oder krank ist. Regelmäßiges Wiegen hilft zu erkennen, ob alle Tiere im Gehege ausreichend fressen oder zu viel bekommen.

Kranke Kaninchen und Meerschweinchen unterstützen

Wenn ein Meerschweinchen oder Kaninchen wenig oder nichts frisst, muss man zuerst die Ursache suchen. Um das Fressen zu fördern, werden einzelne frische Blätter oder Gemüsestückchen angeboten. Bei schwerwiegenden Erkrankungen bekommen Kaninchen und Meerschweinchen Breinahrung vom Tierarzt. Dieser Brei wird vorsichtig eingegeben. Weiche, trockene und saubere Einstreu ist im Krankheitsfall besonders wichtig, damit durch das regungslose Sitzen die Fußballen nicht wund werden.

Hühner

Hühner sind neugierig und sozial, auch wenn sie sich dem Menschen gegenüber oft scheu verhalten. Scharrend und pickend suchen sie nach Futter. Die sprichwörtliche Hackordnung sorgt immer für etwas Unruhe im Hühnerhof. Bedrohliches, wie etwa ein überfliegender Greifvogel, wird mit aufgeregtem Gackern der Umgebung mitgeteilt. Tiere, die zurückbleiben, zum Schlafen nicht auf ihre Sitzstange hinauffliegen, aufgeplustert und mit eingezogenem Kopf dasitzen, vielleicht sogar die Flügel hängen lassen, einen blassen Kamm und einen leeren Kropf haben, immer wieder die Augenlider schließen und sich mit Futter nicht locken lassen, sind krank und brauchen besondere Aufmerksamkeit.

Kranke Hühner unterstützen

Ein krankes Huhn setzt man am besten einzeln, bietet ihm einen warmen Platz oder sogar eine Rotlichtlampe und leicht verdauliches Futter wie gekochte Hirse, gekochten Reis oder Hafergrütze an. Man bringt ihm mehrmals täglich frisches, leicht angewärmtes Wasser.

Normalwerte Geflügel

Körpertemperatur- und Atemfrequenzmessung ist unüblich

Tabelle 1-1

Beobachtung des Tieres zur Gesundheitskontrolle

Zu beachten	Anzeichen für Störungen (Beispiele)
Verhalten	▪ Teilnahmslosigkeit, Rückzug, lange Liegezeiten ▪ Unruhe, Zittern ▪ Schmerzzeichen wie Schlagen und Umschauen gegen den Bauch
Futteraufnahme und Trinken	▪ Mangelnder Appetit, Appetitlosigkeit oder Heißhunger ▪ Vermindertes Wiederkäuen (gesunde Wiederkäuer: mindestens 50 Wiederkauschläge pro Bissen) ▪ Kein bzw. übersteigerter Durst
Körperhaltung	▪ Ohren hängend oder angelegt ▪ Kopf hängend, gesenkt, zurückgeschlagen ▪ Rücken gekrümmt ▪ Bauch hochgezogen
Fortbewegung	▪ Gliedmaßen entlastet in der Bewegung ▪ Schonhaltung, Lahmheit ▪ Aufstehen und Niederlegen erschwert
Haarkleid und Gefieder	▪ Struppig, abstehend, gesträubt, ungepflegt, verschmutzt ▪ Abgescheuerte Haare, Haarausfall ▪ Verzögerungen bei Fellwechsel, Mauser
Haut	▪ Hautausschläge und -veränderungen, kahle Stellen ▪ Hautverletzungen ▪ Juckreiz
Schleimhäute: Nasen-, Maul-, Scheidenschleimhaut	▪ Blässe, bläuliche Verfärbung, Rötung ▪ Absonderungen
Augen	▪ Eingesunken, glanzlos ▪ Gerötete oder blasse Bindehäute ▪ Augenausfluss, wässrig, eitrig
Körperkondition	▪ Gewichtsverlust, Abmagerung ▪ Starke Zunahme, Verfettung
Leistungsabfall	▪ Milchrückgang, Rückgang der Legeleistung ▪ Stillstand bei Wachstum und Gewichtszunahme ▪ Rasche Erschöpfung, langsame Erholung ▪ Pferd: übermäßiges Schwitzen
Atmung	▪ Atemfrequenz erhöht oder erniedrigt ▪ Erschwerte Atmung, unnormale Atemgeräusche, Husten
Körpertemperatur	▪ Erhöht oder erniedrigt
Harn- und Kotabsatz	▪ Abweichungen in Häufigkeit, Menge, Konsistenz und Farbe, Beimengungen

Selbst sammeln, ernten, trocknen – oder kaufen?

Heilpflanzen sammeln

Gesetze über Natur- und Heimatschutz erlauben das Sammeln von Tee- und Heilkräutern für den Eigenbedarf. Ausgenommen sind Pflanzen in Naturschutzgebieten und geschützte Arten. Wildpflanzen sollte man an verschiedenen Standorten sammeln, damit der Bestand an einem Ort nicht gefährdet wird. Am besten sammelt man in abgelegenen Waldgebieten, auf extensiv genutzten Wiesen oder trockenen Hängen, die nicht durch Dünger, Pflanzenschutzmittel oder Verschmutzung durch den Straßenverkehr belastet sind.

Ideal zum Trocknen von Pflanzen: große Flächen zum Ausbreiten des Sammelguts, luftig und platzsparend stapelbar

Körbe, Stoff- oder Papiersäcke eignen sich, um die gesammelten Pflanzen zu transportieren. Es kann von Hand gepflückt werden. Messer oder Schere helfen jedoch, eine Pflanze nicht unnötig zu verletzen. Von einer Pflanze werden nur so viele Blüten, Blätter und Früchte weggenommen, dass sie weiter wachsen und Samen produzieren kann. Das ist besonders für den Fortbestand einjähriger Pflanzen wichtig.

Da oberirdische Pflanzenteile vor dem Trocknen normalerweise nicht gewaschen werden, sollten sie möglichst sauber sein. Man nimmt nur kräftige und gesunde Pflanzen ohne Pilz- oder Insektenbefall mit und sammelt den voraussichtlichen Jahresbedarf. Eine Vorratshaltung darüber hinaus wird aufgrund des fortschreitenden Wirkstoffverlustes des Sammelguts nicht empfohlen.

Für die Wildsammlung sind nicht nur genaue Kenntnisse zu den Schutzbestimmungen, sondern auch über die Pflanzen unerlässlich. Ein Bestimmungsbuch ist zum Erkennen der Pflanzen hilfreich. Bei Unsicherheiten ist es empfehlenswert, die Pflanze vor der Verarbeitung Fachpersonen wie Botanikern, Drogisten oder Apothekern zu zeigen. Denn bei einigen Arzneipflanzen besteht die Gefahr, sie mit giftigen Pflanzen zu verwechseln. Dies ist zum Beispiel zwischen dem Gelben Enzian und dem Weißen Germer möglich. Ein Unterscheidungsmerkmal ist hier die Anordnung der Blätter: Diese sind beim Gelben Enzian gegenständig, beim Weißen Germer wechselständig angeordnet. Doldenblütler sollten wegen der vielen giftigen Vertreter in dieser Pflanzenfamilie nicht in freier Natur gesammelt werden.

Tiermedizinische und botanische Informationen sind auf der Giftpflanzendatenbank des Institutes für Veterinärpharmakologie und -toxikologie der Universität Zürich zu finden:
www.giftpflanzen.ch

Ernten

Sowohl bei der Wildsammlung als auch beim Anbau ist der Erntezeitpunkt wichtig, da dieser den Wirkstoffgehalt stark beeinflusst. Schönwetterperioden ohne große Trockenheit eignen sich zum Sammeln und Ernten. Die Pflanzen dürfen nicht taufeucht und nass sein. Pflanzen mit ätherischen Ölen werden an heißen Tagen vor der Mittagshitze und an bedeckten Tagen um die Mittagszeit geerntet. Damit erhält man den höchsten Wirkstoffgehalt.

Empfohlene Erntezeiten

- Wurzeln: In der Ruheperiode vom Herbst bis ins Frühjahr.
- Rinden: Im Frühjahr beim Austreiben von jungen Ästen und Stockausschlägen der Bäume oder Sträucher.
- Kraut: Zu Beginn oder während der Blütezeit. Zum Kraut zählen Stängel, Blätter und Blüten.
- Blätter: Entfaltete Blätter, vor oder zu Beginn des Aufblühens der Pflanze. Blätter, die einen möglichst hohen Gerbstoffgehalt aufweisen sollen, werden im Sommer gepflückt (z. B. Frauenmantel, Himbeerblätter).
- Blüten: Geöffnete Blüten bei beginnender Blüte bis zur Vollblüte.
- Früchte: Nach vollkommener Ausbildung oder Reife.

Trocknen

Die Trocknung ist die häufigste Art, Heilpflanzen haltbar und lagerfähig zu machen. In getrocknetem Zustand werden die Pflanzenteile als Drogen bezeichnet. In dieser Form sind sie im Handel erhältlich.

1

2

3

4

1 Geerntet wird am besten während einer Schönwetterperiode.
2 Getrocknete Ringelblumenblüten
3 Getrocknete Wallwurz (Beinwellwurzel)
4 Getrocknete Himbeerblätter

Bedeutung des Wortes «Droge»
In der Pharmazie werden getrocknete Pflanzen und Pflanzenteile als Drogen bezeichnet. Die Trocknung erfolgt, um Rohstoffe haltbar zu machen und in Arzneimitteln zu verwenden. Das Wort «Droge» hatte früher auch die Bedeutung «Arzneimittel». Es findet sich in der Bezeichnung der Drogerie wieder, wo heute noch Heilkräuter und Gewürze verkauft werden.

Eine schonende und zügige Trocknung ist wichtig, um den Wirkstoffgehalt der Drogen zu erhalten. Eine zu schnelle Trocknung bei hohen Temperaturen kann Wirkstoffe der Heilpflanze zerstören. Zu langsame Trocknung bei niederen Temperaturen hingegen begünstigt Pilzbefall und Fermentationsprozesse (braune Farbe). Die optimale Trocknungstemperatur sichert die gute Qualität und den hohen Wirkstoffgehalt der Drogen.

Blüten und Blätter werden vor dem Trocknen nicht gewaschen. Die Pflanzenteile werden unmittelbar nach der Ernte von welken, unsauberen und fremden Bestandteilen getrennt. Getrocknet werden nur jene Teile, die anschließend Verwendung finden. Wenn möglich, werden unnötige Teile wie Stängel von Blattdrogen entfernt, um den Trocknungsprozess nicht zu verlängern. Blätter und Blüten werden nicht zerkleinert, um die Wirkstoffe zu schonen.

Wurzeln hingegen müssen gewaschen und gebürstet werden. Wurzeln und Rinden werden geschnitten, um die Trocknung zu beschleunigen.

Trocknungsort: Je nach räumlichen Gegebenheiten können trockene, gut durchlüftete Räume genutzt werden oder es muss trockene, eventuell sogar entfeuchtete Außenluft zugeführt werden.

Anforderungen an den Trocknungsort:
- Sauber und staubfrei
- Trocken und luftig
- Geschützt vor Ungeziefer
- Ohne direkte Sonneneinstrahlung

Heilpflanzen vorbereiten

Blüten, Blätter:
- Nicht waschen
- Nicht zerkleinern
- Fremdbestandteile und nicht zu trocknende Teile der Pflanze entfernen

Wurzeln, Rinden:
- Wurzeln waschen und sauber bürsten
- Wurzeln und Rinden vor der Trocknung zerkleinern

Heilpflanzen trocknen

Pflanzenteile in einer dünnen Schicht auf Gittern auslegen. Auf gute Durchlüftung mit trockener Luft achten. Die Luftfeuchtigkeit soll maximal 56 Prozent betragen. Bei Bedarf die Pflanzenteile mit einem Ventilator zwangsdurchlüften und die zugeführte Luft entfeuchten.

Pflanzen mit ätherischen Ölen möglichst schonend trocknen:
- Blüten und Blätter mit ätherischen Ölen: angestrebt 20–30 °C
- Wurzeln mit ätherischen Ölen: angestrebt 38,5 °C

Maximale Temperaturen bei Pflanzen ohne ätherische Öle:
- Blüten, Blätter: maximal 42 °C
- Wurzeln und Rinden: maximal 50–60 °C

Durch optimales Nutzen der räumlichen und klimatischen Bedingungen kann man mit geringem Aufwand eine gute Qualität der Drogen erzielen. Die Trocknung ist ausreichend, wenn Blattteile und Stängel beim Biegen brechen. Es ist zu beachten, dass jeder Pflanzenteil und jede Pflanze individuelle Ansprüche an den Trocknungsprozess hat, sodass obenstehende Angaben nur allgemeine Richtlinien sind.

Fehlen zum Beispiel witterungsbedingt ideale Bedingungen, empfiehlt sich folgendes Vorgehen: In einen kleinen geschlossenen Raum stellt man einen Luftentfeuchter. Die Abwärme des Apparates sorgt für eine Erhöhung der Raumtemperatur. Zusammen mit einer Luftumwälzung erhält man eine Trocknungsanlage mit geringem Energieverbrauch.

Getrocknete Pflanzen lagern

Sobald die Pflanzenteile ganz trocken sind, werden diese in licht-, wasser- und luftdichte – wenn möglich auch in bruchsichere – Gefäße abgefüllt. Die Behältnisse sollten mit Drogenbezeichnung und Zeitpunkt der Ernte beschriftet sein. Trockene Räume mit einer konstanten Temperatur von 10–20 °C sind für die Lagerung ideal. Stoffsäcke und andere luftdurchlässige Materialien sind vor allem für die Pflanzen mit ätherischen Ölen nicht geeignet. Die ätherischen Öle würden sich rasch verflüchtigen. Plastikgefäße werden durch ätherische Öle angegriffen. Geeignet sind dicht schließende Gefäße aus Glas, Porzellan oder Ton.

Achtung: Der Wirkstoffgehalt in den Drogen nimmt mit der Zeit ab. Deshalb gilt als Faustregel, dass sie nicht länger als ein Jahr aufbewahrt werden sollten.

Heilpflanzen kaufen

Beim Anbau von Heilpflanzen kann durch Auswahl des Standortes und des Saatgutes ein optimaler Wirkstoffgehalt erzielt werden. Dies betrifft besonders die Pflanzen mit ätherischen Ölen wie Lavendel, Thymian und Rosmarin, die unter südlicher Sonne zu Hause sind und dort höchste Wirkstoffgehalte haben.

Durch einwandfreie Ernte, Trocknung und Lagerung werden die Wirkstoffe bei der Weiterverarbeitung so gut wie möglich erhalten. Nicht immer kann dies bei der eigenen Sammlung und Trocknung gewährleistet werden. Daher ist anzunehmen, dass gekaufte getrocknete Pflanzenteile mindestens ebenso wirksam sind wie die selbst gesammelten. Voraussetzung dafür ist, dass die gekauften Drogen Arzneimittelqualität (Arzneibuchqualität) haben, das heißt, auf Identität, Gehalt und Reinheit geprüft sind.

Gerade bei Großtieren verteuern Verpackungen wie Teebeutel Heilpflanzen unnötig. Deshalb lohnt es sich, Drogen als sogenannt lose Ware zu kaufen. Je nach Art der Droge ist diese in Apotheken, Drogerien, im Großhandel oder im Lebensmittelhandel erhältlich. Beim Kauf in der lokalen Apotheke oder Drogerie lohnt es sich nachzufragen, ob große Mengen zu günstigen Preisen verkauft werden. Zusätzlich ist die fachliche Beratung durch den Apotheker oder Drogisten sehr wertvoll.

Teebeutel

In Teebeuteln sind die Pflanzenteile bereits fertig für den Aufguss zerkleinert. Teebeutel, die Heilpflanzen enthalten und zur Unterstützung der Heilung eingesetzt werden sollen, sind luftundurchlässig verpackt. Andernfalls würden sich Inhaltsstoffe wie ätherische Öle verflüchtigen und den Tee als Heilmittel wertlos werden lassen. Tees aus dem Lebensmittelhandel fehlt meist diese Verpackung. Sie sind zur Zubereitung eines Getränkes vorgesehen und als Heilmittel ungeeignet.

Zubereitungen von Heilpflanzen

Die hier dargestellten Zubereitungen sind traditionell, aber an die heutigen Erkenntnisse aus der Wissenschaft angepasst.

Frischpflanzensäfte (Presssäfte)

Frischpflanzensäfte werden hergestellt, indem man einen Teil frische Kräuter in fünf Teilen Wasser mit einem Mixer zerkleinert und anschließend den Saft abpresst. Dieser ist für den sofortigen Gebrauch bestimmt.

Selbst hergestellte Teemischungen – was ist zu beachten?

Heilpflanzen haben viele Inhaltsstoffe und daher bereits mehrere Wirkungen. Trotzdem kann es nützlich sein, Pflanzen miteinander zu kombinieren, um die Wirkung zu verbessern. Es können nur Pflanzen gemischt werden, die nach derselben Methode gelagert und zubereitet werden können und sich in der Haltbarkeit nicht wesentlich unterscheiden.

Stellt man eine Teemischung aus mehreren, ähnlich stark wirkenden Pflanzen her, reduziert man die Dosierung der einzelnen Pflanzen: bei zwei Pflanzen auf je 50 Prozent, bei drei Pflanzen auf je 30 Prozent etc. Hat man ein Hauptmittel, so wird dieses zumeist in der größeren Menge gegeben, während zur Geschmacks- oder Geruchsverbesserung vorgesehene Pflanzen in kleineren Gewichtsanteilen zugegeben werden.

Bei der Zusammenstellung der Teemischung kann der Apotheker beraten.

Auszüge mit Wasser und Alkohol

Tee (Aufguss, Infus)

Die Zubereitung als heißer Aufguss eignet sich für Blätter und Blüten, für fein zerkleinerte oder pulverisierte Wurzeln und Rinden, gequetschte Früchte und zerstoßene Samen.

Vorbereiten: Kurz vor der Teezubereitung Blätter und Blüten grob zerkleinern, Rinden und Wurzeln fein zerkleinern oder pulverisieren, Früchte und Samen in einem Mörser quetschen bzw. zerstoßen.

Zubereiten:

- Zarte Blüten und Blätter mit ätherischen Ölen mit heißem, nicht mehr sprudelndem Wasser übergießen.
- Festere Pflanzenteile wie dickere Blätter und Kraut ohne ätherische Öle mit sprudelndem (siedendem) Wasser übergießen.

Aufguss zugedeckt ziehen lassen:

- 5–10 Minuten für Drogen mit ätherischen Ölen und gut wasserlöslichen Wirkstoffen wie Bitterstoffen.
- 10–20 Minuten für Drogen mit schlecht wasserlöslichen Wirkstoffen wie Flavonoiden.

Das Zudecken ist vor allem bei Drogen mit ätherischen Ölen wichtig.

Abgießen: Kondensierte Wassertropfen am Deckel in den Tee ablaufen lassen, da diese Wirkstoffe enthalten können. Danach den Tee durch ein Sieb oder Tuch abgießen. Die ausgezogene Droge wird nicht weiter für Tees verwendet, kann aber verfüttert werden.

Abkochung (Dekokt)

Die Zubereitung als Abkochung eignet sich für grob zerkleinerte Rinden und Wurzeln. Diese benötigen eine längere Kochzeit, damit die Wirkstoffe im Wasser gelöst werden.

Vorbereiten: Holzige Pflanzenteile fein schneiden oder grob zerkleinern.

Zubereiten: Das Mengenverhältnis beträgt 1 Teil getrocknete Pflanzenteile auf 10 Teile Wasser (z. B. 10 g Droge auf 100 ml Wasser). Pflanzenteile mit kaltem Wasser ansetzen, zum Sieden erhitzen und 5–20 Minuten kochen.

Abgießen: Die Abkochung noch kurz ziehen lassen und dann durch ein Sieb oder Tuch abgießen.

Tipp: Wurzeln sind in der Regel nährstoffreich und werden deshalb leicht von Mikroorganismen befallen. Bereitet man sie als Dekokt zu, erreicht man dadurch eine deutliche Keimreduktion. Abkochungen werden auch gemacht, wenn die Anwendung möglichst keimfrei sein soll, etwa für Wunden und am Auge.

Kaltwasserauszug (Mazerat)

Der Kaltwasserauszug ist die optimale Zubereitungsart für Pflanzenteile mit Schleimstoffen. Schleimstoffe werden durch heißes Wasser zerstört. Sie verkleistern und die gewünschte einhüllende Wirkung geht verloren.

Ein Kaltwasserauszug ist zudem angezeigt, wenn unerwünschte Bestandteile nicht in Lösung gehen sollen, wie etwa die Gerbstoffe bei Bärentraubenblättern.

Vorbereiten: Pflanzenteile kurz vor der Zubereitung zerkleinern.

Die Schleimstoffe der Malve werden mit einem Kaltwasserauszug herausgelöst.

Zubereiten: Pflanzenteile 30 Minuten bis 12 Stunden in kaltes Wasser legen und gelegentlich umrühren.

Abgießen: Anschließend abgießen und direkt verabreichen. Zur Verabreichung kann der Auszug leicht erwärmt werden.

Die Nachteile des Kaltwasserauszugs sind die lange Ziehdauer (heißes Wasser löst Inhaltsstoffe wesentlich schneller aus den Pflanzen) und die fehlende Keimreduzierung, die man nur mit heißem Wasser erreicht. Kaltwasserauszüge werden immer frisch zubereitet, da in den Pflanzen vorkommende Zucker und Schleime Nährstoffe für Keime sind und die Zubereitung in wenigen Stunden verderben kann. Bei kalten Zubereitungen ist besonders auf einwandfreies Sammelgut und ein ausreichend langes Ziehen zu achten.

Tinkturen

Viele pflanzliche Inhaltsstoffe sind in Alkohol/Wasser-Mischungen, den Tinkturen, optimal löslich. Der Alkohol wirkt nicht nur als Auszugsmittel, sondern auch konservierend. Trinkspiritus (ohne Vergällungsmittel) ist bis 96 Volumenprozent in Apotheken und Drogerien erhältlich. In Österreich kann Ansatzkorn (60–80 Volumenprozent) im Lebensmittelhandel bezogen werden.

Vorbereiten: Pflanzenteile kurz vor der Zubereitung fein zerkleinern.

Zubereiten: Tinkturen werden mit 1 Teil Frischpflanzen und 5–10 Teilen mindestens **40–45-prozentigem Alkohol** angesetzt (entspricht 10–20 g Frischpflanzen auf 100 ml der Alkohol/Wasser-Mischung). Die verwendeten Volumenprozente (Verhältnis Alkohol/Wasser) sind abhängig von der Heilpflanze.

Eine sehr konzentrierte Tinktur entsteht, wenn 1 Teil Frischpflanzen mit 2 Teilen **60-prozentigem Alkohol** angesetzt werden (entspricht 50 g Frischpflanzen auf 100 ml Alkohol mit **60 Volumenprozent**).

Wichtig ist, dass die Pflanzenteile auch nach dem Quellen in der Flüssigkeit gut zu bewegen sind und das Auszugsmittel die Pflanzenteile in einer Schicht von 1–2 cm überdeckt.

Ziehen lassen: In einem verschlossenen Gefäß mindestens 5–10 Tage bis maximal 30 Tage bei maximal 20 °C und vor direkter Sonneneinstrahlung geschützt stehen lassen. Wichtig ist, den Ansatz mindestens zweimal täglich einige Minuten gut zu bewegen.

Abgießen: Tinktur durch ein Sieb abgießen, Pflanzenteile abpressen und die Flüssigkeit filtrieren, zum Beispiel durch einen Kaffeefilter.

Lagerung: Vor Licht geschützt und gut verschlossen in dunklen Glasflaschen lagern. Zur späteren Dosierung können Tropfflaschen eingesetzt werden. Beschriftung: Pflanzenteile, Alkoholkonzentration, Herstellungsdatum.

Tinkturen sind in der Regel mindestens ein Jahr haltbar. Da sich ihre Wirkstoffe mit der Zeit verändern können, sollten sie darüber hinaus nicht mehr verwendet werden.

Studie zu Ölauszügen

Eine neuere Studie zeigt, dass für einen Ölauszug wenige Tage Auszugszeit reichen: Die meisten Wirkstoffe gehen innerhalb der ersten zwei Tage in das Öl über. Was an Wirkstoffen in dieser Zeit nicht ins Öl übergegangenen ist, wird auch während der nächsten Wochen kaum mehr herausgelöst.
Untersucht wurden auch verschiedene Auszugstemperaturen. Basierend auf den Ergebnissen wird eine leicht erhöhte Temperatur von 35 °C empfohlen. Im Vergleich zu den traditionell üblichen 20 °C Zimmertemperatur ist das Öl dünnflüssiger, dringt besser in das Pflanzengewebe ein und löst dadurch mehr Wirkstoffe.

Auszüge mit Ölen und Fetten

Ölauszug

Im Ölauszug verbleiben vor allem die fettlöslichen Bestandteile der Pflanze. Zum Ausziehen eignet sich kalt gepresstes Olivenöl. Es wird weniger schnell ranzig als die meisten anderen pflanzlichen Öle. Olivenöl ist ein bewährtes und günstiges Mittel zur Hautpflege. Beim Kauf von Olivenöl sollte das Ablaufdatum beachtet werden: Es soll mindestens ein Jahr haltbar sein.

Vorbereiten: Pflanzenteile zerkleinern.

Zubereiten: Frischpflanzenteile mit Olivenöl in einem verschließbaren Gefäß ansetzen, sodass Pflanzenteile im Öl noch gut bewegbar sind und ein Ölüberstand von 1–2 cm bleibt.

Ziehen lassen: Drei Tage traditionell bei Zimmertemperatur (oder bei 35 °C) ziehen lassen. Ansatz an einem dunklen Ort aufbewahren und mindestens zweimal täglich mehrere Minuten gut bewegen.

Abgießen: Ölige Phase durch ein Sieb abgießen, wässrigen Bodensatz wegschütten. Den Ölauszug anschließend durch ein Tuch filtrieren.

Lagern: Lichtgeschützt in dunklen Glasflaschen und kühl aufbewahren. Beschriften mit Pflanzenteil, Öl, Herstellungsdatum.

Die Haltbarkeit von Ölauszügen ist begrenzt. Diese sollen nicht mehr verwendet werden, wenn sie ranzig riechen.

Salben

Salben werden am besten mit Ölauszügen hergestellt. Die Ölauszüge werden unter leichtem Erwärmen mit Bienenwachs eingedickt. Kalt gepresstes Olivenöl darf nicht zu stark und zu lange erhitzt werden, da die Qualität des Öls sonst leidet.

Schweineschmalz ist wegen der beschränkten Haltbarkeit nur für Salben geeignet, die sofort verbraucht werden. Mineralische Öle (Vaseline, Melkfett, Paraffin) eignen sich nicht zur Hautpflege. Sie dringen nicht in die Haut ein, sondern dichten diese ab.

Die Haltbarkeit von Salben ist begrenzt. Diese werden nicht mehr verwendet, wenn sie ranzig riechen.

1

2

3

4

5

Salbenherstellung traditionell:
1 Grobe Pflanzenteile werden vor dem Ölauszug im Mörser zerkleinert.
2 Öl mit Pflanzenbestandteilen erwärmen.
3 Anschließend die Pflanzen abfiltrieren.
4 Ölreste ausdrücken.
Das Auszugsöl erneut erwärmen und Bienenwachs darin schmelzen lassen (nicht abgebildet).
5 Die Salbe etwas abkühlen lassen und in Salbengefäße gießen.

Vorbereiten: Ölauszug herstellen.

Zubereiten: 1 Teil Bienenwachs (10 g) zu 10 Teilen Ölauszug (100 ml) geben. Beides erwärmen und umrühren, bis das Wachs schmilzt. Sobald das Wachs geschmolzen ist, nicht mehr weiter erwärmen. Erkaltende Masse einige Minuten weiterrühren. Eventuell ätherische Öle in die abkühlende Mischung geben (ca. 25 Tropfen auf 100 ml Öl).

Abfüllen: Abfüllen in kleine Dosen. Bis zum Erkalten mit einem Tuch zudecken, damit der Wasserdampf entweichen kann. Anschließend mit dem Deckel verschließen.

Lagern: Lichtgeschützt und kühl aufbewahren. Dosen mit Pflanzenteil, Öl und Herstellungsdatum beschriften.

Kleine Öl- und Fettkunde

Mineralöle

Mineralöle sind Produkte, die aus Rohöl hergestellt werden. Sie sind unbegrenzt haltbar. Sie dienen in der Pflege und Kosmetik als Salbengrundlage, können aber nicht in die Haut eindringen. Auch eingemischte Heilsubstanzen werden nicht wieder freigesetzt. Bei Dauergebrauch wird die Haut trocken. Die Hautatmung und die Verdunstung von Feuchtigkeit auf der Haut werden behindert.

Mineralöle können als kurzfristiger Schutz vor Kälte oder aggressiven Substanzen wie Lösungsmitteln, Säuren, wund machenden Durchfällen oder Urin dienen.

Zu den Mineralölen gehören: Paraffinöl, Vaseline, Melkfett (auf Vaseline-Basis).

Tierische Fette und Wachse

Tierische Fette werden traditionell zur Salbenherstellung verwendet.

Zu den tierischen Fetten und Wachsen gehören:

Schweineschmalz und Butterschmalz:
- Sehr gut geeignet für Salben zum sofortigen Verbrauch
- Im Kühlschrank maximal ½ Jahr lagerfähig

Wollwachs, Adeps lanae:
- Verhindert Austrocknen und Rissigwerden der Haut
- Kann in die Haut eindringen
- Hat gute hautpflegende und wundheilungsfördernde Eigenschaften
- Ist ein guter Emulgator

Lanolin:
- Emulsion aus Wollwachs, Olivenöl bzw. flüssigem Paraffin und Wasser
- Geeignet für die Herstellung weicher Salben

Bienenwachs:
- Ist sehr hautfreundlich und eine bestens bewährte Salbengrundlage

Pflanzliche fette Öle

Fette Öle werden durch Pressung gewonnen.

Raffinierte fette Öle: Sind meist geruchlos, länger haltbar und billiger. Durch den Einfluss von Lösungsmitteln und anderen Zusätzen sind sie aber weniger wirksam.

Kalt gepresste Öle: Werden durch Direktpressung ohne Zusätze gewonnen (siehe **Tabelle 1-2**). Um möglichst pestizidrückstandsarme Fette und Öle zu erhalten, sollten Produkte aus kontrolliert biologischem Anbau bzw. biologischer Tierhaltung oder rückstandskontrollierter Herstellung gewählt werden. Auf kühle und lichtgeschützte Lagerung ist zu achten.

Tabelle 1-2

Pflanzenöle, die sich als Auszugsöl und Trägeröl eignen (Auswahl)

Fette Pflanzenöle aus	Anwendungsgebiet	Eigenschaften, Besonderheiten
Haselnuss	Neu- und Frühgeborene; trockene, strapazierte, alte Haut	Gute Hautverträglichkeit, leicht tonisierend, setzt die Lichtdurchlässigkeit der Haut herab; Haltbarkeit 6 Monate
Mandel	Für jedes Alter, jeden Hauttyp und fast jede Aromamischung	Haltbarkeit 1 Jahr; als Auszugsöl für Ringelblume geeignet
Jojobanuss	Schutz vor Feuchtigkeitsverlust, auch bei Behaarung; zur Wundheilung, für alle Aromamischungen und Hauttypen geeignet	Wachs, erstarrt bei Kälte, bis 300 °C erhitzbar, hoher Vitamin-E-Gehalt, wird nicht ranzig, schmiert und fettet nicht, bewahrt den Säuremantel der Haut; Haltbarkeit mehrere Jahre, verlängert als 10%iger Zusatz die Haltbarkeit ätherischer und anderer Öle; teuer
Oliven	Entzündungen, Verspannungen, Gelenkschmerzen, Sonnenschutz	Sehr gutes Auszugsöl, für Salben und Massageöle geeignet; lange haltbar

Latwergen, Pillen und Bissen

Latwerge

Eine Latwerge ist eine breiförmige Zubereitung zur innerlichen Einnahme. Sie wird aus unmittelbar vor der Herstellung pulverisierten Heilpflanzen mit bindenden Hilfsstoffen wie Leinsamenschrot, Eibischwurzelpulver oder Roggenmehl bereitet und eignet sich für große und kleine Wiederkäuer, Schwein, Pferd und Hund.

Das Pflanzenpulver wird mit den Hilfsstoffen gemischt. Dieser Mischung setzt man portionsweise Wasser oder Tee zu, bis die gewünschte Konsistenz erreicht ist. Die Latwergen werden immer frisch zubereitet, da sie schnell verderben.

Schmackhaft zubereitet, werden Pillen und Bissen von Pferd und Esel problemlos gefressen.

Pillen und Bissen

Pillen werden wie Latwergen aus Pflanzenpulvern, schleimgebenden Substanzen (Leinsamen, Eibisch, Bockshornklee), Honig und Wasser hergestellt. Man bereitet daraus eine

1

2

3

1 Aus den Zutaten wird eine knetbare Masse gemischt.
2 Mit bemehlten Händen werden Pillen in für das jeweilige Tier passender Größe geformt.
3 Für größere Tiere formt man längliche Bissen.

teigartige, zähe Masse und knetet mit bemehlten Händen längliche (Bissen) oder kugelige Formen (Pillen). Bissen und Pillen eignen sich für Pferde, Hühner und Schweine, Pillen auch für Hunde. Die Größe der Pillen wird der Tierart angepasst.

Tipp: Als Geschmacksverbesserer werden bei Pferden salzige Substanzen und Schleimstoffe zugesetzt. Bei Schweinen und Hunden sind süße Stoffe wie Honig, Fruchtsäfte oder Pflaumenmus zur Verbesserung der Akzeptanz hilfreich. Je nach Tierart sind auch Butter, Wein, Milch, Jogurt oder Öl zum Einmischen von Pflanzenpulvern geeignet.

Verabreichen der Heilpflanzen

Über Futter und Tränke

Frischpflanzen und getrocknete Heilpflanzen können beim Pflanzenfresser unter das Futter gemischt werden. Zu Latwergen, Bissen und Pillen verarbeitet, sind sie in eine Form gebracht, die von Tieren gerne aufgenommen wird.

Bei Tees, Kaltansätzen und Abkochungen nimmt das Tier zusätzlich zu den im Wasser gelösten Wirkstoffen Flüssigkeit auf. Dies ist vor allem bei Durchfall wichtig. Die Tees werden über die Tränke oder in einer Flasche angeboten. Heimtiere wie Meerschweinchen und Kaninchen trinken ihn gerne aus der Nuckelflasche. Schwieriger ist die Verabreichung von Tee an den Hund.

Die Kräuter aus dem Auszug können anschließend verfüttert werden. Das bietet sich gerade bei Pflanzenfressern an.

Zu beachten bei der Verabreichung von Tees:

- Dem in der Wohnung gehaltenen Hund verabreicht man anregende und harntreibende Tees, wie Schwarztee oder Nierentee, nicht am Abend, um die Nachtruhe nicht zu stören.

Hunde sind oft nicht begeistert von Heilpflanzentees. Mit ein paar geschmacksverbessernden Maßnahmen lassen sie sich meist umstimmen.

- Bittere Tees wirken am besten, wenn sie ungesüßt und eine halbe Stunde vor dem Fressen verabreicht werden.
- Schleimhaltige Tees nicht unmittelbar vor dem Fressen oder vor Medikamentengaben geben, da Schleime die Aufnahme von Nährstoffen oder Medikamenten herabsetzen können.
- Hustentees können mit wenig Honig gesüßt werden. Dies fördert die Wirkung.

Probleme mit der Einnahme?

Ziel ist es, dass das Tier seinen Tee oder seine Pflanzenzubereitungen freiwillig aufnimmt. Allerdings haben viele Tiere einen sehr feinen Geschmackssinn und lehnen manches gut gemeinte Hausmittel ab. Hier können schmackhafte Zusatzstoffe zur Geschmackskorrektur verwendet werden. Mit folgenden Tipps kann man die Akzeptanz verbessern:

- Den Tee verdünnen und mit einer kleinen Menge beginnen, in der das Lieblingstrockenfutter des Tieres eingeweicht wird. Wenn das funktioniert, steigert man allmählich die Teedosis. Tee kann man auch mit stark schmeckendem und riechendem

Beim gut fixierten Kaninchen sucht man die Lücke zwischen Nage- und Backenzähnen zum vorsichtigen Einflößen von Tee mittels einer Spritze (ohne Nadel).

Von Kälbern werden Tees in der Regel gerne aufgenommen. Der Tee kann ihnen auch mit dem Nuckeleimer angeboten werden.

Scheren oder nicht?
Der Wundbereich wird bei Verletzungen und Hautveränderungen in der Regel großzügig mit einer Schermaschine oder einem Rasierer bis auf die Haut ausgeschoren. Verletzungen werden dadurch gut beurteilbar und Hautveränderungen wie Entzündungen, allergische Reaktionen und Ausschläge besser erkennbar. Wenn das Fell geschoren ist, gelangen die Wirkstoffe direkt auf die Haut, die Haare verkleben nicht. Damit ist die Wunde gut sauber zu halten. Nicht geschoren wird, wenn dadurch ein zu großer Hautbereich ungeschützt wäre. Dies würde zu Wärmeverlust und bei Weidegang zu Sonnenbrand führen.

Futter mischen, für den Hund etwa mit konzentrierter Fleischbrühe oder etwas Leberwurst. Dies funktioniert am besten, wenn die Tee-Futter-Mischung mit dem Pürierstab zerkleinert wird.

- Bei Pflanzenfressern können Salz, Anis, Fenchel, Kümmel oder Wacholderbeeren beigemischt werden. Schafe mögen gerne bittere Pflanzen wie Wermut.
- Schweine und Hunde können manchmal durch etwas Süßes wie Pflaumenmus oder Honig zur Aufnahme bewegt werden.
- Beim Geflügel übergießt man Getreideschrot oder Zwieback mit dem Tee.

Inhalation

Die Inhalation ist eine wirkungsvolle, aber relativ zeitintensive Verabreichungsart. Sie wird mehrmals täglich durchgeführt. Der Betreuer muss während der ganzen Inhalation anwesend sein, um bei Stress oder Abwehr des Tieres sofort eingreifen zu können. Das Vorgehen bei einer Inhalation ist ausführlich im **Kapitel Lunge und Atemwege** beschrieben.

Salben, Auflagen, Verbände, kühlende Umschläge und wärmende Wickel

Äußerlich aufgebrachte Heilpflanzen und Zubereitungen können mit einem Verband geschützt werden. Der Verband schützt nicht zuletzt vor dem Ablecken durch das Tier.

Bei tiefer im Gewebe liegenden Beschwerden werden Breiumschläge, kühlende Umschläge und wärmende Wickel eingesetzt. Mit Breiumschlägen wie Essig-Lehm-Umschlägen können auch Stellen behandelt werden, an denen das Anlegen eines Verbandes unmöglich ist, wie beispielsweise am Euter. Wickel und Umschläge wirken nicht nur durch die Heilpflanzenzubereitung, sondern auch physikalisch: Es kann der

Körperstelle oder dem ganzen Körper Wärme zugeführt oder entzogen werden.

Achtung: Unsachgemäß angewendet, können Wickel zu Verbrennungen, Unterkühlung oder Verschlimmerung der Symptome führen.

Salben und Öle

Salben werden auf geschlossene Abszesse oder abheilende, geschlossene Wunden sowie bei frischen Wunden ausschließlich auf die Wundränder aufgetragen. Salben dürfen nicht in frische Verletzungen geschmiert werden.

Ölauszüge können in einem dünnen Film auch auf offene Wunden aufgetragen werden. Dies ist zum Beispiel durch Aufsprayen möglich. Salben und Öle werden ein- bis mehrmals täglich aufgetragen.

Spülungen

Spülungen werden mit Tees oder mit in lauwarmem Wasser verdünnter Tinktur gemacht. Mithilfe von sterilen Einwegspritzen wird gespült, um die Wunde von Schmutz, Fremdkörpern und Keimen zu reinigen. Frische Wunden werden täglich oder bei jedem Verbandwechsel gespült. Tinkturen verdünnt man für Spülungen im Verhältnis 1:25 bis 1:50, dies entspricht 20 bis 40 ml Tinktur pro Liter Wasser.

Achtung: In frische, offene Wunden keine synthetischen Desinfektionsmittel, keine Antibiotika und keine Salben oder Puder einbringen. Diese stören die Wundheilung.

Auflagen und Verbände

Vor dem Anbringen von Auflagen ist gründliches Reinigen der betroffenen Körperstelle wichtig. Allgemein gilt, dass mit Tee/Tinktur getränkte Kompressen auf frische Wunden, mit Salben bestrichene Kompressen auf abheilende, geschlossene Wunden oder geschlossene Abszesse gelegt werden:

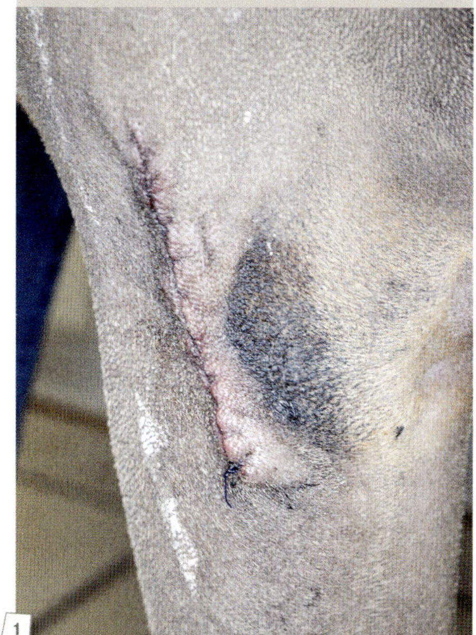

1

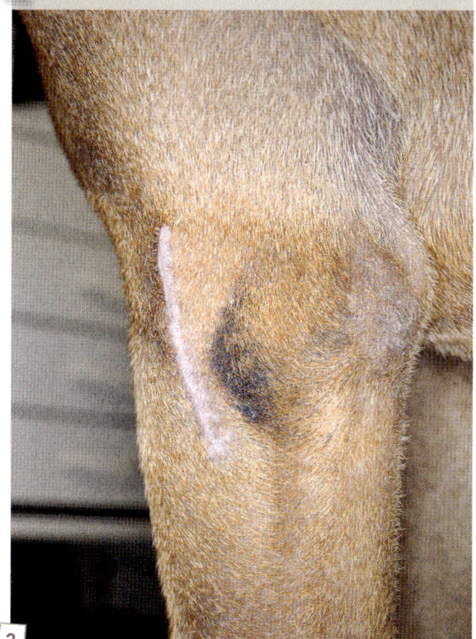

2

1 Bei frischen Wunden wird die Salbe nur auf die Wundränder aufgetragen.
2 Bei der geschlossenen Wunde salbt man direkt über die Narbe.

- **Getränkte Kompresse:** Kompresse mit lauwarmem Tee oder mit verdünnter Tinktur tränken (mindestens 1 Teil Tinktur zu 5–10 Teilen temperiertem Wasser)
- **Salbenkompresse:** Salbe mit einem Spatel aus der Dose entnehmen und eine dünne Schicht auf die Kompresse streichen.
- **Frischpflanzenkompresse:** Pflanzen mit nicht saugendem Material quetschen (kein Holzbrett oder Wallholz) und auf eine Kompresse legen.

Die mit einer elastischen Binde gesicherte Kompresse kann über mehrere Stunden belassen werden. Meist ist eine mehrmalige Anwendung mit jeweils frisch bereiteter, neuer Kompresse erforderlich.

Zur Befestigung, Polsterung und zum Schutz vor Druckstellen kann ein Verband angebracht werden. Dafür wird die Kompresse erst mit einer 1–2 cm dicken Watte umwickelt, anschließend mit einer elastischen Binde. Wichtig ist, die Binde mit gleichmäßigem Zug anzubringen und oberhalb und unterhalb der Binde einen Wattesaum von 1 cm stehen zu lassen. Die elastische Binde darf nirgends direkt auf der Haut liegen.

Verbandskontrolle
Der Verband ist einmal bis mehrmals täglich zu überprüfen: Ist der Verband noch an Ort und Stelle? Zeigt das Tier Schmerzen unter dem Verband oder an den Rändern des Verbandes?
Zu enge oder verrutschte Verbände können die Blutversorgung abschnüren. Deswegen ist der Verband sofort zu entfernen, wenn er nicht mehr richtig angebracht ist oder das Tier Schmerzen zeigt, die nicht auf die Wunde zurückzuführen sind.

Der Verbandwechsel soll bei frischen Verletzungen täglich, bei abheilenden Verletzungen etwa jeden fünften Tag durchgeführt werden. Verschmutzte und durchnässte Verbände müssen sofort gewechselt werden.

Achtung: Das Anlegen von Verbänden erfordert Geschick und Erfahrung. Wenn man seinen Tieren selbst Verbände anlegen will, soll man die nötigen Fertigkeiten mitbringen.

Breiumschlag (Kataplasma)

Nach dem Kürzen der Haare im betroffenen Bereich werden breiförmige Zubereitungen direkt auf die betroffene Körperstelle aufgetragen. Verwendet werden fein geschnittene oder grob gepulverte Drogen, die mit Wasser zu einem Brei verarbeitet werden.

Breiumschläge dürfen nur auf unverletzte Haut aufgebracht werden. Je nach Temperatur der betroffenen Stelle wird die Breizubereitung zwischen 0,5–2 cm dick aufgetragen. Je heißer der Körperteil ist, umso dicker kann der Breiumschlag aufgetragen werden. Er darf aber nicht zu dick sein, damit die Masse abtrocknen kann. Sonst besteht die Gefahr, dass sich die Wärme unter dem Umschlag staut. Wenn der Breiumschlag abgetrocknet ist, kann er abgerieben oder abgewaschen werden.

Kühlende Umschläge

Kühlende Umschläge dürfen nur auf unverletzte Haut aufgebracht werden. Man kann sie durchführen mit:

- Teezubereitungen
- Mit Wasser verdünnten Tinkturen (mindestens 1 Teil Tinktur zu 5–10 Teilen Wasser)
- Essig (Verdünnung 1:1 mit Wasser, bei Jungtieren auch höher verdünnt, bei erwachsenen Tieren eventuell unverdünnt)

Leinen- oder Baumwolltücher sind in der temperierten und nicht kalten Wickellösung zu tränken. Das getränkte Tuch wird anschließend auf

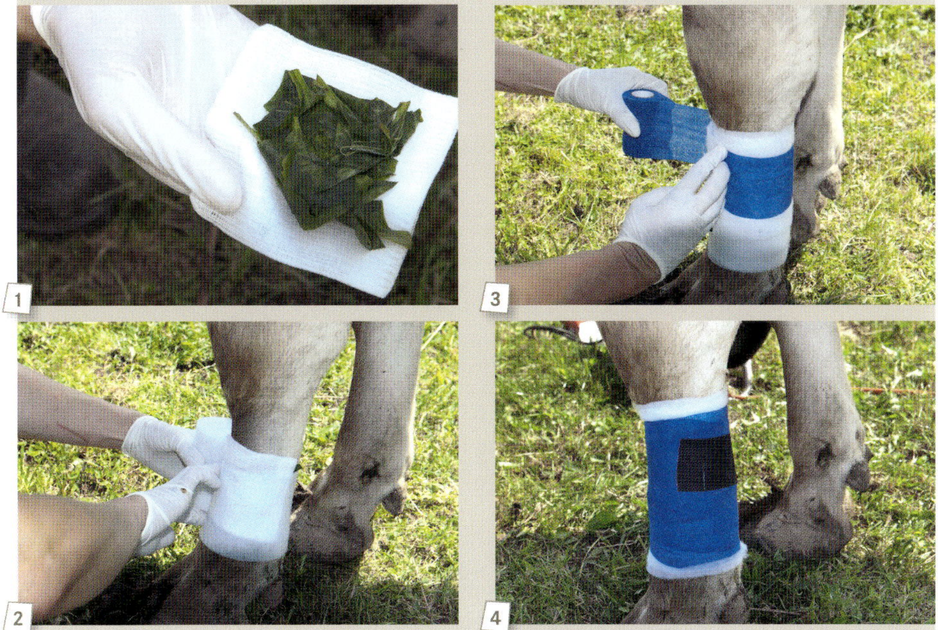

1–4 Eine schnelle und wirkungsvolle Zubereitung: Ein Breiumschlag aus frischen, gequetschten Kräutern wird direkt auf die betroffene Stelle aufgebracht.

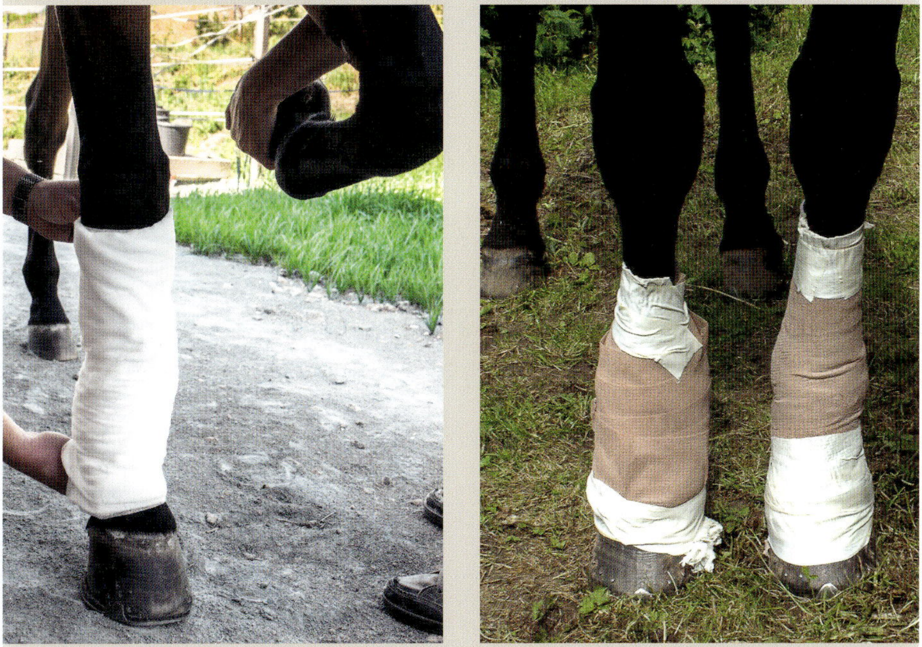

Das Anlegen von Verbänden will geübt sein.
Die Grundlagen lernt man in einem Erste-Hilfe-Kurs für Tiere.

1–5 «Päckchen packen» mit Polenta oder gekochten Kartoffeln – schnell gemacht und lange wärmend

die betroffene Körperstelle gelegt oder darum gewickelt und kann mit einer elastischen Binde befestigt werden.

Der Umschlag wird belassen, solange er kühlt und vom Tier geduldet wird. Wenn das Tier Abwehr oder Unbehagen zeigt, ist ein Wickel sofort zu entfernen. Das Tier darf nicht alleine gelassen werden. Wiederholt werden kann der Wickel nach Bedarf.

Wärmende Wickel

Wärmende Wickel dürfen nur auf unverletzte Haut aufgebracht werden. Gekochte Kartoffeln, Polenta oder Leinsamen werden noch heiß in einer Schichtdicke von ca. 2 cm in ein Tuch eingeschlagen. Geeignet sind dafür Leinen- und Baumwolltücher, Kompressen oder grobgewobene Gazen. Die in Tüchern verpackten Zubereitungen werden auf die betroffene Körperstelle aufgelegt. Damit die Temperatur gehalten wird, werden weitere Tücher oder Decken um diese Innenschicht gewickelt. Das Fixieren kann mit einer elastischen Binde oder einem Euternetz erfolgen.

Solange der Wickel wärmt, kann er am Tier gelassen werden. Auch hier gilt, dass das Tier nie alleine gelassen werden soll. Wenn es Abwehr oder Unbehagen zeigt, ist ein Wickel sofort zu entfernen. Der wärmende Wickel kann ein- bis dreimal täglich wiederholt werden.

Die Zusätze werden nur einmal verwendet und danach entsorgt.

Nach reizenden und entfettenden Wickeln sollte man nachträglich auf die Haut ein pflegendes Öl auftragen.

Achtung: Bei heißen Wickeln besteht die Gefahr von Verbrennungen. Deshalb ist der Wickel zuerst auf der eigenen Haut zu testen.

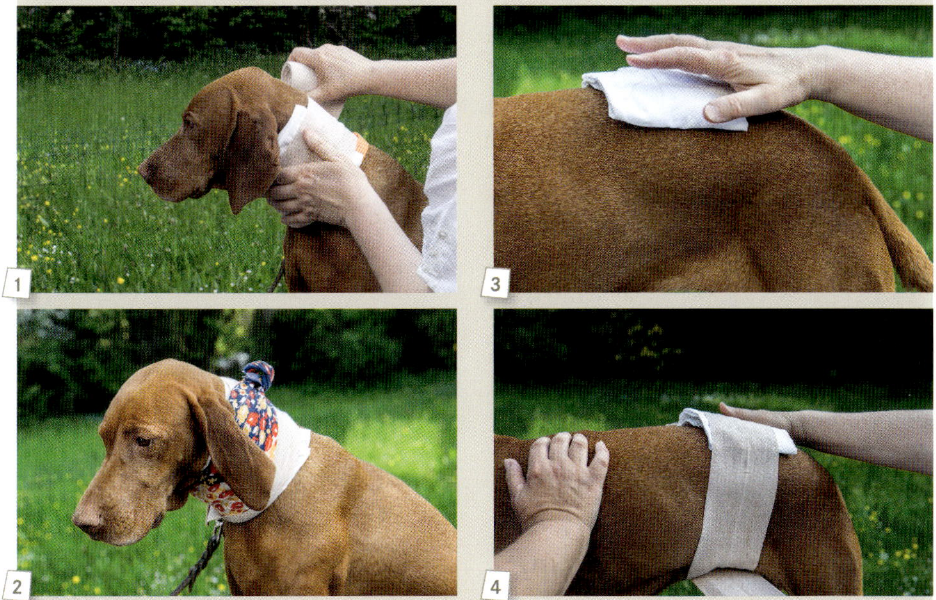

1–4 Ob Hals- oder Kreuzweh – ein warmes Polentapäckchen am rechten Fleck tut gut.

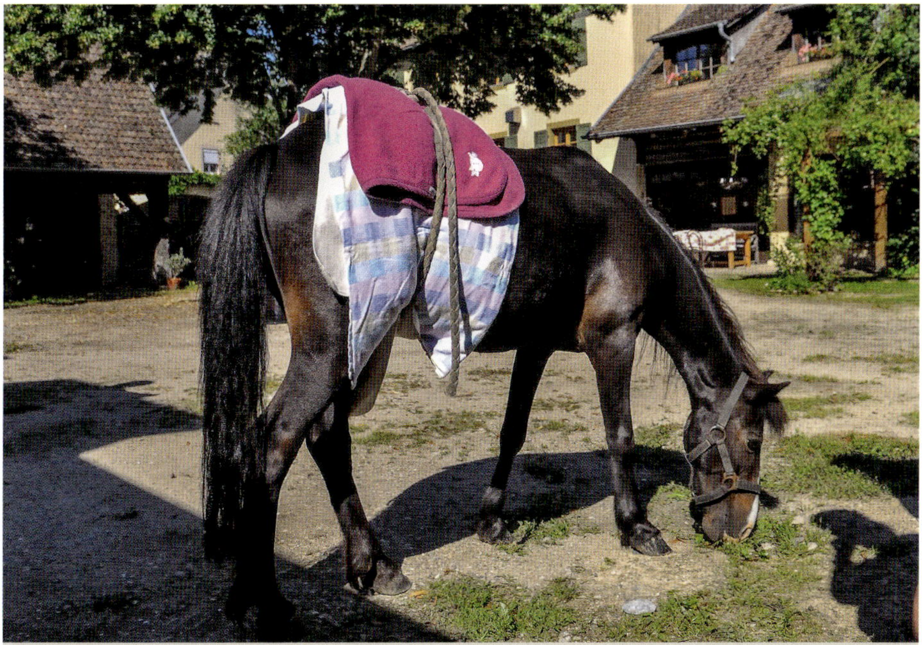

Durch den wärmenden Wickel entspannt sich die Rückenmuskulatur und die gesamte Wirbelsäule wird wieder beweglicher.

Wirkstoffe in den Pflanzen

Von den derzeit etwa 100 000 bekannten Pflanzeninhaltsstoffen sind erst ca. 10 000 näher erforscht. Für die Anwendung als Hausmittel ist es nicht notwendig, die Inhaltsstoffe der Pflanzen genau zu kennen. Jedoch ist es für den praktischen Anwender wichtig, die Wirkstoffgruppen zu kennen. Wem bekannt ist, ob es sich um eine gerbstoff- oder bitterstoffhaltige Pflanze oder eine Pflanze mit ätherischen Ölen handelt, der kann rasch die Richtung der Wirkung und Anwendung abschätzen. Mit dem Wissen um die Wirkstoffgruppen lassen sich Pflanzen passend kombinieren, sowohl was die Wirkung als auch was die Zubereitung betrifft.

Bitterstoffe

Bitterstoffhaltige Pflanzen werden von Mensch und Tier nicht gerne aufgenommen. Die Bitterstoffe dienen den Pflanzen als Fraßschutz. Heilpflanzen mit Bitterstoffen bieten die beste Anregung für alle Verdauungssäfte wie Speichel, Magensaft, Galle und Bauchspeicheldrüsensekrete. Beispiele dafür sind Enzian, Wermut oder Löwenzahn. Bitterstoffe wirken bereits in sehr kleinen Mengen, oft reicht 1 Löffel oder eine Spritze einer Zubereitung aus Bitterstoffdrogen. Ältere Tiere nehmen Bitterstoffe eher auf als Jungtiere. Bei der Katze stößt die Anwendung von bitteren Zubereitungen auf erbitterten Widerstand und sollte unterbleiben.

Leiden Rind, Schaf oder Ziege nach zu energiereichem Futter an einem übersäuerten Pansen, so helfen Bitterstoffe die Produktion des Speichels anzuregen. Speichel ist der wichtigste Puffer im Pansen. Bei Tieren mit einhöhligem Magen sind bei Magenreizung und übersäuertem Magen oder Verdacht auf Magen- oder Darmgeschwüre Bitterstoffdrogen nicht geeignet, weil sie die Magensäurebildung anregen und damit die Symptome verschlimmern können.

Eine Ausnahme macht Isländisches Moos, das neben Bitterstoffen auch Schleimstoffe enthält, die gleichzeitig die Schleimhaut des Magens beruhigen und mit einer schützenden Schicht überziehen.

Bitterstoffdrogen werden eingesetzt bei Appetitlosigkeit und Mangel an Verdauungssäften, bei Verdauungsbeschwerden mit Blähungen und zur Unterstützung der Darmgesundheit. Gut bewährt haben sich Bitterstoffdrogen nach schweren Geburten oder Krankheiten, um wieder neue Kräfte zu sammeln.

Löwenzahn bringt nach einem langen Winter mit seinen Bitterstoffen die Verdauung wieder in Schwung.

Gerbstoffe

Gerbstoffe schützen Pflanzen vor Verderb und Fäulnis und finden sich daher häufig in Rinden und Wurzeln. Beim Gerben von Leder werden Keime abgetötet und die Eiweiße in der Tierhaut zu festen Strukturen vernetzt. Nach demselben Prinzip wirken Gerbstoffe als Durchfallmittel oder bei Hautentzündungen. Gerbstoffe wirken keimtötend und vermindern bei Durchfall das Einströmen von Körperflüssigkeit in den Darm und das Einwandern von Darmbakterien in den Körper.

Wichtige Gerbstoffdrogen sind Eichenrinde, Schwarztee, Tormentillwurzel, Blätter von Brombeere, Himbeere oder Gänse-Fingerkraut und getrocknete Heidelbeeren.

Allgemeine Hinweise zu den Gerbstoffdrogen:

- Je länger man Gerbstoffdrogen bei der Teebereitung ziehen lässt oder kocht, umso höher ist der Gerbstoffgehalt und umso stärker die Wirkung. Allerdings wird es mit steigendem Gerbstoffgehalt schwieriger, die Tiere zur Aufnahme zu bewegen, da der Geschmack zunehmend unangenehm wird.
- Gerbstoffdrogen dürfen nicht bei Magengeschwüren verwendet werden, da sie reizen können.
- Gerbstoffdrogen dürfen nicht überdosiert und nicht über längere Zeit angewendet werden. Sie sind für Katzen ungeeignet.
- Man unterscheidet resorbierbare und nicht resorbierbare Gerbstoffe. Nicht resorbierbare Gerbstoffe wie die der Eichenrinde und der Heidelbeeren können nicht in die Haut eindringen und von der Darmschleimhaut nicht aufgenommen werden. Resorbierbare Gerbstoffe gelangen sowohl über die verletzte, entzündete Haut als auch über die Darmschleimhaut in den Blutkreislauf. Von dort kommen sie in die Leber, wo sie abgebaut werden. Sie können die Leber belasten.

Unter südlicher Sonne bildet der Lavendel besonders reichhaltiges ätherisches Öl.

Ätherische Öle

Ätherische Öle sind im Pflanzenreich weit verbreitet. Sie können in allen Pflanzenteilen gebildet und gespeichert werden. Sie sind für den typischen Duft der Pflanze verantwortlich. Bei Verletzung der Pflanzen, etwa beim Abfressen der Blätter, werden sie frei und reizen Mund- und Nasenschleimhaut und die Augen. So schützen sie die Pflanze vor starkem Verbiss. Außerdem wirken sie gegen Viren, Bakterien und Pilze, die in die Verletzungen der Pflanze einzudringen versuchen.

In der Anwendung muss unterschieden werden zwischen Pflanzen mit ätherischen Ölen, wie Kamille oder Thymian, und reinen ätherischen Ölen, die durch Destillation aus den Pflanzen gewonnen werden, etwa reines ätherisches Lavendelöl.

Pflanzen mit ätherischen Ölen werden sowohl als Würzkräuter als auch in der Volksheilkunde und Medizin geschätzt. In Hustentees wird die auswurffördernde und hustenlindernde Wirkung genutzt, etwa von Thymian und Fenchel. Die entzündungshemmende und wundheilungsfördernde Kraft von Ringelblume, Kamille und Schafgarbe lernt man schon bei Verletzungen in der Kindheit kennen. Sogar die beruhigende Wirkung von Hopfen, Baldrian oder Lavendel ist in ihren ätherischen Ölen begründet. Anis oder Fenchel sind blähungsmindernd, Liebstöckel und Hauhechel harntreibend. Auch Harze enthalten ätherische Öle.

Ätherische Öle sind flüchtig und verdunsten. Dies ist bei Zubereitung und Lagerung zu beachten (Ätherischölpflanzen nicht kochen, Aufgüsse zudecken, Aufbewahrung in dicht schließenden Gefäßen). Ätherische Öle lösen sich gut in fetten Ölen. Ihre Fettlöslichkeit lässt sie besonders gut in die Haut eindringen. Unverdünnt sind ätherische Öle stark reizend. In größeren Mengen wirken sie toxisch. Katzen vertragen ätherische Öle nur sehr begrenzt. Viele sind für sie auch in kleinen Mengen toxisch.

Pflanzenschleime/Polysaccharide

Pflanzen benötigen Kohlenhydrate für Stoffwechsel, Wachstum, Vermehrung und als Energiespeicher, beispielsweise für das Überwintern als unterirdische Wurzel. Für die verschiedenen Aufgaben liegen die Kohlenhydrate zu sogenannten Polysacchariden verbunden in unterschiedlichen Formen vor. Schleimdrogen sind Heilpflanzen, die Kohlenhydrate in Form von Schleimstoffen enthalten. Schleimstoffe sind vor allem für Samen wichtig, da sie die zum Keimen benötigte Feuchtigkeit binden. Schleimdrogen können viel Wasser aufnehmen und quellen dabei auf.

Pflanzenschleime wirken reizmildernd und einhüllend. Dies nutzt man bei Schleimhautentzündungen und Geschwüren in Magen und Darm. Pflanzenschleime – beispielsweise aus Malve und Isländisch Moos – binden zudem überschüssige Magensäure und Giftstoffe. Bei Verstopfung kann aufquellender Leinsamen die Darmtätigkeit anregen und damit eine abführende Wirkung entfalten. Bei Durchfall wird überschüssige Flüssigkeit im Darm von den aufquellenden Drogen, etwa Leinsamen, gebunden und dadurch wird der Kot fester. Die reizlindernde Schleimwirkung des Spitzwegerichs wird bei Reizhusten genutzt. Die Pflanzenschleime im Darm binden unerwünschte Stoffe ebenso wie Nährstoffe. Sie sollen daher nur für etwa eine Woche verabreicht werden, damit die Nährstoffaufnahme nicht behindert wird. Auch Arzneimittel soll man nicht gemeinsam oder unmittelbar nach Schleimstoffzubereitungen geben, da sie weniger gut aufgenommen werden könnten.

Polysaccharide, wie sie z. B. in Sonnenhut, Holunder und Linde vorkommen, wirken günstig auf das Immunsystem.

Flavonoide

Flavonoide (lateinisch flavus gleich gelb) zählen zu den häufigsten Wirkstoffen in Heilpflanzen und sind in fast jedem Gemüse und Obst von Brokkoli bis Endivie, vom Apfel bis zur Traube enthalten. In der Pflanzenheilkunde decken Flavonoide ein breites Spektrum an Wirkungen ab: herzbelebend wie Weißdorn, entzündungshemmend wie Kamille, harntreibend wie Birke, Goldrute und Schachtelhalm, durchblutungsfördernd wie Ginkgo oder schweißtreibend wie Linden- und Holunderblüten. Flavonoide sind am Zellstoffwechsel beteiligt und schützen die feinsten Blutgefäße, die Kapillaren. Sie werden rasch ausgeschieden und sind daher auch für Langzeitanwendungen geeignet. Dies gilt nicht für die Katze. Ihr fehlt das zur Ausscheidung eines großen Teils der Flavonoide benötigte Enzym.

Saponine

Die Saponine in Pflanzen reizen die Schleimhäute, werden also ebenfalls als Abwehrstoffe gegen Fraßfeinde gebildet. Das Wort Saponin leitet sich vom lateinischen Wort sapor ab, was Seife bedeutet. Werden saponinhaltige Pflanzen mit Wasser verschüttelt, so bildet sich ein seifenartiger Schaum. Saponine können die Zellmembranen überwinden. Sie unterstützen die Aufnahme von Nährstoffen und Arzneimitteln aus dem Darm. In der Pflanzenheilkunde werden saponinhaltige Pflanzen vor allem zur Schleimlösung und Auswurfförderung eingesetzt. Saponine regen die Tätigkeit der Schleimhautzellen in den Bronchien an, wirken aber auch stoffwechselanregend in Magen, Darm, Leber und Nieren. Bei Erkältungskrankheiten wird die Schlüsselblume eingesetzt, zur Durchspülung und Stoffwechselförderung Birke, Goldrute oder Hauhechel. Das Stiefmütterchen, das sich bei Hautleiden bewährt hat, gehört ebenso zu den Saponindrogen.

Bei Überdosierung von Saponindrogen werden die Zellen der Schleimhäute geschädigt. In extremen Fällen kommt es zur Zerstörung der roten Blutkörperchen. Da Saponine die Oberflächenspannung von Wasser herabsetzen, sind sie besonders toxisch für Fische.

Glucosinolate und Senföle

Kohlarten, Radieschen und Kressen haben einen scharfen Geschmack. Diese Schärfe wird verursacht durch Glucosinolate, die ihre Wirkung allerdings erst entfalten, wenn die Zellen der Pflanze zerstört werden: Beim Kauen, Kleinschneiden oder Reiben entstehen aus Glucosinolaten die scharfen Senföle. Der scharfe Geschmack und die antibiotische Wirkung der Senföle schützt die Pflanze vor Fraßfeinden und Mikroorganismen. Diese Wirkungen sind auch in der Pflanzenheilkunde gefragt. In der äußeren Anwendung wirken Senföle hautreizend und gefäßerweiternd. Die Folgen sind Wärmegefühl, oft mit Brennen und Hautrötungen.

Nur in rohem Zustand können die Senföle im Kohl ihre Wirkung entfalten.

Die Kohlauflage ist ein Beispiel für die reizende, anregende und heilende Wirkung bei infizierten Wunden, Furunkeln oder chronischen Schmerzen in Gelenken. Ebenso wird Meerrettich in Auflagen auf der Haut angewendet. Die Kapuzinerkresse wird innerlich eingesetzt. Ihre Senföle werden über Leber und Nieren ausgeschieden, wo sie ihre antibiotische Wirkung entfalten, und zwar auch bei Problemkeimen, die gegen Antibiotika resistent sind. Zusätzlich stimulieren Senföle auch noch das Immunsystem.

Glucosinolate verlieren ihre Wirkung beim Kochen, viele bereits bei Erhitzung über 45 °C. Dies ist bei der Anwendung zu beachten.

Lauchöle

Den Senfölen in Entstehung und Wirkung vergleichbar sind die Lauchöle in Zwiebeln, Bärlauch und Knoblauch. Sie warnen ihre Fraßfeinde durch ihre Schärfe und töten neben Bakterien, Viren und Pilzen auch Insekten und Würmer, was man sich bei ihrer Anwendung zunutze macht. Lauchölhaltige Pflanzen regen Appetit und Verdauung an, wirken blutdrucksenkend und immunstimulierend.

Hausmittel und Rezepturen für unsere Haustiere

Möglichkeiten und Grenzen

Pflanzliche Hausmittel sind ideal zum Vorbeugen von Erkrankungen. Sie eignen sich zudem sehr gut zur Unterstützung der Tiere bei leichten Störungen und Erkrankungen. Hausmittel und traditionelle Rezepturen aus Heilpflanzen sind schnell hergestellt, bei fachgerechter Anwendung nebenwirkungsarm und zudem kostengünstig. Da die Hausmittel meist sofort verfügbar sind, kann bei Bedarf schnell eingegriffen werden.

In einer Krankenbox lässt sich die Kuh gut beobachten. Es muss darauf geachtet werden, ob sie wiederkäut.

Manchmal ist es schwierig, den Zeitpunkt zu erkennen, ab dem eine Fachperson zugezogen werden muss. Zeigt das Hausmittel keine Wirkung oder kommt es sogar zur Verschlechterung des Zustandes, so muss der Tierarzt gerufen werden. Bei Verdauungsstörungen wie Blähungen der Pflanzenfresser (Tympanie, Trommelsucht) kann dies sehr schnell nötig werden. Jede Verzögerung durch Warten auf die Wirkung des Hausmittels kann tödlich sein. Andererseits kann das Eingeben blähungsmindernder Hausmittel gerade bei solchen Erkrankungen lebensrettend sein, wenn der Tierarzt auf sich warten lässt.

Vorsicht ist geboten beim Einsatz von Hausmitteln bei unklaren Symptomen, die verschiedene Krankheitsursachen haben können. Hier muss der Tierarzt die Ursache klären. Die versuchsweise Gabe von Hausmitteln ist nicht vertretbar.

Auch bei leichten Erkrankungen kann es angezeigt sein, den Tierarzt aufzusuchen, wenn das Hausmittel auch nach tagelangem Einsatz keine Besserung bewirken konnte. Je länger man zuwartet, umso problematischer kann der Verlauf werden.

Hausmittel eignen sich in vielen Fällen gut begleitend zur tierärztlichen Behandlung. Dies sollte jedoch mit dem Tierarzt abgesprochen werden. Wenn dieser informiert ist, kann er die Hausmittel in sein Behandlungskonzept integrieren und den Krankheitsverlauf entsprechend nachvollziehen.

Das Ziel ist es – in Zusammenarbeit mit dem Tierarzt – für eine rechtzeitige, richtige und ausreichende Behandlung des Tieres zu sorgen.

Dabei darf man nicht vergessen, sowohl bei Krankheitsanfälligkeit der Tiere als auch bei bereits erkrankten Tieren immer Fütterung und Haltung des kranken Tieres zu überprüfen. Keine noch so guten Heilpflanzenzubereitungen und auch keine tierärztlichen Maßnahmen gleichen Fehler in Haltung und Fütterung aus.

Verträglichkeit von Heilpflanzen

Pflanzen bestehen grundsätzlich aus Eiweiß, Fett und Kohlenhydraten sowie aus Vitaminen, Mineralstoffen und Spurenelementen. Diese Hauptinhaltsstoffe, auch primäre Pflanzenstoffe genannt, sind unentbehrlich für Stoffwechsel und Wachstum der Pflanzen. Zusätzlich haben Pflanzen weitere Inhaltsstoffe, die nur in sehr geringen Mengen vorkommen, die sekundären Inhaltsstoffe. Diese erfüllen für die Pflanze unterschiedliche Funktionen wie Abwehr von Krankheiten, Schädlingen oder Fraßfeinden, Anlockung von Bestäubern und Samenverbreitern. Sie wirken als Verdunstungsschutz, Farb-, Geruchs- und Geschmacksstoffe. Die Pflanzenheilkunde arbeitet mit den sekundären Pflanzenstoffen.

Ein Beispiel für die Wirkung der sekundären Pflanzenstoffe sind die Bitterstoffe im Wermut: Sie fördern den Speichelfluss und die Abgabe von Magensaft, Bauchspeicheldrüsensäften und Galle. Bei einem Tier mit träger Verdauung und Mangel an Verdauungssäften können die Bitterstoffe des Wermuts zur Heilung führen. Diese wird durch Reaktion des Organismus auf die Inhaltsstoffe der Pflanzen angeregt. Heilpflanzen geben quasi den Impuls zur Selbstheilung.

Die Tierwelt hat sich gemeinsam mit den Pflanzen entwickelt. Die meisten Tierarten haben im Laufe der Evolution gelernt, Pflanzen zu nutzen, ohne Schaden zu nehmen. Von unbekömmlichen oder unangenehm schmeckenden Pflanzen wird nur wenig gefressen, Giftpflanzen werden gemieden. Tiere können über ihren Stoffwechsel und mithilfe ihrer Darmflora Pflanzenstoffe entgiften und ausscheiden. Es gibt eine Vielzahl schützender Reaktionen auf Pflanzenstoffe: Tränen und Nasenausfluss eliminieren ätherische Öle, Speichel verdünnt bittere und scharfe Stoffe, der Magen reagiert eventuell mit Erbrechen, Durchfall hilft beim Verdünnen und Ausscheiden. Die Leber baut ihr über den Blutkreislauf zugetragene Stoffe ab, die Nieren können durch vermehrte Durchblutung Stoffe über den Harn eliminieren.

Für Pflanzenfresser sind sekundäre Pflanzenstoffe besonders gut verträglich.

Über die lange Zeit der Evolution haben sich Tierarten entwickelt, die besonders gut mit den sekundären Pflanzenstoffen zurechtkommen, weil sie hervorragende Entgiftungs- und Ausscheidungsmöglichkeiten entwickelt haben. Das sind die Pflanzenfresser. Auch die Allesfresser wie das Schwein und der Mensch haben gelernt, sekundäre Pflanzenstoffe zu entgiften – wenn auch in geringerem Maße. Es ist sogar eine Abhängigkeit von sekundären Pflanzenstoffen entstanden, etwa von den Bitterstoffen. Fehlen sie in der Nahrung, kann es vermehrt zu Verdauungsstörungen kommen. Selbst der Hund, der sich am liebsten von Fleisch ernährt, verträgt sekundäre Pflanzenstoffe. Als Aasfresser hat er gelernt, auch mit dem pflanzlichen Magen- und Darminhalt seiner Beute zurechtzukommen. Die Katzen jedoch – von der Hauskatze bis zum Tiger – sind einen anderen Weg gegangen: Sie haben sich völlig auf Fleisch spezialisiert (siehe Kapitel Katze S. 61).

Haus- und Stallapotheke für Tiere

Störungen der Gesundheit, Unfälle oder Verletzungen sind fast nie voraussehbar. Um auf kritische Situationen vorbereitet zu sein, empfiehlt es sich, eine Haus- oder Stallapotheke einzurichten. Das Verbandsmaterial, die Gebrauchsgegenstände sowie Arznei- und Hausmittel sind an einem sauberen, dunklen und kühlen Ort aufzubewahren.

Verbandsmaterial

- Sterile Kompressen: Säubern von Wunden, als Wundauflage und Wickel
- Verbandswatten, saugend: Verbände
- Verbandswatten, wasserabweisend: Frischpflanzenverbände

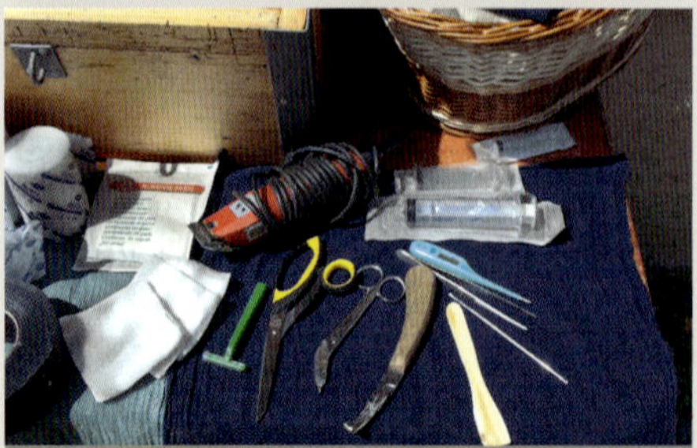

Im Notfall alles griffbereit: eine mit Bedacht zusammengestellte Haus- und Stallapotheke

- Elastische (selbstklebende) Binden: Fixieren von Kompressen, Verbänden, Wickeln
- Wasserabweisendes Klebeband: Schützen von Verbänden (Schwarzes Klauenband)
- Baumwoll-, Leinentuch, Decke: Wickel

Gebrauchsgegenstände

- Einweghandschuhe: sauberes Arbeiten
- Einwegspritzen, 10 ml, 20 ml, 60 ml: Eingeben von Flüssigkeit oder Tee, Ausspülen von Wunden
- Spatel: hygienisches Entnehmen von Salben aus Dosen
- Fieberthermometer: Kontrollieren der Körpertemperatur
- Pinzette: Entfernen von Fremdkörpern
- Verbandsschere: Abnehmen von Verbänden
- Haushaltsschere: Zurechtschneiden von Kompressen, Tüchern
- Klauen-, Hufmesser: Pflege von Klauen und Hufen
- Schermaschine, Rasierer: Ausscheren der Haare im Bereich von Verletzungen

Hausmittel

- Eichenrinde: für Durchfalltees und Behandlung von Hautentzündungen
- Fenchelfrüchte: zur Verdauungsförderung
- Lärchenharz-Zugsalbe: zur Behandlung von Abszessen
- Kamillenblüten: für Tee bei Entzündungen von Haut, Atem- und Verdauungstrakt, zur Wundreinigung
- Lavendelöl: zur Insektenabwehr, Beruhigung von Haut und Nerven
- Ringelblumenöl: zur Wundpflege und Narbenbehandlung
- Thymiankraut: zur Inhalation und als Tee bei Husten
- Arnikatinktur: bei stumpfen Verletzungen

2 Dosierungen von Heilpflanzen

Die Quellen

Eugen Fröhner war ab 1886 Professor der Königlich Tierärztlichen Hochschule zu Berlin und schrieb wichtige Bücher zur Arzneimittellehre für Tierärzte. Seine Werke wurden auch in Österreich, Ungarn und Russland verwendet. Während man sich in Mitteleuropa schon früh auf den Einsatz chemischer Arzneien konzentrierte, konnte sich die Heilpflanzenkunde in Osteuropa länger behaupten. Dieses Wissen wurde durch Professor Reichling und sein Autorenteam in den Büchern *Heilpflanzenkunde für Tierärzte* (2005) und *Heilpflanzenkunde für die Veterinärpraxis* (2008, 2016) wieder zugänglich gemacht.

Aus diesen Quellen stammen die meisten Dosierungen in den folgenden Tabellen. Hinzugenommen wurde auch das Buch *Kräuter für Nutz- und Heimtiere* einer österreichischen Arbeitsgruppe aus dem Jahr 2006 und 2012.

Die Erfahrungen aus langjähriger tierärztlicher Tätigkeit, die sich auch auf bisher hauptsächlich beim Menschen erprobte Heilpflanzen beziehen, sind ebenso eingeflossen. Für jene Heilpflanzen, für die es keine traditionellen Dosierungen gibt, wurde die Dosis vom Menschen auf das Tier umgerechnet. Die Berechnung erfolgte nach dem metabolischen Körpergewicht. Dieses berücksichtigt Körperoberfläche im Verhältnis zum Körpergewicht.

Bei der Dosierung von Heilpflanzen muss das Gewicht bedacht werden: Ein Kaltblüter kann über 1000 kg wiegen und ist damit doppelt so schwer wie ein durchschnittliches Pferd.

Besonderheiten bei den Tierarten

Jede Tierart hat ihren speziellen Stoffwechsel und ihre spezifische Verdauung, die nur bedingt mit denen des Menschen vergleichbar sind. Die aus Dosisangaben für den Menschen errechneten Tierdosierungen sind deshalb nur als Näherungswerte zu verstehen. Ihre Prüfung durch die Wissenschaft steht noch aus.

Dosierung bei Rind, Schaf, Ziege, Schwein, Pferd und Hund

(siehe **Tabellen 2-1, 2-2**)

Für Heilpflanzen ohne traditionelle Dosierungsangaben wurde die Dosis von der für den Menschen bekannten Dosierung abgeleitet und auf 500 kg Körpergewicht (KGW) für Rinder und Pferde, auf 100 kg Körpergewicht für Schafe, Ziegen und Schweine bzw. auf 10 kg Körpergewicht für Hunde berechnet.

Dosierung bei Meerschweinchen und Kaninchen (siehe **Tabelle 2-3**)

Meerschweinchen und Kaninchen wurden bis vor wenigen Jahrzehnten kaum tiermedizinisch versorgt, daher sind für diese Tiere keine Dosierungen überliefert. Die Dosisangaben in der Tabelle wurden aus der für den Menschen bekannten Dosierung abgeleitet und für die Gewichtsklassen von 1, 2 und 5 kg Körpergewicht errechnet.

Wann immer möglich, werden Meerschweinchen und Kaninchen einzelne Blättchen, Blüten und Beeren von frischen Pflanzen angeboten. Dies ist auch mit getrockneten Pflanzenteilen möglich, wenn sie sorgsam getrocknet und gelagert werden.

Dosierung beim Geflügel

(siehe **Tabelle 2-4**)

Für Heilpflanzen ohne traditionelle Dosierungsangaben wurde die Dosis für Geflügel von der für den Menschen bekannten Dosierung abgeleitet und auf 1–5 kg Körpergewicht (KGW) berechnet. Diese Pflanzen sind mit ** gekennzeichnet.

Sehr kleine Dosierungen: Es geht auch ohne Waage

Genauigkeit ist immer dann wichtig, wenn man eine Heilpflanze über längere Zeit verabreichen will. Für die kleinsten Dosisangaben in der Tabelle braucht man eine sehr genaue Waage. Ist diese nicht vorhanden, sind Teelöffeldosierungen und Kästchenpapier hilfreich. Damit lässt sich die Menge ziemlich gut bis auf ein Zehntel Gramm teilen (siehe Bild).

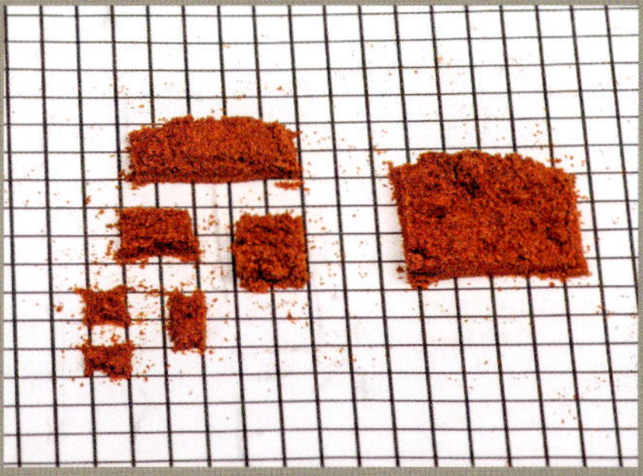

Dosierungen müssen dem Einzeltier angepasst werden

Die Dosierungen können nicht kritiklos übernommen werden, sondern müssen dem Bedarf des Tieres angepasst werden. Dieser ist abhängig vom Lebensalter, vom Geschlecht sowie von der körperlichen Verfassung. Auch die großen Gewichtsspannen innerhalb einer Tierart sind zu berücksichtigen, etwa diejenige zwischen Chihuahua und Dogge oder zwischen Shetlandpony und Kaltblutpferd.
Deshalb gilt: Die aufgeführten Dosierungen bieten dem Tierhalter nur Anhaltspunkte. Eine Gewähr für ihre Richtigkeit im Einzelfall geben sie nicht.

Zwei- bis dreimal täglich – oder häufiger?

Die in der Tabelle angegebene mittlere Tagesdosis wird in der Regel auf 2–3 Einzeldosen (morgens, mittags, abends) verteilt. Bei Durchfall und bei Störungen in den Harnwegen können auch häufigere Gaben mit entsprechend kleineren Einzeldosen verabreicht werden. Auch wenn ein Tier die Pflanzenzubereitungen ablehnt, wählt man häufige Gaben mit kleinen Einzeldosen. So kann man diese stärker verdünnen oder dem Futter unauffälliger beimischen.

Name des Pflanzenteils
Ackerschachtelhalmkraut
Angelikawurzel
Anisfrüchte
Baldrianwurzel
Bärentraubenblätter
Birkenblätter
Birnenblätter
Blutwurz (Tormentillwurzel)
Bockshornkleesamen
Brennnesselkraut, -blätter
Eibischwurzel
Eichenrinde
Enzianwurzel
Fenchelfrüchte
Goldrutenkraut
Hagebutten
Hauhechelwurzel
Heidelbeeren
Holunderblüten
Ingwerwurzelpulver
Isländisch Moos
Kamillenblüten
Knoblauchzwiebel *frisch**
Kümmel
Kürbissamen
Lavendelbüten
Leinsamen
Leinsamenöl

Tabelle 2-1

Rind, Schaf, Ziege, Schwein – Dosierungen zur innerlichen Anwendung von getrockneten und frischen* Heilpflanzen und Ölen in Gramm; mittlere Tagesdosis; KGW = Körpergewicht

Dosierung Rind	Dosierung Schaf/Ziege	Dosierung Schwein	Zerkleinerte Pflanzenteile in g pro Teelöffel
15–30	5–10	–	1,0
20–50	5–10	2–5	2,5
25–50	5–10	5–10	3,5
50–100	5–15	5–10	2,5
20–50	5–15	5–15	2,5
45/500 kg KGW	15/100 kg KGW	15/100 kg KGW	1,0
–	17/100 kg KGW	17/100 kg KGW	1,0
25–50	5–10	5–10	4,0
25–50	5–15	2–5–10	4,5
25–50	10–25	10–20	0,8
25–200	5–50	5–25	3,0
25–50	5–10	5–10	3,0
25–50	5–10	5–10	3,5
25–50	5–10	5–10	2,5
20–30	17/100 kg KGW	–	2,0
100/500 kg KGW	25/100 kg KGW	25/100 kg KGW	3,5
50–100	10–25	5–10	3,0
250/500 kg KGW	80/100 kg KGW	80/100 kg KGW	4,0
25–50	5–10	2–5	1,5
10–20	2–5	1–2	3,0
30–150	20–80	10–20	1,8
25–50	5–10	2–5	1,0
20–30	–	–	–
25–50	5–10	5–10	3,5
45–50	15/100 kg KGW	15/100 kg KGW	5,0
25–50	5–10	2–5–15	0,8
50–100	25–50	10–25	4,0
100–500	50–150	50–150	3 (2,5 ml)

Fortsetzung auf Seite 48

Name des Pflanzenteils
Liebstöckelwurzel
Lindenblüten
Löwenzahnkraut, -wurzel
Mädesüßkraut
Malvenblätter/-blüten
Mariendistelfrüchte
Meerrettich *frisch**
Melissenblätter
Olivenöl
Pfefferminzblätter
Rapsöl (Rüböl)
Rizinusöl
Salbeiblätter
Schafgarbenkraut
Schlüsselblumenwurzel Schlüsselblumenblüten
Sonnenhutpresssaft
Spitzwegerichblätter
Stiefmütterchenkraut
Tee, Schwarzer
Thymian-, Quendelkraut
Wacholderbeeren
Weidenrinde
Weißdornblätter, -blüten
Wermutkraut

Fortsetzung von Seite 47

Tabelle 2-1

Rind, Schaf, Ziege, Schwein – Dosierungen zur innerlichen Anwendung von getrockneten und frischen* Heilpflanzen und Ölen in Gramm; mittlere Tagesdosis; KGW = Körpergewicht

Dosierung Rind	Dosierung Schaf/Ziege	Dosierung Schwein	Zerkleinerte Pflanzenteile in g pro Teelöffel
50–100	10–25	5–10	3,0
5–15–25	2–5–10	1–2–5	1,8
25–50	5–10	5–10	1,2
15/500 kg KGW	5/100 kg KGW	5/100 kg KGW	1,4
20–60–250	5–30–50	5–15–25	1,8/0,5
55–70/500 kg KGW	15–20/100 kg KGW	15–20/100 kg KGW	3,5
90/500 kg KGW	27/100 kg KGW	27/100 kg KGW	–
25–50	5–10	2–5	1,0
100–500	50–150	50–150	3 (2,5 ml)
25–50	5–10	2–5	0,6
100–500	50–150	50–150	3 (2,5 ml)
250–1000	50–150	20–100	3 (2,5 ml)
25–50	5–10	5–10	1,5
25–50	5–10	5–10	1,5
–	1–3	1–3	3,5
–	2–6	2–6	1,3
30–40 ml/500 kg KGW	8–12 ml/100 kg KGW	8–12 ml/100 kg KGW	2,5 (2,5 ml)
15–30	3–10/100 kg KGW	3–10/100 kg KGW	0,7
100–250	25–50	10–25	1,8
5–7,5	2,5	2,5	2,5
25–50	2–10	2–10	1,4
50–100	5–10	5–10	3,0
30–55/500 kg KGW	8–16/100 kg KGW	8–16/100 kg KGW	1,5
10–15	3–5	3–5	1,8/0,5
20–50	5–10	2–5	1,5

Dosierungen müssen dem Einzeltier angepasst werden

Die Dosierungen können nicht kritiklos übernommen werden, sondern müssen dem Bedarf des Tieres angepasst werden. Dieser ist abhängig vom Lebensalter, vom Geschlecht sowie von der körperlichen Verfassung. Auch die großen Gewichtsspannen innerhalb einer Tierart sind zu berücksichtigen, etwa diejenige zwischen Chihuahua und Dogge oder zwischen Shetlandpony und Kaltblutpferd.
Deshalb gilt: Die aufgeführten Dosierungen bieten dem Tierhalter nur Anhaltspunkte. Eine Gewähr für ihre Richtigkeit im Einzelfall geben sie nicht.

Zwei- bis dreimal täglich – oder häufiger?

Die in der Tabelle angegebene mittlere Tagesdosis wird in der Regel auf 2–3 Einzeldosen (morgens, mittags, abends) verteilt. Bei Durchfall und bei Störungen in den Harnwegen können auch häufigere Gaben mit entsprechend kleineren Einzeldosen verabreicht werden. Auch wenn ein Tier die Pflanzenzubereitungen ablehnt, wählt man häufige Gaben mit kleinen Einzeldosen. So kann man diese stärker verdünnen oder dem Futter unauffälliger beimischen.

Name des Pflanzenteils
Ackerschachtelhalmkraut
Angelikawurzel
Anisfrüchte
Baldrianwurzel
Bärentraubenblätter
Birkenblätter
Birnenblätter
Blutwurz (Tormentillwurzel)
Bockshornkleesamen
Brennnesselblätter, -kraut
Brennnesselwurzel
Eibischwurzel
Eichenrinde
Enzianwurzel
Fenchelfrüchte
Goldrutenkraut
Hagebutten
Hauhechelwurzel
Heidelbeeren
Holunderblüten
Ingwerwurzelpulver
Isländisch Moos
Kalmuswurzel
Kamillenblüten
Knoblauchzwiebel *frisch**
Kümmel
Kürbissamen
Lavendelblüten

Tabelle 2-2

Pferd und Hund – Dosierungen zur innerlichen Anwendung von getrockneten und frischen* Heilpflanzen und Ölen in Gramm; mittlere Tagesdosis; KGW = Körpergewicht

Dosierung Pferd	Dosierung Hund	Zerkleinerte Pflanzenteile in g pro Teelöffel
15–30	1–2	1,0
20–50	0,5–1	2,5
10–25	0,5–2	3,5
25–50	1–5	2,5
20–50	2–5	2,5
50/500 kg KGW	1,5–2,5/10 kg KGW	1,0
–	3/10 kg KGW	1,0
25–50	1–5	4,0
10–25	1–2–5	4,5
25–50	1–2	0,8
–	1,5/10 kg KGW	1,3
20–100	5–10	3,0
25–50	1–5	3,0
10–25	0,5–2	3,5
10–25	0,5–2	2,5
20–30	3/10 kg KGW	2,0
100/500 kg KGW	5/10 kg KGW	3,5
25–50	2–5	3,0
250/500 kg KGW	4–8/10 kg KGW	4,0
25–50	1–7	1,5
5–10	0,1–0,2	3,0
10–25–100	0,5–2–5	1,8
10–25	0,5–2	3,0
25–50	1–3	1,0
10–20	4–8/10 kg KGW	–
10–25	0,5–2	3,5
40–50/500 kg KGW	2–3/10 kg KGW	5,0
25–50	1–5	0,8

Fortsetzung auf Seite 52

Name des Pflanzenteils
Leinsamen Leinsamenöl
Liebstöckelwurzel
Lindenblüten
Löwenzahnkraut, -wurzel
Mädesüßkraut
Malvenblätter/-blüten
Mariendistelfrüchte
Meerrettich *frisch**
Melissenblätter
Olivenöl
Pfefferminzblätter
Quendelkraut
Rapsöl
Rizinusöl
Salbeiblätter
Schafgarbenkraut
Schlüsselblumenwurzel Schlüsselblumenblüten
Sonnenhutpresssaft
Sonnenhutwurzel
Spitzwegerichblätter
Stiefmütterchenkraut
Tee, Schwarzer
Thymiankraut
Wacholderbeeren
Weidenrinde
Weißdornblätter, -blüten
Wermutkraut

Fortsetzung von Seite 51

Tabelle 2-2

Pferd und Hund – Dosierungen zur innerlichen Anwendung von getrockneten und frischen* Heilpflanzen und Ölen in Gramm; mittlere Tagesdosis; KGW = Körpergewicht

Dosierung Pferd	Dosierung Hund	Zerkleinerte Pflanzenteile in g pro Teelöffel
50–100	2–5	4,0
100–500	10–50	3 (2,5 ml)
25–50	2–5	3,0
5–25	0,5–1–5	1,8
10–25	1–5	1,2
15/500 kg KGW	1/10 kg KGW	1,4
20–50–100	5–10	1,8/0,5
55–70/500 kg KGW	3–4/10 kg KGW	3,5
90/500 kg KGW	5/10 kg KGW	–
25–50	1–5	1,0
100–500	10–50	3 (2,5 ml)
25–50	1–5	0,6
25–50	–	1,4
100–500	10–50	3 (2,5 ml)
250–450	5–25	3 (2,5 ml)
25–60	2–5	1,5
10–25	0,5–2	1,5
5–10	0,3–0,5	3,5
10–20	0,5–1	1,3
30–40 ml/500 kg KGW	1–2 ml/10 kg KGW	2,5 (2,5 ml)
20	0,3/10 kg KGW	2,5
15–30/500 kg KGW	1–3/10 kg KGW	0,7
50–100	5–10	1,8
5–7,5	0,5–1,25	2,5
25–50	0,5–1	1,4
25–50	1–5	3,0
30–55/500 kg KGW	1,5–3/10 kg KGW	1,5
10	0,5–1	1,8/0,5
15–50	0,5–1	1,5

Dosierungen müssen dem Einzeltier angepasst werden

Die Dosierungen können nicht kritiklos übernommen werden, sondern müssen dem Bedarf des Tieres angepasst werden. Dieser ist abhängig vom Lebensalter, vom Geschlecht sowie von der körperlichen Verfassung. Auch die großen Gewichtsspannen innerhalb einer Tierart sind zu berücksichtigen, etwa diejenige zwischen Chihuahua und Dogge oder zwischen Shetlandpony und Kaltblutpferd.
Deshalb gilt: Die aufgeführten Dosierungen bieten dem Tierhalter nur Anhaltspunkte. Eine Gewähr für ihre Richtigkeit im Einzelfall geben sie nicht.

Zwei- bis dreimal täglich – oder häufiger?

Die in der Tabelle angegebene mittlere Tagesdosis wird in der Regel auf 2–3 Einzeldosen (morgens, mittags, abends) verteilt. Bei Durchfall und bei Störungen in den Harnwegen können auch häufigere Gaben mit entsprechend kleineren Einzeldosen verabreicht werden. Auch wenn ein Tier die Pflanzenzubereitungen ablehnt, wählt man häufige Gaben mit kleinen Einzeldosen. So kann man diese stärker verdünnen oder dem Futter unauffälliger beimischen.

Name des Pflanzenteils
Ackerschachtelhalmkraut
Angelikawurzel
Anisfrüchte
Baldrianwurzel
Bärentraubenblätter
Birkenblätter
Birnenblätter
Blutwurz (Tormentillwurzel)
Bockshornkleesamen
Brennnesselkraut
Brombeerblätter
Brunnenkresse *frisch**
Eibischwurzel
Eichenrinde
Enzianwurzel
Fenchelfrüchte
Gänse-Fingerkraut
Goldrutenkraut
Hagebutten
Hauhechelwurzel
Heidelbeeren
Holunderblüten
Isländisch Moos
Kamillenblüten
Knoblauchzwiebel *frisch**
Kümmel

Tabelle 2-3

Kaninchen und Meerschweinchen – Dosierungen zur innerlichen Anwendung von getrockneten und frischen* Heilpflanzen und Ölen in Gramm; mittlere Tagesdosis; KGW = Körpergewicht

Kaninchen/ Meerschweinchen 1 kg KGW	Kaninchen 2 kg KGW	Kaninchen 5 kg KGW	Zerkleinerte Pflanzenteile in g pro Teelöffel
0,3	0,4	0,9	1,0
0,2	0,3	0,7	2,5
0,1	0,2	0,4	3,5
0,3	0,4	0,9	2,5
0,4	0,7	1,3	2,5
0,4	0,7	1,4	1,0
0,5	0,9	1,7	1,0
0,3	0,4	0,9	4,0
0,3	0,4	0,9	4,5
0,3	0,4	0,9	0,8
0,2	0,3	0,7	0,6
1,3	2,2	4,3	–
0,2	0,4	0,7	3,0
0,1	0,2	0,4	3,0
0,1	0,2	0,4	3,5
0,3	0,6	1,1	2,5
0,3	0,4	0,9	0,7
0,5	0,9	1,7	2,0
1,0	1,5	3,0	3,5
0,5	0,9	1,7	3,0
2,6	4,5	8,7	4,0
0,7	1,1	2,2	1,5
0,3	0,4	0,9	1,8
0,5	0,9	1,7	1,0
0,2	0,3	0,6	–
0,3	0,4	0,9	3,5

Fortsetzung auf Seite 56

Name des Pflanzenteils
Lavendelblüten
Leinsamen Leinsamenöl
Lindenblüten
Löwenzahnkraut, -wurzel
Malvenblätter/-blüten
Mariendistelfrüchte
Meerrettich *frisch**
Melissenblätter
Petersilienkraut, -wurzel
Pfefferminzblätter
Salbeiblätter
Schafgarbenkraut
Schlüsselblumenwurzel Schlüsselblumenblüten
Spitzwegerichblätter
Stiefmütterchenkraut
Tee, Schwarzer
Thymian-, Quendelkraut
Wacholderbeeren
Weidenrinde
Weißdornblätter, -blüten
Wermutkraut

Fortsetzung von Seite 55

Tabelle 2-3

Kaninchen und Meerschweinchen – Dosierungen zur innerlichen Anwendung von getrockneten und frischen* Heilpflanzen und Ölen in Gramm; mittlere Tagesdosis; KGW = Körpergewicht

Kaninchen/ Meerschweinchen 1 kg KGW	Kaninchen 2 kg KGW	Kaninchen 5 kg KGW	Zerkleinerte Pflanzenteile in g pro Teelöffel
0,4	0,7	1,4	0,8
1,7	3,0	5,8	4,0
0,9	1,5	3,0	3,0 (2,5 ml)
0,2	0,3	0,6	1,8
0,5	0,9	1,7	1,2
0,2	0,4	0,7	1,8/0,5
0,7	1,1	2,2	3,5
0,9	1,5	2,9	–
0,5	0,9	1,7	1,0
0,3	0,4	0,9	1,0/2,0
0,1	0,2	0,4	0,6
0,3	0,4	0,9	1,5
0,2	0,4	0,7	1,5
0,1	0,2	0,4	3,5
0,2	0,3	0,6	1,3
0,3	0,4	0,9	0,7
0,2	0,3	0,7	1,8
0,4	0,7	1,4	2,5
0,3	0,4	0,9	1,4
0,4	0,7	1,4	3,0
0,5	0,9	1,7	1,5
0,2	0,3	0,7	1,8/0,5
0,1	0,2	0,4	1,5

Dosierungen müssen dem Einzeltier angepasst werden
Die Dosierungen können nicht kritiklos übernommen werden, sondern müssen dem Bedarf des Tieres angepasst werden. Dieser ist abhängig vom Lebensalter, vom Geschlecht sowie von der körperlichen Verfassung. Auch die großen Gewichtsspannen innerhalb einer Tierart sind zu berücksichtigen, etwa diejenige zwischen Chihuahua und Dogge oder zwischen Shetlandpony und Kaltblutpferd.
Deshalb gilt: Die aufgeführten Dosierungen bieten dem Tierhalter nur Anhaltspunkte. Eine Gewähr für ihre Richtigkeit im Einzelfall geben sie nicht.

Zwei- bis dreimal täglich – oder häufiger?
Die in der Tabelle angegebene mittlere Tagesdosis wird in der Regel auf 2–3 Einzeldosen (morgens, mittags, abends) verteilt. Bei Durchfall und bei Störungen in den Harnwegen können auch häufigere Gaben mit entsprechend kleineren Einzeldosen verabreicht werden. Auch wenn ein Tier die Pflanzenzubereitungen ablehnt, wählt man häufige Gaben mit kleinen Einzeldosen. So kann man diese stärker verdünnen oder dem Futter unauffälliger beimischen.

Name des Pflanzenteils	Dosierung Geflügel (1–5 kg KGW)
Ackerschachtelhalm	0,3–0,9
Angelikawurzel	0,1–0,5
Anisfrüchte	0,2–0,5
Baldrianwurzel	0,5–1
Bärentraubenblätter	1–2
Birkenblätter**	0,4–1,4
Birnenblätter**	0,5–1,7
Blutwurz (Tormentill)	1–5
Bockshornkleesamen	0,5–1
Brennnesselkraut	3–10
Brombeerblätter*	0,2–0,7
Brunnenkresse* frisch	1,3–4,3
Eibischwurzel	1–2
Eichenrinde	0,5–1
Enzianwurzel	0,2–1
Fenchelfrüchte	0,2–0,5
Gänse-Fingerkraut**	0,3–0,9
Goldrutenkraut**	0,5–1,7
Hagebutten**	1,0–3,3
Hauhechelwurzel	1–2
Heidelbeeren**	2,6–8,7
Holunderblüten	0,2–0,5
Ingwerwurzelpulver	0,05–0,1
Isländisch Moos	0,2–1
Kamillenblüten	0,2–0,5
Knoblauch* frisch	2–4
Kümmel	0,2–0,5

Tabelle 2-4

Geflügel – Dosierungen zur innerlichen Anwendung von getrockneten und frischen* Heilpflanzen und Ölen in Gramm; mittlere Tagesdosis (** auf 1–5 kg Körpergewicht (KGW) berechnet, siehe Text)

Zerkleinerte Pflanzenteile in g pro Teelöffel	Name des Pflanzenteils	Dosierung Geflügel (1–5 kg KGW)	Zerkleinerte Pflanzenteile in g pro Teelöffel
1,0	Lavendelblüten	0,2–0,5	0,8
2,5	Leinsamen	1–2	4,0
3,5	Leinsamenöl	3–5	3,0 (2,5 ml)
2,5	Lindenblüten	0,2–0,5	1,8
2,5	Löwenzahnkraut, -wurzel	0,5–1	1,2
1,0	Mädesüßkraut**	0,2–0,6	1,4
1,0	Malvenblätter/-blüten	1–2	1,8/0,5
4,0	Mariendistelsamen**	0,7–2,2	3,5
4,5	Meerrettich* frisch	2–3	–
0,8	Melissenblätter**	0,5–1,7	1,0
0,6	Olivenöl	2–5	3,0 (2,5 ml)
–	Petersilienkraut, -wurzel	0,3–0,9	1,0/2,0
3,0	Pfefferminzblätter	0,2–0,5	0,6
3,0	Rapsöl, Rüböl	2–5	3,0 (2,5 ml)
3,5	Rizinusöl	2,5–5	3,0 (2,5 ml)
2,5	Salbeiblätter	1–2	1,5
0,7	Schafgarbenkraut	0,2–1	1,5
2,0	Schlüsselblumenwurzel	0,1–0,2	3,5
3,5	Schlüsselblumenblüten	0,2–0,6	1,3
3,0	Sonnenhutpresssaft	0,6–1,2	2,5 (2,5 ml)
4,0	Spitzwegerichblätter**	0,3–0,9	0,7
1,5	Stiefmütterchenkraut**	0,2–0,7	1,8
3,0	Tee, Schwarzer**	0,4–1,4	2,5
1,8	Thymian-, Quendelkraut	0,3–0,9	1,4
1,0	Wacholderfrüchte	0,5–2	3,0
–	Weidenrinde**	0,5–1,7	1,5
3,5	Wermutkraut	0,1–0,5	1,5

3

Die Katze

Katze und Heilpflanzen – ein heikles Verhältnis

Vermutlich ist es eine Folge ihrer Spezialisierung auf Fleischnahrung, dass Katzen sekundäre Pflanzenstoffe nur unzureichend entgiften und ausscheiden können (siehe **Kapitel Verträglichkeit von Heilpflanzen, S. 41**). Es mangelt ihnen an einem Enzym in der Leber (UDP-Glucuronosyltransferase), wodurch ihre Glucuronidierung beeinträchtigt ist. Dieser Stoffwechselprozess ist für die Ausscheidung einer Vielzahl von sekundären Pflanzenstoffen, Gift- und Arzneimitteln über Harn und Kot notwendig.

Es sind nicht nur – wie vielfach in der Literatur angegeben – ätherische Öle und alkoholische Zubereitungen unverträglich für Katzen, sondern vor allem sämtliche phenolhaltigen Pflanzenstoffe. Dazu gehören Flavonoide, die in fast allen Pflanzen anzutreffen sind. Bei Vergiftungen ist besonders die Leber betroffen. Als Entgiftungszentrale ist sie die erste Anlaufstelle für die mit der Nahrung aufgenommenen Pflanzenstoffe. Hier reichern sich nicht abbaubare Pflanzenstoffe an und schädigen das Lebergewebe.

Katzen sind reine Fleischfresser, sie vertragen viele Pflanzenstoffe nicht.

Auch die Nieren können Schaden nehmen. Als wichtiger Blutfilter werden sie von einer sehr großen Blutmenge durchströmt. Kursieren sekundäre Pflanzenstoffe im Blut, können sie auch in den Nieren Konzentrationen erreichen, die schädigend wirken.

Die heftigen Abwehrreaktionen der Katzen gegen die Einnahme von Heilpflanzen, ätherischen Ölen, Alkohol und anderen Stoffen, insbesondere das extreme Speicheln, das bereits bei winzigen Mengen von Bitterstoffen auftritt, sind als sinnvolle Schutzreaktionen zu werten. In Zeitschriften oder Büchern sind immer wieder Tipps zu lesen, wie die Akzeptanz von Pflanzen bei Katzen verbessert werden kann. Unter dem Aspekt, dass viele Pflanzenstoffe von der Katze nicht vertragen werden, sind solche Tipps sehr kritisch zu betrachten.

Vorschläge, den Pflanzenzubereitungen Katzenminze oder Baldrian zuzusetzen, um die Akzeptanz zu verbessern, zeugen von fehlender praktischer Erfahrung. Katzen pflegen sich in diesen Pflanzen zu wälzen, vermutlich weil sie im Laufe der Evolution gelernt haben, dass diese Pflanzen lästige Insekten fernhalten.

In der Anwendung von Heilpflanzen ist bei Katzen somit große Vorsicht geboten:

- Die Glucuronidierung und auch andere Entgiftungswege wie die Acetylierung von Pflanzenstoffen stehen bei den Katzen nur in geringem Maße zur Verfügung.
- Bei Gabe von Stoffen, die unzureichend abgebaut werden, kommt es zur gesundheitsschädlichen Anreicherung. Dies geschieht auch bei Pflanzenstoffen, also wenn Heilpflanzen mehrfach in kurzen Abständen oder einmalig in hoher Dosierung verabreicht werden.

- Chronische Vergiftungen durch Pflanzen sind nur schwer zu erkennen. Erste Anzeichen sind meist erhöhte Leber- und Nierenwerte, die oft nicht mit Pflanzengaben durch Ergänzungsfutter oder Hausmittel in Verbindung gebracht werden.

Achtung: Für Katzen sind Heilpflanzen in Mengen und Zubereitungen, wie sie andere Tiere zur Gesunderhaltung oder Unterstützung bei Erkrankungen erhalten, unverträglich. Bisher sind nur wenige Ausnahmen bekannt.

Hausmittel und Rezepturen für die Katze

In der Unterstützung von Katzen mit Heilpflanzen gibt es keine Tradition. Weil Katzen nicht den Nutzen und Stellenwert wie Wiederkäuer, Schwein, Pferd oder Hund hatten, wurden sie in unserer Gesellschaft selten medizinisch behandelt. Mit den heutigen Erkenntnissen über den speziellen Stoffwechsel der Katzen können die wenigen traditionellen Angaben zur Behandlung von Katzen ebenso wenig übernommen werden wie Hausmittel von anderen Tierarten.

Um Tiere gefahrlos mit Pflanzen behandeln zu können, sollten Wirkungen und Nebenwirkungen bekannt sein. Da dies für Katzen größtenteils nicht der Fall ist, muss auf den Einsatz von pflanzlichen Hausmitteln in den meisten Fällen verzichtet werden. Man darf seine Katze nicht zum Versuchstier machen. In der **Tabelle 3-1** sind Hausmittel aus dem Rezepturenteil aufgeführt, die erprobt sind und deshalb für den Einsatz bei Katzen empfohlen werden können.

Informationen zu den Organsystemen, Besonderheiten der Katzenerkrankungen sowie die Zubereitungen der verträglichen Hausmittel finden sich im jeweiligen Kapitel.

1

2

3

1–3 Besonders bei alten Katzen und bei Jungtieren können gut gemeinte Heilkräutergaben zu Vergiftungen führen.

Hält sie ein Mittagsschläfchen oder fühlt sie sich unwohl? Gute Beobachtung gibt Aufschluss.

Trinken anregen

Katzen haben nur ein geringes Bedürfnis zu trinken. Bei Verstopfung, Harnwegsentzündungen und Neigung zu Harnsteinen ist es jedoch wichtig, dass die Katze mehr Flüssigkeit aufnimmt.

Tipp: Mit einer warmen Fleischbrühe und einer Portion Sahne im Futter oder Wasser kann man versuchen, die Katze zur Aufnahme von mehr Flüssigkeit zu bewegen. Mit einer kleinen Portion Sardellenpaste wird der Durst angeregt.

Salben, Öle für die Haut

Äußere Anwendungen sind bei der Katze problematisch, da sie durch ihren Putztrieb stets zu inneren Anwendungen werden.

Nicht einsetzbar sind zudem Mittel, die über die Haut aufgenommen werden und in die Blutbahn gelangen. Dazu gehören die ätherischen Öle. Lavendelöl bildet in hoher Verdünnung eine Ausnahme.

Achtung: Da es kaum möglich ist, die Katze am Belecken zu hindern, dürfen auf die Haut nur Mittel aufgebracht werden, die auch bei innerlicher Einnahme unschädlich sind.

Tabelle 3-1

Hausmittel und Rezepturen für die Katze (Auswahl)

S.	Droge	Anwendungsgebiet	Hausmittel	Dosierung Katze pro Tag
	Heilpflanzen für Magen und Darm			
105	**Eichenrinde**	Durchfall	Eichenrindentee	1 Messerspitze
109	**Heidelbeere**	Durchfall; nur einmalig anwenden	Tee aus getrockneten Heidelbeeren	4–8 g (1 TL = 4 g)
109	**Leinsamen**	Magenschleimhaut-entzündung	Leinsamenschleim	vor jeder Mahlzeit 1–2 TL
112	**Leinsamen**	Verstopfung	Leinöl	1–2 TL (1 TL = 2,5 ml)
96	**Flohsamen**	Verstopfung	Flohsamen aus der Apotheke	¼ TL (1 TL = 4,7 g)
112	**Rizinusöl**	Akute Verstopfung; nur einmalig anwenden	Rizinusöl aus der Apotheke	1–2 TL (1 TL = 2,5 ml)
	Heilpflanzen für Haut, Pfoten, Krallen zur äußerlichen Anwendung			
126	**Kamillenblüten**	Wundspülungen, Pfotenbäder	Kamillentee	1 TL auf 100 ml Wasser
126	**Ringelblumen-blüten**	Wundspülungen, Pfotenbäder	Ringelblumentee	1 TL auf 100 ml Wasser
128	**Salbeiblätter**	Wundspülungen, Pfotenbäder	Salbeitee	2 TL auf 100 ml Wasser
129	**Lavendelöl**	Brandwunden, Narben, Ohrentzündungen	Lavendelöl, 0,5 %ig mit fettem Öl	Von der Mischung 1–2 Tropfen, nicht täglich und insgesamt nur für wenige Tage einsetzen.
148	**Eichenrinde**	Nässende Ekzeme	Eichenrindentee	1 TL auf 150 ml Wasser
	Heilpflanzen für die Milchdrüse zur äußerlichen Anwendung			
148	**Kamillenblüten**	Milchstau nach dem Absetzen oder Tod der Welpen	Quark-Kamillentee-Auflage	
150	**Kamillenblüten**	Milchstau nach dem Absetzen oder Tod der Welpen	Heilerde-Kamillentee-Auflage	
	Heilpflanzen für Lunge und Atemwege, für die Augen			
190	**Kamillenblüten**	Entzündungen der oberen Atemwege	Inhalation mit Kamille	
190	**Thymian**	Entzündungen der oberen Atemwege	Inhalation mit Thymian Chemotyp Linalool	
193	**Kamillenblüten**	Augenentzündungen, für Neugeborene	Kamillentee	
190	**Kamillenblüten**	Augenentzündungen, für Neugeborene	Inhalation Kamille	

Homöopathie
Schon vor 500 Jahren erkannte der berühmte Arzt Paracelsus: «Ob ein Ding ein Gift ist oder ein Heilmittel, ist eine Frage der Dosis. Allein die Dosis macht, dass etwas giftig wird.»
Es gibt keine klare Unterscheidung zwischen Heilpflanze und Giftpflanze. Was für den einen eine Heilpflanze ist, kann für einen anderen eine Giftpflanze sein. Paracelsus stellte fest, dass giftige Substanzen in sehr geringer Dosierung eine positive Wirkung auf den Organismus haben können: Die Selbstheilungskräfte werden angestoßen, der Organismus findet in sein Gleichgewicht und damit zur Gesundheit zurück. Aus dieser Erkenntnis entwickelte Samuel Hahnemann die Homöopathie. Heilpflanzen spielen neben Mineralien und tierischen Bestandteilen in der Homöopathie eine wesentliche Rolle.

Alkoholische Zubereitung, Tinktur

Alkohol ist für Katzen nicht verträglich und darf weder innerlich noch äußerlich konzentriert angewendet werden. In kleinen, stark verdünnten Mengen können alkoholische Zubereitungen äußerlich verwendet werden, etwa zur Wundspülung.

Tipp: Wenn wenige Tropfen einer alkoholischen Tinktur verabreicht werden sollen, so tropft man sie auf einen Löffel und wartet einige Minuten, bis der Großteil des Alkohols verdunstet ist. Danach wird mit Wasser verdünnt.

Homöopathie als Alternative

Gesunderhalten und Heilen von Katzen mit pflanzlichen Hausmitteln ist zurzeit leider noch wenig praktikabel: Katzen können die meisten Heilpflanzen in den für andere Tierarten üblichen Mengen und Zubereitungen nicht verabreicht werden. Sie würden in dieser Form mehr schaden als nützen.

Doch auch die Katzen profitieren von den Heilkräften der Natur. Die durch Heilpflanzen gesetzten Impulse müssen nur wesentlich milder sein als bei anderen Tierarten. In homöopathischen Arzneimitteln finden sich Heilpflanzen in für Katzen verträglichen Zubereitungen. Deshalb empfiehlt es sich, Katzen einem in der Homöopathie ausgebildeten Tierarzt vorzustellen. Er wird anhand der erkennbaren Verhaltensmerkmale und Krankheitszeichen der Katze das richtige Mittel in der optimalen Verdünnung auswählen.

4 Gesund erhalten

In diesem Kapitel geht es darum, die Gesundheit zu erhalten und zu stabilisieren sowie Krankheiten zu vermeiden – durch frühzeitige Anregung und Unterstützung der Heilbestrebungen des Organismus. Heilpflanzen sind hierbei sehr hilfreich. Sie dienen zur

- Anregung des Immunsystems
- Anregung des Stoffwechsels
- Unterstützung der Ausleitung von Stoffwechselendprodukten

Allgemeines zur Funktion des Immunsystems

Das Immunsystem übernimmt eine Schutzfunktion im Körper. Einerseits ist es dafür zuständig, äußere, den Organismus bedrohende Einflüsse, wie Krankheitserreger, in Schach zu halten. Andererseits wacht es über die Funktion der eigenen Körperzellen: Fehlerhafte Zellen wie Tumorzellen werden eliminiert, abgenutzte Zellen abgebaut und recycelt – beispielsweise die roten Blutkörperchen. Das Immunsystem ist sehr komplex. Zu ihm gehören unter anderem das Knochenmark, der Thymus (Bries), die Milz und die Lymphknoten, beim Vogel die *Bursa fabricii* in der Kloake.

Lymphknoten sind die Filterstationen des Lymphsystems, das ähnlich wie das Blutgefäßsystem den ganzen Körper durchzieht. Außerdem sind sie die Ausbildungsstellen der frei im Körper beweglichen Abwehrzellen. Besonders zahlreich ist Lymphgewebe im Rachenbereich und im gesamten Magen-Darm-Trakt. Hier sorgt es dafür, dass über Atemluft und Nahrung nichts Schädliches in den Organismus gelangt. Im Lymphgewebe der Darmschleimhaut und der Schleimhaut der Atemwege lernen die Abwehrzellen zwischen schädlich (abzuwehren) und nützlich (in den Blutkreislauf zu entlassen) zu unterscheiden.

Tägliche Bewegung an frischer Luft hält den Stoffwechsel in Schwung.

Allgemeines zur Funktion des Stoffwechsels

Unter Stoffwechsel versteht man die Gesamtheit aller biochemischen Prozesse im Körper: Stoffe aus der Umgebung werden (v. a. über Atmung und Nahrung) aufgenommen, transportiert und schließlich so umgewandelt, dass sie dem Organismus immer ausreichend Energie und Grundstoffe zur Aufrechterhaltung aller seiner Aufgaben zur Verfügung stellen. Zum Stoffwechsel gehören auch die Entgiftung von Schadstoffen und der Abbau von Medikamenten sowie die Ausscheidung der nicht mehr verwertbaren Substanzen – der Stoffwechselendprodukte.

Die Leber übernimmt die zentrale Rolle im Stoffwechsel. Ihr werden über die Pfortader alle vom Darm aufgenommenen Nährstoffe, aber auch alle Arznei- und Giftstoffe direkt zugeführt. Von der Leber wird Nützliches zur weiteren Verwertung ins Blut entlassen, und nicht mehr Verwertbares wird für die Ausscheidung über Kot oder Urin aufbereitet. Die Leber produziert die zur Fettverdauung benötigte Galle sowie Eiweiße, Hormone und Blutgerinnungsfaktoren. Sie reguliert Fett-, Kohlenhydrat- und Eiweißstoffwechsel ebenso wie Vitamin- und Hormonhaushalte. Außerdem ist sie Speicher für Vitamine, Blut und Spurenelemente.

Was führt zur Beeinträchtigung des Immunsystems und des Stoffwechsels?

Alle Lebewesen verfügen über umfangreiche Regulierungsmechanismen, mit denen sich Stoffwechsel und Immunsystem an die sich ständig verändernden Lebensbedingungen anpassen können – etwa an Wetteränderungen, Änderungen im Nahrungsangebot und in der Haltung, Auftauchen von Krankheitserregern, Trächtigkeit und Geburt. Diese Regulierungsmechanismen sind eng miteinander verbunden und voneinander abhängig. Die Funktion dieser Regulation ist für die langfristige Gesundheit eines Tieres wichtig. Krankheiten lassen die Überforderung der Regulierungsmechanismen erkennen und zeigen, dass das Gleichgewicht gestört ist.

Störungen von Immunsystem und Stoffwechsel sind zumeist auf ungünstige Lebensumstände zurückzuführen. Meist sind es mehrere Faktoren, die zusammenkommen und gemeinsam bewirken, dass ein Organismus erkrankt. Oft ist es ein kleiner Auslöser, der das sprichwörtliche Fass zum Überlaufen bringt. Der Organismus ist nicht länger in der Lage, auszugleichen und zu regulieren, und reagiert mit Funktionsstörungen. Dies insbesondere, wenn das Immunsystem oder die Leber als Stoffwechsel- und Entgiftungszentrale betroffen sind.

1

2

3

1–2 Ob Rindvieh oder Federvieh – frisches Grün sorgt für Gesundheit.
3 Für Ziegen sollten neben Kräutern auch Sträucher erreichbar sein, von denen sie Blätter, Knospen und Rinde fressen können.

Armer Kerl! Die Bewegungsfreude ist dahin und das Hundeleben durch Übergewicht beschwerlich.

Krankheitszeichen

- Müdigkeit, Abgeschlagenheit, Unwohlsein, schlechte Kondition, mangelnde Leistung
- Verhaltensstörungen wie Aggressivität, Ängstlichkeit
- Appetitmangel, unregelmäßiger Appetit, Gewichtsverlust
- Unregelmäßige Verdauung und wechselnde Kotbeschaffenheit
- Anfälligkeit für Infekte, Neigung zu chronischen Infektionen
- Fellwechselstörungen, struppiges Haarkleid, Hautunreinheiten
- Spröde Klauen, Hufe oder Krallen
- Fruchtbarkeitsstörungen
- Milchmangel, Milchrückgang
- Verlangsamte Erholung nach anspruchsvollen Leistungen, Erkrankungen, einer Geburt oder Narkose

Leberbelastungen

Neben Krankheitserregern wie Viren, Bakterien und Parasiten führen auch Gifte zu einer Schädigung der Leber. Diese Gifte können aus Pflanzen oder Pilzen stammen – ebenso wie von Pflanzenschutz- und Schädlingsbekämpfungsmitteln (Pestiziden), Medikamenten oder Umweltgiften wie Farben, Lacken oder Weichmachern in Kunststoffen.

Auch ihre Speicherfunktion kann der Leber zum Verhängnis werden. Sind zu viele Fette in der Nahrung, so werden diese in Leberzellen eingelagert und stören dort die Funktion: Übergewicht ist ein Problem für die Leber, es entwickelt sich eine Fettleber. Doch auch die umgekehrte Situation schädigt die Leber: Energiemangel im Futter führt über vermehrte Fettmobilisation und erhöhten Abbau von Körperfett ebenfalls zu ihrer Schädigung. Diese Leberstörung wird als Ketose bezeichnet.

Verlauf von Erkrankungen des Immunsystems und des Stoffwechsels

Akute Erkrankungen

Akute Erkrankungen können sowohl durch Stoffwechselentgleisungen im Körper als auch durch aufgenommene Giftstoffe ausgelöst werden. Diese gehen meist mit schweren Störungen von Verdauung, Herz und Kreislauf, Atmung und Bewusstsein einher. Es sind immer Notfälle, die unverzüglich tierärztlich intensivmedizinisch behandelt werden müssen, da sie schwere Schäden in Leber und Nieren nach sich ziehen können.

Sofortige Konsultation eines Tierarztes ist auch bei akuten Störungen des Immunsystems angezeigt. Dabei handelt es sich meist um Überreaktionen wie plötzliche Hautausschläge und Nesselsucht, asthmatische Störungen, Atembeschwerden durch Schwellungen der Schleimhäute oder schwere Durchfälle.

Chronische Erkrankungen

Chronische Erkrankungen des Stoffwechsels sind nur schwer zu erkennen. Die Krankheitszeichen sind nicht eindeutig. Bei einem Verdacht sollte man sich an den Tierarzt wenden. Durch Laboruntersuchungen von Blut, Kot oder Harn mit der Bestimmung von Leber- und Nierenwerten, Enzymen und Hormonen lassen sich wichtige Hinweise finden. Hat das Tier schon einmal akute Stoffwechselstörungen oder Vergiftungen erlitten, so muss man mit bleibenden Schäden in Leber und Nieren rechnen, die eine chronische Erkrankung begünstigen.

Chronische Immunstörungen äußern sich v. a. in einer Anfälligkeit für Infektionen, die nur noch schwer oder gar nicht mehr aus eigener Kraft überwunden werden können. Auch hartnäckige Haut- oder Verdauungsstörungen sowie Wundheilungsstörungen können auf eine Schwäche im Immunsystem hinweisen (siehe **auch in den Kapiteln Haut und Magen und Darm**).

Besonderheiten der Tierarten

Stoffwechselstörungen beim Wiederkäuer

Bei den Wiederkäuern sind es vornehmlich Fütterungsfehler, welche die Leber schädigen. Ist zu wenig Energie im Futter, mobilisiert der Körper seine Fettreserven. Die Fette im Blut nehmen zu. Die Leber versucht, diese in ihren Zellen zu speichern. Dadurch entsteht eine Fettleber und die Leberfunktion ist eingeschränkt. In schweren Fällen kommt es zu lebensbedrohlichen Erkrankungen und oft zum Tod des Tieres. In den meisten Fällen ist der Verlauf jedoch schleichend, und die Leberstörung zeigt sich indirekt in einem geschwächten Abwehrsystem und erhöhter Anfälligkeit, etwa gehäuften Euterentzündungen. Bei Kühen und Ziegen kommt

Vergiftungen beim Pflanzenfresser

Normalerweise meiden Pflanzenfresser die Giftpflanzen auf der Weide. Wird die Weide sehr lang genutzt, um sie «sauber» weiden zu lassen, werden aufgrund von Hunger und Weidebedürfnis schließlich auch vorher gemiedene Pflanzen gefressen. So steigt das Risiko für Vergiftungen und damit die Gefahr von Leberschädigung. Zudem gibt es Giftpflanzen, die durch Trocknen und Silieren ihre Giftigkeit nicht verlieren. Hierzu gehören Jakobskreuzkraut und Herbstzeitlose. Weil sie für Pflanzenfresser im Heu und in der Silage nicht erkennbar sind, werden sie mitgefressen und können Vergiftungen und Leberschäden verursachen.
Sogar extrem abgeweidetes Weidelgras kann zur Gefahr werden: Um sich vor der Vernichtung zu schützen, produziert es mithilfe von Pilzen Gifte, die zur Weidelgras-Taumelkrankheit führen.

Jakobskreuzkraut ist besonders in Heu und Silage gefährlich.

1 Bei Mastlämmern kann ein zu hoher Getreideanteil den Stoffwechsel empfindlich stören.
2 Haltung und Fütterung sind auch beim Pferd entscheidend für einen gesunden Stoffwechsel.

diese Erkrankung als Ketose in der Hochlaktation vor, also in der Zeit der höchsten Milchmenge in den ersten drei Monaten. Bei Schafen und Ziegen tritt sie in Form der Trächtigkeitstoxikose in den letzten drei Wochen vor der Geburt auf.

Stoffwechselstörungen beim Schwein

In Futtermitteln von Schweinen kommen immer wieder Mykotoxine vor. Dabei handelt es sich um giftige Stoffwechselprodukte von Schimmelpilzen. Diese wachsen besonders in nassen Sommern und in feuchtwarmen Futtersilos. Die Leber als zentrales Entgiftungsorgan ist gefordert – und damit manchmal überfordert. Deutlich erkennbare akute Vergiftungen kommen nur selten vor, in den allermeisten Fällen führen Mykotoxine zu einer schleichenden Leberbelastung. Die erhöhte Anfälligkeit für Infektionen, Wachstumsstörungen und nachlassende Fruchtbarkeit können Hinweise auf die Leberschwäche darstellen.

Stoffwechselstörungen beim Pferd

Beim Pferd stellt das metabolische Syndrom eine bedeutende Stoffwechselstörung dar. Betroffen sind hauptsächlich Pferde mit unstillbarem Appetit, wobei zu Beginn noch keine Verfettung sichtbar sein muss. Mit der Zeit kommt es zu abnormer Fettspeicherung etwa im Bereich des Mähnenkammes und zu Übergewicht. Die dauerhafte Überernährung provoziert die Entgleisung des Zucker-Insulin-Stoffwechsels und setzt einen Teufelskreis in Gang. Durch mangelnde Bewegung wird die Situation verschlimmert. Infolge des metabolischen Syndroms kommt es zur akuten und chronischen Hufrehe.

Stoffwechselstörungen bei Hund und Katze

Die Hauptrisiken für Stoffwechselerkrankungen bei Hund und Katze sind die Überfütterung und

«Stopfen» der Gänse
Für die Produktion der Gänseleberpastete wird bei Gänsen bewusst eine Fettleber provoziert, indem man sie weit über ihren natürlichen Hunger hinaus mit Kraftfutter vollstopft. Das ist heute in vielen Ländern durch das Tierschutzgesetz verboten.

der Bewegungsmangel. Das ständige Überangebot an Nährstoffen führt zu Gewichtszunahme und Verfettung. Im Blut kursierendes Fett wird vermehrt in den Leberzellen gespeichert, so entsteht eine Fettleber. Das ständige Zuviel überfordert und erschöpft den Stoffwechsel, so kann es schließlich zu Diabetes und zu chronischen Leberschäden kommen.

Stoffwechselstörungen bei Kaninchen und Meerschweinchen

Artgerechte Nahrung für Kaninchen und Meerschweinchen sind frische Pflanzen und gutes Heu. Das zeigen schon die Zähne, die dazu geschaffen sind, lang und ausdauernd zu kauen und die deshalb ein Leben lang nachwachsen, um den Abrieb auszugleichen. Energiereiches Körnerfutter schadet nicht nur der Zahngesundheit, sondern dem gesamten Stoffwechsel der Tiere. Es kommt spätestens mit Abschluss des Wachstums zur Verfettung. Dicke Tiere können sich schlechter bewegen und putzen. Sie neigen zu Verdauungsstörungen und Fellproblemen, sind anfällig für Bakterien, Pilze und Parasiten. Auch beim Kaninchen gibt es die Trächtigkeitsketose, wie beim Wiederkäuer beschrieben.

Stoffwechselstörungen bei Geflügel

Sowohl Mastgeflügel als auch Legehennen sind wahre Stoffwechselhochleister, die viel Futter fressen und umsetzen müssen, um das schnelle Wachstum bzw. die hohe Eierlegeleistung zu bewältigen. Die Leber als zentrales Stoffwechselorgan kommt hier schnell an ihre Leistungsgrenzen. Auch die Geflügelleber neigt unter Hochleistung zur Verfettung und erleidet dadurch Funktionseinbußen. Ist die Leber geschädigt, verlaufen Infektionen schwerwiegender.

Heilpflanzen zum Gesunderhalten der Tiere

Wann sind Heilpflanzen zur Stoffwechselanregung und Immunstärkung sinnvoll?

Es ist nicht immer leicht zu erkennen, wann der Organismus an die Grenzen seiner Regulationsfähigkeit gelangt ist. Deshalb ist es sinnvoll vorzubeugen. Das geht hervorragend mit Heilpflanzenzubereitungen. Richtig gewählt und zubereitet haben sie keinerlei schädliche Nebenwirkungen. Sie können somit immer dann eingesetzt werden, wenn man davon ausgehen kann, dass mit besonderer gesundheitlicher Belastung zu rechnen ist.

Ein Dutzend Ferkel zu säugen, ist Höchstleistung. Hier ist Unterstützung der Mutter mit Heilkräutern sinnvoll.

Es gibt zahlreiche Heilpflanzen, die in der Lage sind, den Stoffwechsel und die Ausscheidung von Stoffwechselendprodukten zu beschleunigen und Abwehrzellen des Körpers in Alarmbereitschaft zu versetzen (Immunstimulanzien). Sind in Zeiten erhöhter Ansteckungsgefahr die Schleimhäute im Magen-Darm-Trakt und in den Atemwegen gut durchblutet und die Abwehrzellen in diesem Bereich bereits mobilisiert, vergeht beim Eintreffen von Krankheitserregern keine kostbare Zeit. Deshalb ist es sinnvoll, vor Situationen, die eine Infektion begünstigen, pflanzliche Stoffwechselaktivatoren und Immunstimulanzien zu verabreichen:

- Bei allen Anzeichen für Belastungen des Tieres
- Bei Stall- und Futterwechsel
- Bei Jungtieren in der Zeit der Umstellung von Muttermilch auf feste Nahrung
- Während des Wachstums
- In der Zeit des Fell- oder Gefiederwechsels
- Während Trächtigkeit und Säugezeit bzw. in der Laktation
- Nach kräftezehrender Geburt
- Bei erhöhter Infektionsgefahr während nasskalten Wetters, vor Transporten und Aufenthalten auf Auktionen, Ausstellungen, Turnieren und in Tierpensionen
- Bei chronischen Erkrankungen
- Besonders wichtig ist die Unterstützung der Körperfunktionen nach Erkrankungen beim alten und schwächer werdenden Tier (siehe hierzu **Kapitel Das Alter**).

Achtung: Immunstimulation darf nicht zur Daueranwendung werden. Sonst wird das Immunsystem überfordert und reagiert nicht mehr wie gewünscht.

Funktionsstörungen im Körper können wieder behoben werden, solange die Regulationsfähigkeit des Organismus noch funktioniert. Voraussetzung für eine Besserung ist immer, dass die schwächenden und krankheitsauslösenden Ursachen wie ungünstige Ernährung und Haltung verbessert werden können. Zusätzlich angewendete Heilpflanzen unterstützen den Organismus darin, alles wieder ins Lot zu bringen. Lassen sich Funktionsstörungen beheben, so kommt es gar nicht erst zu Organerkrankungen.

Was kann man mit Heilpflanzen erreichen?

- Durchblutungsförderung im ganzen Körper und in allen Organen
- Anregung aller Stoffwechselprozesse
- Gesunderhaltung der Schleimhäute, die eine wichtige Barriere gegen Krankheitserreger sind
- Aktivierung und Beschleunigung der Ausscheidung über Darm, Nieren, Lunge und Haut
- Verminderung von Ablagerungen von Stoffwechselprodukten im Bereich von Blutgefäßen, Haut, Gelenken und Gehirn
- Vorbeugen von Harngrieß, Harnsteinen und Nierensteinen
- Aktivierung von Immunzellen
- Dämpfung eines überreagierenden Immunsystems im Sinne einer Immunmodulation bei Allergien

Tabelle 4-1

Heilpflanzen zur Unterstützung des Immunsystems und des Stoffwechsels (Auswahl)

Droge *(Heilpflanze lat.)*	Wichtige Inhaltsstoffe	Wirkungen (Auswahl)	Anwendungs-/ Zubereitungsform
Generalisten			
Angelikawurzel *(Angelica archangelica)*	Ätherisches Öl, Cumarine	Anregung der Verdauungssäfte, krampflösend	Innerlich; Tee, Tinktur, ätherisches Öl
Bockshornkleesamen *(Trigonella foenum-graecum)*	Schleime, Proteine, Flavonoide	Appetitanregend, verdauungsfördernd, Blutzucker regulierend, milchbildend	Innerlich; Pulver, Aufgüsse
Wacholderbeeren *(Juniperus communis)*	Ätherisches Öl, Gerbstoffe	Appetitanregend, verdauungsfördernd, harntreibend, milchbildend, antimikrobiell, husten- und krampflösend	Innerlich; gequetschte Früchte, Aufgüsse, ätherisches Öl (Fertigpräparat)
Immunstimulanzien			
Brunnenkressekraut *(Nasturtium officinale)*	Senföle, Vitamin C	Keimhemmend, harndesinfizierend, vitalisierend	Innerlich; Frischpflanze
Holunderblüten *(Sambucus nigra)*	Ätherisches Öl, Flavonoide, Schleime	Immunstimulierend, antiviral, schleimlösend	Innerlich; Tee, Sirup
Kapuzinerkressekraut *(Tropaeolum majus)*	Senföle, Vitamin C	Durchblutungsfördernd, antimikrobiell	Innerlich; Frischpflanze, Fertigpräparat
Knoblauchzwiebel *(Allium sativum)*	Lauchöle, Flavonoide, Enzyme, Vitamin B1, B2, B6, E, C	Immunmodulierend, antioxidativ, tumorhemmend, antimikrobiell	Innerlich; Frischpflanze, gefriergetrocknet (Fertigpräparat)
Lindenblüten *(Tilia platyphyllos, T. cordata)*	Schleime, Flavonoide, ätherisches Öl	Immunstimulierend, beruhigend, auswurffördernd	Innerlich; Tee
Meerrettichwurzel *(Armoracia rusticana)*	Senföle, Vitamin C	Keimhemmend, durchblutungsfördernd	Innerlich; Frischpflanze, Fertigpräparat
Purpursonnenhutkraut, -Wurzel *(Echinacea purpurea)*	Schleime, Flavonoide	Immunmodulierend, entzündungshemmend	Innerlich; Pulver, Presssaft, Tinktur, Fertigpräparate
Soffwechselaktivatoren			
Ackerschachtelhalmkraut *(Equisetum arvense)*	Kieselsäure, Flavonoide	Stoffwechselaktivierend, bindegewebsstärkend, harntreibend	Innerlich; Tee, Frischpflanze, Presssaft
Birkenblätter, -knospen *(Betula pendula, B. pubescens)*	Flavonoide, Gerbstoffe, ätherisches Öl	Stoffwechselaktivierend, harntreibend	Innerlich; Frischpflanze, Tee
Brennnesselblätter, -kraut *(Urtica dioica, U. urens)*	Flavonoide, Kieselsäure, Kalzium- u. Kaliumsalze	Stoffwechselaktivierend, harntreibend	Innerlich; Tee, Frischpflanze, Presssaft
Löwenzahnkraut , -wurzel *(Taraxacum officinale)*	Bitterstoffe, Flavonoide, Phytosterole	Stoffwechselaktivierend, harntreibend, galletreibend	Innerlich; Tee, Frischpflanze, Presssaft

Hausmittel und Rezepturen zur Abwehrstärkung und Stoffwechselanregung

Eine Auswahl der Heilpflanzen zur Unterstützung des Immunsystems und des Stoffwechsels findet sich in **Tabelle 4-1**. Die Dosierungen sind in Kapitel 2 nach Tierart zusammengestellt.

Traditionelle Viehpulver zur allgemeinen Förderung der Gesundheit

Schwäche nach Krankheit und schwerer Geburt, schlechter Appetit oder Milchmangel – dafür sind schon in alten Zeiten Heilpflanzenmischungen mit breiter Wirkung verwendet worden. Sie wurden pulverisiert und mit Kochsalz, Glaubersalz oder Bittersalz vermischt, manchmal mit Honig zu Latwergen gebunden. In Viehpulvern finden sich immer verdauungsanregende und die Ausscheidung fördernde Pflanzen:

Wacholder, Gemeiner *(Juniperus communis)*

Die positiven Wirkungen der Wacholderbeeren auf die Nieren und die Zubereitung sind im Kapitel Nieren und Harnwege (S. 209) zu finden. Darüber hinaus ist der Wacholder ein erprobtes Mittel bei Störungen im Verdauungstrakt. Wacholderbeeren steigern den Appetit, fördern die Verdauung und treiben Blähungen aus. Wacholder kann auch bei Bronchitis hilfreich sein und er fördert die Milchbildung. Wacholder wurde auch zur Stärkung gegen die Pest empfohlen.

Zubereitung

Pferdepulver

Eine typische Rezeptur für ein appetitanregendes und allgemein gesundheitsförderndes Viehpulver ist das folgende Pferdepulver:

Man nehme zu gleichen Teilen

- Anisfrüchte
- Kümmelfrüchte
- Wacholderbeeren
- Natriumsulfat (Glaubersalz)
- Natriumchlorid (Kochsalz)

pulverisiere und mische alles und gebe dreimal täglich 2 EL aufs Futter bei mangelnder Fresslust.

Noch kräftiger in der Wirkung ist folgendes Pferdepulver:

Man nehme je 100 g

- Wacholderbeeren
- Enzianwurzel
- Kalmuswurzel oder Engelwurz

  und je 50 g
- Kümmelfrüchte
- Wermutkraut
- Ingwerwurzel und
- 200 g Kochsalz

pulverisiere und mische alles und gebe dreimal täglich 2 EL aufs Futter bei mangelnder Fresslust.

Engelwurz, syn. Angelikawurzel *(Angelica archangelica)*

Die Engelwurz ist eine traditionelle Heilpflanze des Nordens und kam als norwegische Handelsware nach Mitteleuropa. Bereits im 14. Jahrhundert wurde sie in Klostergärten angebaut. Engelwurz enthält ein reiches Wirkstoffspektrum, vor allem ätherisches Öl. Sie regt alle Verdauungssäfte an, wodurch der Appetit gesteigert und die Verdauung gefördert wird. Magen- und Darmkrämpfe werden entspannt und Blähungen ausgetrieben. Das hat der Engelwurz den Namen «Magenwurz» eingebracht.

Weil sie auch bei Atemwegserkrankungen die Sekretion in den Schleimhäuten der Atemwege anregt und damit das Lösen zäher entzündungsbedingter Schleime unterstützt, nennt man die Pflanze auch «Engelbrustwurz». Schließlich wird sie noch «Theriakwurzel» genannt, denn sie wurde in Pestzeiten zur allgemeinen Stärkung des Organismus häufig eingesetzt.

Es sollte nur Engelwurz aus dem Garten genutzt werden, damit es keine Verwechslung mit dem giftigen Wasserschierling gibt. Der Wurzelstock kann im Frühjahr und im Spätherbst gegraben werden. Der getrocknete Wurzelstock wird leicht von Insekten befallen. Deswegen muss er sorgfältig aufbewahrt werden.

Zubereitung

Angelikawurzeltee

2 gehäufte TL gut zerkleinerte Angelika-Wurzel mit ¼ l kaltem Wasser übergießen, zum Sieden erhitzen und etwa 2 Minuten ziehen lassen, dann abseihen.

Theriak – Arznei der Könige, König der Arzneien

Theriak war bereits in der Antike eine berühmte Arznei, eine Latwerge, die aus verschiedenen Wurzel- und Gewürzpulvern unter Zusatz von Honig und Wein hergestellt wurde. Theriak galt als Heilmittel bei vielen Erkrankungen, ebenso als Schmerzmittel und sollte Schutz vor Vergiftungen bieten. Theriak wurde im Mittelalter von den Arabern und Kreuzrittern in Europa verbreitet. Noch am Ende des 19. Jahrhunderts gab es für Apotheken eine Zubereitungsvorschrift für Theriak. Eine Reihe von Zutaten ist heute noch gebräuchlich wie Angelikawurzel, Baldrianwurzel, Kurkuma, Zimt, Myrrhe und Kardamom. Für das gemeine Volk war Theriak unerschwinglich, man wich auf den Knoblauch aus, er galt als Bauerntheriak.

Auch für das Vieh gab es Theriak-Rezepturen. In «Nachrichter's Roßarzneibuch» vom Scharfrichter Johannes Deigendesch aus dem Jahre 1785 findet sich ein «Verbesserter Viehtheriac».

Knoblauch, Enzian, Angelikawurzel, Kurkuma, Lorbeer, Myrrhe, Blutwurz und Wacholder waren seine wichtigsten Bestandteile. Seine Herstellungs- und Gebrauchsanweisung: «Das obige mache zu einem zarten Pulver, hernach mache aus allem mit genugsam Honig einen Theriac daraus, verwahre bis zum Gebrauch in einem irdenen Hafen oder blechernen Büchsen. Dieser Theriac kann bey allen giftigen und anderen Krankheiten des Rindviehs [...] gebraucht werden.»

Bockshornklee *(Trigonella foenum-graecum)*

Bockshornkleesamen findet man in vielen traditionellen Viehpulvern und veterinärmedizinischen Rezepturen. Der Bockshornklee ist eine alte Kultur- und Heilpflanze der südlichen Länder und spielte schon in der Antike eine große Rolle. Bereits im frühen Mittelalter wurde er auch nördlich der Alpen verbreitet.

Verwendet werden die Samen. Sie wirken gegen Bakterien, Viren und Pilze, regen die Verdauung und den Harnfluss an und wirken entzündungshemmend. Bockshornkleesamen gelten als bestes milchanregendes Mittel bei Mensch und Tier. Sie finden sich in vielen traditionellen «Milchpulvern». Als gute Radikalfänger schützen sie vor Geschwüren, Tumoren und Leberschäden. Beim Pferd werden Bockshornkleesamen bei Kehlkopfentzündung und Bronchitis eingesetzt.

Zubereitung

Traditionelles Drusepulver

Das sogenannte Drusepulver unterstützt die Heilung.

Man nehme
- 100 g Bockshornkleesamen
- 100 g Anisfrüchte
- 250 g Kochsalz

pulverisiere und mische und gebe auf jedes Futter 2 EL für ein Pferd mit Druse.

«Milchpulver»

Das folgende traditionelle «Milchpulver» für Kühe zeigt, dass man sich der Zusammenhänge zwischen guter Verdauung und guter Milchleistung auch früher durchaus bewusst war.

Man nehme je 50 g
- Anisfrüchte
- Bockshornkleesamen
- Fenchelfrüchte
- Kümmelfrüchte
- Wacholderbeeren
- Enzianwurzel
- Kalmuswurzel

und je 150 g
- Natriumbikarbonat (Natron)
- Natriumchlorid (Kochsalz)
- Magnesiumsulfat (Bittersalz)

pulverisiere und mische und gebe bei Milchmangel 2 EL auf jedes Futter.

Achtung: Überdosierungen führen zu Verdauungsstörungen.

Weitere Rezepturen von traditionellen Verdauungspulvern sind im **Kapitel Magen und Darm** zu finden.

Knoblauch ***(Allium sativum)***

Knoblauch ist seit Jahrtausenden eine Kulturpflanze. Wird das Pflanzengewebe des Knoblauchs verletzt, bilden sich scharfe, flüchtige Lauchöle, die Haut und Schleimhaut reizen. Knoblauch hat ein breites Wirkspektrum und hervorragende Verträglichkeit. Er ist appetitanregend und verdauungsfördernd, wirkt gegen Bakterien, Viren und Parasiten und kann den Biofilm, die Schutzschicht von Viren und Bakterien, zerstören (siehe S. 214). Knoblauch, Meerrettich und Kresse werden auch als «pflanzliche Antibiotika» bezeichnet. Der Knoblauch löst zähe Sekrete in den Bronchien und verbessert die Fließeigenschaften des Blutes. Er unterstützt die Darmflora und die Entgiftung. Damit er all seine positiven Wirkungen entfalten kann, ist eine Anwendung über einen längeren Zeitraum notwendig.

Vorsicht ist bei milchliefernden Tieren geboten, denn der Knoblauch geht in die Milch über und verändert ihren Geschmack und Geruch. Beim Säugling führt knoblauchhaltige Milch zu Blähungen. Knoblauch im Geflügelfutter verändert auch den Geschmack und Geruch von Eiern.

Achtung: In normalen Dosierungen ist Knoblauch ungiftig, nur in extremen Dosierungen kommt es zu Unverträglichkeiten. Beim Hund können mehr als 5 g pro kg Körpergewicht täglich zu Erbrechen und Durchfall und zur Zerstörung der roten Blutkörperchen führen.

Bei Erkrankungen der Atemwege, des Verdauungstraktes und bei Wurmbefall wird frischer Knoblauchsaft oder Knoblauchtinktur eingesetzt.

Zubereitung

Knoblauchtinktur

250 g Knoblauchzehen zerkleinern und mit 1 l Branntwein übergießen, 2 Wochen bei ca. 30 °C ausziehen lassen, täglich schütteln und dann abseihen. In dunklen Flaschen etwa ein Jahr haltbar.

Zubereitung

Geriebener Meerrettich
Meerrettich wird bei Pflanzenfressern dem Futter frisch zugesetzt. Es ist ratsam, die Tagesdosis in mindestens fünf Einzeldosen zu verabreichen, um durch die Schärfe den Magen nicht zu reizen.
Beim Geflügel wird er als Krenwasser, das bei der Gewürzkrenherstellung anfällt, gegen Schnupfen eingesetzt. Für Hunde kann man Fertigpräparate verwenden.

Meerrettich kann gut tiefgefroren werden.

Meerrettich, syn. Kren *(Armoracia rusticana)*
Meerrettich stammt aus dem Süden Europas, ist jedoch aus der mitteleuropäischen Küche nicht mehr wegzudenken.

Wie Knoblauch enthält auch Meerrettich scharf schmeckende, Nase, Augen und Schleimhäute des Verdauungstraktes reizende Senföle und viel Vitamin C. Die Scharfstoffe sorgen für gute Durchblutung der Schleimhäute und regen die Drüsentätigkeit an. Meerrettich hat eine gute antimikrobielle Wirkung und wird erfolgreich bei hartnäckigen Infektionen der Nasennebenhöhlen und Harnwege sowie bei Katarrhen der Atemwege eingesetzt.

Brunnenkresse, Echte *(Nasturtium officinale)*
Die Brunnenkresse beginnt in der Nähe von sauberen Quellen und Bachufern zu wachsen, sobald die Bäche wieder eisfrei sind. Sie blüht bereits im März. Sie enthält ebenfalls Senföle und viel Vitamin C und A sowie Bitterstoffe. Brunnenkresse wirkt keimhemmend und unterstützt die Heilreaktionen des Körpers bei entzündlichen Erkrankungen der Harnwege und der Luftwege.

Das Kraut kann das ganze Jahr über gesammelt werden.

Achtung: Nicht in Bächen sammeln, die durch Viehweiden fließen. Hier könnte das Sammelgut von den Larven des großen Leberegels befallen sein.

Zubereitung

Frische Brunnenkresse
Brunnenkresse wird frisch eingesetzt. Trocknung zerstört ihre Wirkstoffe.

Kapuzinerkresse, Große *(Tropaeolum majus)*

Die Heimat der Kapuzinerkresse ist Peru. Bei uns wird sie im Freiland und in Balkonkästen angebaut. Sie wirkt durchblutungsfördernd, appetitanregend und desinfizierend. Ihre Senföle werden über die Atemluft und den Urin ausgeschieden. Dort entfalten sie auch ihre Wirkung.

Zubereitung

Frische Kapuzinerkresseblätter und -blüten

Kapuzinerkresseblätter und -blüten werden bei Pflanzenfressern frisch dem Futter zugesetzt. Für Hunde kann man Fertigpräparate verwenden.

Purpursonnenhut *(Echinacea purpurea)*

Der Purpursonnenhut ist eine traditionelle Heilpflanze der Indianer Nordamerikas. Mittlerweile ist er als Zierpflanze in unseren Gärten weit verbreitet. Der Sonnenhut wirkt immunmodulierend, antibakteriell, antiviral, pilztötend und wundheilungsfördernd. Innerlich wird Sonnenhut vor allem bei immer wiederkehrenden Infektionen der Atemwege und der Harnwege zur Steigerung der körpereigenen Abwehr eingesetzt. Äußerlich kann er zur Unterstützung bei Wundheilungsstörungen hilfreich sein.

Geerntet wird das blühende Kraut zwischen Juni und September oder die Wurzel im Herbst. Getrocknete Wurzeln werden pulverisiert, in Pillen oder Latwergen eingearbeitet oder unter das Futter gemischt. Das Wurzelpulver kann als Aufguss über das Futter gegeben werden. Sonnenhut kann auch als Presssaft oder Tinktur eingesetzt werden.

Folgendes Anwendungsschema hat sich bewährt: Die Tinktur Montag bis Freitag dreimal täglich verabreichen, am Wochenende pausieren, danach wiederholen.

Zubereitung

Sonnenhuttinktur

1 Teil Sonnenhutwurzel wird mit 5 Teilen hochprozentigem Alkohol angesetzt.
10 Tage ausziehen lassen und dann abfiltern und in dunkle Flaschen füllen.
Diese Tinktur wird tropfenweise innerlich verwendet.

Für Stoffwechselanregung und Ausleitung

Aus der Vier-Säfte-Lehre, die über Jahrhunderte eine der Grundlagen unserer westlichen Medizin war, stammt der Begriff der Blutreinigung. Dafür wurden harntreibende, aber auch Erbrechen und Durchfall auslösende Pflanzenzubereitungen verwendet. In der heutigen Naturheilkunde werden die ausleitenden Qualitäten mancher Heilpflanzen immer noch geschätzt. Diese Pflanzen regen den Stoffwechsel an, bringen Abgelagertes wieder in Fluss und unterstützen die Organe, die für die Ausleitung besonders wichtig sind: die Leber und die Nieren. Dadurch können Beschwerden, die durch Ablagerungen entstehen, wie Rheuma, Arthrosen, Gicht, Hautunreinheiten, Blutgefäßverengungen und Steinleiden gebessert oder vermieden werden.

Achtung: Bei Wasseransammlungen (Ödemen) in den Beinen oder Schwellungen im Bereich des Brustbeines und am Unterbauch muss der Tierarzt abklären, ob die Ödeme die Folge einer Herz- oder Nierenerkrankung sind. Ist dies der Fall, dürfen harntreibende Tees nicht eingesetzt werden.

Löwenzahn *(Taraxacum officinale)*

Löwenzahn ist weit verbreitet, weil er sich sowohl an fruchtbares Ackerland als auch an steiniges Ödland anpassen kann. Seit der Antike wird er als Heilpflanze genutzt.

Der Löwenzahn versorgt unsere Pflanzenfresser mit Vitaminen und Mineralstoffen. Durch seine Bitterstoffe werden der Appetit und die Verdauungssäfte, insbesondere die Galle, angeregt. Zudem wirkt er auf die Nieren und sorgt dafür, dass über den Harn vermehrt Stoffwechselendprodukte ausgeschieden werden. Löwenzahn unterstützt Stoffwechsel und Ausleitung und wird deshalb auch bei rheumatischen Beschwerden, Steinleiden und Hautproblemen eingesetzt.

Im Frühjahr wird die ganze Löwenzahnpflanze ausgegraben. Wird die Löwenzahnwurzel im Herbst geerntet, dann enthält sie vor allem viel Inulin, einen für Tier und Mensch unverdaulichen Zucker. Inulin ist ein Ballaststoff. Die inulinhaltige Löwenzahnwurzel wird als Diätgemüse genutzt und sie ist ein hervorragendes Nahrungsmittel für die gesunde Darmflora, ein Präbiotikum.

So weit möglich wird Löwenzahn als Frischpflanze gegeben. Getrockneter Löwenzahn wird zerkleinert oder pulverisiert und dem Futter beigegeben. Man kann ihn auch in Latwergen einarbeiten.

Zubereitung

Löwenzahntee

1 Teil Löwenzahnkraut und -wurzel mit 10–50 Teilen Wasser übergießen, aufkochen, 15 Minuten ziehen lassen und abseihen.

Tipp: Pferde mit Neigung zu Haut- und Gelenkproblemen oder Hufrehe erhalten eine tägliche Futterzulage von Löwenzahn.

Brennnessel, Große und Kleine
(Urtica dioica, Urtica urens)

Die Brennnessel enthält neben Mineralien und Spurenelementen entzündungshemmende und harntreibende Stoffe. Durch Brennnesselzubereitungen werden Stoffwechsel und Ausscheidung angeregt. So können Stoffwechselendprodukte, aber auch Grieß und Steine in Nieren und Blase besser ausgeschieden werden. Daher wird die Brennnessel bei Ablagerungskrankheiten wie Steinleiden, Hautunreinheiten und rheumatischen Beschwerden verwendet.

Die ersten Brennnesseln im Frühjahr eignen sich auch bei Kaninchen und Meerschweinchen für Entschlackungskuren. Die Brennnesselwurzel verwendet man bei Prostataleiden des alten Hundes (siehe S. 228).

Man sammelt die Blätter, das Kraut und die Wurzel. Die Wurzel gräbt man im Frühjahr oder im Herbst.

Brennnesseln sind die traditionelle Aufzuchtnahrung für Gänse- und Entenküken. Für Gänseküken werden frische Brennnesseln mit hartgekochten Eiern klein gehackt, für Entenküken mit Gerstenmehl, Weizenschrot, Kleie und Haferflocken zu gleichen Teilen mit Sauermilch zu einem dicken Brei verrührt.

Zubereitung

Überbrühte Brennnesseln

Frische Brennnesselblätter werden mit wenig kochendem Wasser übergossen und dann zum Futter gegeben. Geeignet für Kaninchen, Meerschweinchen, Hunde und Schweine. Anwendungsdauer 3–4 Wochen.

Brennnesseltee zur Durchspülung

1 TL getrocknete oder 2 TL frische Brennnesselblätter mit ¼ l kochendem Wasser übergießen, 5 Minuten ziehen lassen und dann abseihen.

Brennnesselpresssaft

Das ganze blühende Kraut wird geschnitten, in ein sauberes Porzellan- oder Glasgefäß geschichtet und knapp mit Wasser bedeckt. Nach 12-stündigem Ausziehen wird der Saft mit einer Presse oder Zentrifuge ausgepresst.

Brennnesselheu

Blühende Brennnesseln werden geschnitten und gebündelt im luftigen Schatten getrocknet. Nach frühestens 6 Wochen verfüttern.

Brennnesselfrüchte

Brennnesselfrüchte wirken stärkend und sind reich an wertvollem Öl. Sie werden von August bis Oktober gesammelt. Geeignet für alte und geschwächte Tiere, zur Steigerung der Leistung und Fruchtbarkeit und für reine Haut und glänzendes Fell. Beim Geflügel steigern sie die Legeleistung.

Achtung: Brennnesseln dürfen nicht bei Ödemen infolge schlechter Herz- und Nierenleistung verwendet werden.

Bewährte Tee-Mischung gegen Rheuma, Arthrosen, Nieren- und Blasensteine

20 g Brennnesselblätter
20 g Löwenzahnwurzel und -kraut
10 g Schachtelhalmkraut
5 g Birkenblätter
5 g Hagebutten

Zwei gehäufte TL der Mischung mit ¼ Liter kochendem Wasser übergießen, 15 Minuten ziehen lassen. Für ältere Hunde über den Tag verteilt für 6 Wochen geben. Bei alten Pferden wird die Mischung direkt ins Futter gegeben oder in Bissen verarbeitet.

Ackerschachtelhalm *(Equisetum arvense)*

Der Ackerschachtelhalm wirkt aufgrund seines hohen Kieselsäuregehaltes bindegewebsfestigend, harntreibend und stoffwechselanregend. Er unterstützt bei Harnwegsinfektionen und Steinleiden, stärkt die Lunge und wird bei Rheuma und chronischen Hautleiden eingesetzt. Bei Schwäche des Blasenschließmuskels und Inkontinenz kann er hilfreich sein.

Gesammelt werden die jungen grünen Triebe im Frühsommer, die knapp über dem Boden abgeschnitten werden.

Pflanzenfressern kann Ackerschachtelhalm als Frischpflanze angeboten werden. Seine Wirkstoffe gehen jedoch durch die Teebereitung besser in Lösung.

Achtung: Kommt Ackerschachtelhalm auf Nutzflächen in Reinkultur vor, wurden diese Flächen vermutlich intensiv mit Herbiziden behandelt, denen nur der Ackerschachtelhalm durch seine metertiefen Wurzeln widersteht. Dies ist kein Sammelplatz.

Zubereitung

Ackerschachtelhalmtee

1 TL Ackerschachtelhalm entweder für ca. 6 Stunden mit ¼ l kaltem Wasser ansetzen oder mit kochendem Wasser übergießen und 30 Minuten ziehen lassen, dann abseihen.

Achtung: Ackerschachtelhalm nicht mit dem Sumpfschachtelhalm verwechseln! Beim Ackerschachtelhalm sind die ersten Glieder der Seitenäste länger als die Blattscheide (Bild links), beim Sumpfschachtelhalm sind sie kürzer als die Blattscheide (Bild rechts).

Birke, Hänge-, Moor- *(Betula pendula, B. pubescens)*

Von der Birke werden Blätter, Blattknospen, Saft und Rinde zu Heilzwecken genutzt. Auszüge oder Presssäfte aus Blättern und Knospen eignen sich zur Durchspülung bei Infektion und Entzündung der ableitenden Harnwege. Mit ihnen kann man Grieß und Steine in Nieren und Blase austreiben und deren Neubildung verhindern. Sie sind auch stoffwechselanregend und werden bei Arthrosen und chronischen Hautleiden für 2–3 Wochen (vor allem im Frühjahr) eingesetzt. Der Baumsaft der Birke eignet sich verdünnt zur stoffwechselanregenden und entschlackenden Frühjahrskur.

Zur Konservierung sammelt man Birkenblätter und Knospen im zeitigen Frühjahr. Die Blätter sollten noch leicht klebrig sein.

Zubereitung

Birkenblättertee

2 TL zerkleinerte Blätter mit ¼ l heißem, nicht kochendem Wasser übergießen, 10 Minuten ausziehen lassen und abseihen.

Birkenknospen

Birkenknospen sollen bei Hunden stark galletreibend wirken. Frische, noch glänzende und leicht klebrige Birkenblätter können roh dem Futter beigegeben werden.

5

Magen und Darm

Allgemeines zur Funktion

Magen und Darm gehören zum Verdauungstrakt. Ihre Hauptaufgaben sind der Aufschluss von Nahrung, die Aufnahme von Nährstoffen und Wasser sowie die Ausscheidung unverdaulicher oder nicht verwertbarer Bestandteile. Ebenfalls maßgebend an der Verdauung beteiligt sind die beiden Verdauungsdrüsen Leber und Bauchspeicheldrüse. In der Leber wird die Galle, in der Bauchspeicheldrüse werden Verdauungsenzyme gebildet.

Während die meisten Tierarten nur einen Magen haben, zeichnen sich Wiederkäuer durch ihre vier Mägen aus. Die Ausmaße der Wiederkäuermägen sind beeindruckend, so kann der Pansen, der größte Magen des Rindes bis 200 Liter Fassungsvermögen haben – dagegen erscheint unser menschlicher Magen mit etwa 1,5 Liter recht bescheiden. Im Magen, bei Wiederkäuern im Labmagen, werden Salzsäure und Verdauungsenzyme gebildet. Die Magenschleimhaut mit ihrer schützenden Schleimschicht verhindert, dass die Magenwand vom aggressiven Magensaft angegriffen wird. Bei zahlreichen Vögeln kommen zwei Mägen vor.

Nährstoffe und Wasser werden über die Darmwand, die von einer Schleimhaut ausgekleidet ist, aufgenommen. Die Darmlänge der Tierarten hängt von ihrer Nahrungsart ab: Fleischfresser wie Hund und Katze haben einen relativ kurzen Darm, nur etwa die dreifache Körperlänge, da Fleisch leicht verdaut werden kann. Allesfresser – dazu gehören auch der Mensch und das Schwein – haben einen längeren Darm, weil der höhere Anteil an pflanzlicher Nahrung langsamer verdaut wird. Ihre Darmlänge beträgt bis zum Sechsfachen der Körperlänge. Pflanzenfresser haben die längsten Därme. Beim Schaf ist der Darm sogar 24-mal so lang wie der Körper.

Kaninchen müssen immer Zugang zu Futter haben. Fasten ist für sie lebensgefährlich.

Darm-Mikroorganismen (Darmflora) sind für die Verdauung unersetzbar. Je höher der Anteil von pflanzlicher Nahrung und Pflanzenfasern ist, umso mehr Mikroorganismen sind im Darm notwendig. Der weitaus größte Anteil der Mikroorganismen findet sich im Dickdarm. Die Aufgaben der Darmflora gehen weit über die Unterstützung der Verdauung hinaus. Sie versorgen den Körper auch mit wichtigen Vitaminen, regen die Darmbewegung an und produzieren Energie für die Darmschleimhaut. Überragende Bedeutung hat die Darmflora für das Immunsystem. Es besteht ein reger Austausch mit den in der Darmschleimhaut vorhandenen Immunzellen. Über 70 Prozent der antikörperbildenden Zellen befinden sich im Darmbereich.

1

2

1 Schweine wühlen am liebsten unter der Grasnarbe.
2 Ab und zu ein Knochen – das gehört einfach zum Hundeleben.

Was führt zu Erkrankungen im Magen und Darm?

Der Verdauungstrakt beginnt in der Mundhöhle. Sie ist ein Tor zur Außenwelt, über das nicht nur Nahrung aufgenommen wird, sondern auch schädigende Stoffe in den Körper gelangen können. Häufig hängen Störungen im Magen und Darm mit der Futterqualität zusammen: Über verdorbenes Futter wie verschimmeltes Heu oder verschmutztes Wasser können Bakterien, Pilze und ihre Gifte in den Organismus gelangen. Mangelnde Hygiene und viele Tiere auf engem Raum begünstigen die Vermehrung und Aufnahme von Darmparasiten. Auch eine falsch zusammengesetzte Futterration kann krank machen. (Zu Magen-Darm-Erkrankungen bei Jungtieren siehe **S. 90**).

Die Fütterung ist der zentrale Faktor für die Gesundheit von Magen und Darm und damit für die allgemeine Gesundheit und das Wohlbefinden. Es bestehen enge Zusammenhänge zwischen Ernährung und Stoffwechselgesundheit, Infektanfälligkeit und Hautgesundheit.

Beispiele für Fütterungsfehler sind:

- Kalte oder gefrorene Nahrung
- Zu fettreiches Futter
- Zu eiweißreiches Futter bei Wiederkäuern und Pferden
- Zu kohlenhydratreiches Futter bei Pflanzenfressern
- Zu große Futterrationen in zu großen Abständen (Kälber, Pferde)
- Mangel an Struktur und Rohfasern bei Pflanzenfressern
- Zu mehlig gemahlenes Getreide beim Schwein und Wiederkäuer
- Durch Bakterien, Pilze und ihre Gifte verdorbenes Futter

Stress kann die Verdauungstätigkeit beeinträchtigen. Das Tier nimmt die angebotenen Nährstoffe schlechter auf. Es entsteht ein Ungleichgewicht, das zu erhöhter Infektanfälligkeit, Geschwüren im Magen und Darm, zu Blähungen und Verstopfung führen kann.

Stressursachen sind:
- Wechsel der Umgebung oder des Besitzers
- Überforderung durch neue, unbekannte Artgenossen
- Verlust gewohnter Tierkameraden
- Mängel in der Haltung
- Zu hohe Leistungsanforderungen
- Nicht artgerechte Fütterung

Stress kann die Reaktionsfähigkeit des Immunsystems vermindern: Es antwortet auf Mikroorganismen nicht angemessen, weswegen Infektionen meist schwerwiegender verlaufen als bei Tieren mit gesundem Immunsystem. Stress kann aber auch bei überschießenden Immunreaktionen beteiligt sein, die sich in chronisch entzündlichen Erkrankungen zeigen.

Krankheitszeichen

Eine Magen-Darm-Erkrankung kann sich äußern durch:
- Appetitlosigkeit
- Übelkeit, Erbrechen (nicht beim Wiederkäuer und beim Pferd)
- Häufiges Aufstoßen und Rülpsen (gilt nicht für Wiederkäuer)
- Reduziertes bis kein Wiederkauen
- Krampfartige Bauchschmerzen mit Schwitzen, Schlagen gegen den Bauch bis zum Wälzen des Tieres (Kolik)
- Blähungen und vermehrtes Entweichen von Darmgasen (Winde)
- Durchfall: Der Kot kann breiig, flüssig oder wässrig werden
- Häufigerer Kotabsatz, mit Pressen
- Farbveränderung des Kotes: weiß, gelb, zementfarben, braun, grün, ...
- Auffälliger Geruch des Kotes: faulig, sauer
- Beimengungen zum Kot wie Blut oder Schleim
- Flüssigkeitsmangel bei starkem Durchfall und mangelnder Flüssigkeitsaufnahme (trockene Schleimhäute, eine angehobene Hautfalte verstreicht immer langsamer, Einsinken der Augäpfel)
- Verstopfung: zu harter Kot, der kaum oder gar nicht abgesetzt werden kann
- Gestörtes Allgemeinbefinden, Fieber
- Gewichtsverlust, struppiges Fell

Verlauf von Magen-Darm-Erkrankungen

Akute Magen-Darm-Störung

Symptome wie Appetitlosigkeit, Übelkeit, Erbrechen und Durchfall weisen auf Entzündungen im Magen und Darm hin. Diese treten häufig infolge von Infektionen mit krank machenden Viren, Bakterien oder Parasiten auf. Auch die Aufnahme von verdorbenem Futter oder unreinem Wasser kann die Ursache sein. Bei erwachsenen Tieren ist die Erkrankung selten lebensbedrohlich, und leichte Störungen verschwinden innerhalb weniger Tage. Dagegen führen Durchfall oder anhaltendes Erbrechen bei Jungtieren wegen des Verlustes von Flüssigkeit und Elektrolyten rasch zu einem lebensbedrohlichen Zustand.

Achtung: Lässt sich der Appetit nicht kurzfristig durch Pflanzenzubereitungen wecken, so ist der Tierarzt beizuziehen. Hinter Appetitlosigkeit können sich viele und auch schwerwiegende Erkrankungen verbergen, die **tierärztlicher Versorgung bedürfen**.

Bei schweren Magen-Darm-Entzündungen mit anhaltendem Durchfall und Erbrechen muss insbesondere bei Jungtieren frühzeitig der Tierarzt beigezogen werden! Die alleinige Gabe von Heilpflanzen und Hausmitteln ist nicht ausreichend.

Magengeschwür

Wenn eine Magenschleimhautentzündung tiefer greift und die Muskelschicht des Magens erfasst, dann spricht man von einem Magengeschwür. Nicht nur Menschen können an Magengeschwüren leiden, auch bei Pferden, Schweinen und Wiederkäuern kommt dies vor.

Magengeschwüre sind beim Pferd sehr häufig. Untersuchungen zeigten, dass bis zu 60 Prozent der Dressur-, Spring- und Vielseitigkeitspferde unter Magengeschwüren leiden, bei Vollblütern und Trabern ist der Prozentsatz noch höher. Selbst bei Freizeitpferden in leichter Arbeit wurden bei bis zu 30 Prozent Magengeschwüre gefunden. Nur bei ausschließlich auf der Weide gehaltenen Pferden lag die Rate unter 10 Prozent.

Auch Schweine neigen zu Magengeschwüren, wobei als Auslöser neben Stress zu fein vermahlenes Getreide, also zu mehliges Futter, bekannt ist.

Kälber, Lämmer und Kitze können nach Enthornen, Umstallen, Eingliedern in neue Tiergruppen und vor allem nach Transporten ein Magengeschwür entwickeln.

Chronische Magen- und Darm-Störungen

Chronische Störungen zeigen je nach betroffenem Darmabschnitt unterschiedliche Symptome. Anhaltender Durchfall und große Durchfallmengen, oft mit Gewichtsverlust, treten auf, wenn der Dünndarm betroffen ist. Auf Probleme im Dickdarm weisen Beimengungen von Schleim und frischem Blut hin. Neben infektiösen Ursachen können Futtermittelunverträglichkeiten und -allergien chronische Darmentzündungen hervorrufen. Häufig kommt es zur vermehrten Einwanderung von Abwehrzellen in den Darm, ohne dass eine Ursache erkennbar ist.

Achtung: Hier sollte der Tierarzt zurate gezogen werden! Langfristig können Heilpflanzen bei der Regulation des Immunsystems unterstützend wirken (siehe **Kapitel Gesund erhalten**).

Tägliches Grasen auf kräuterreichen Weiden ist der beste Schutz vor Magen-Darm-Störungen.

Jungtierdurchfall

Jungtiere sind für Magen-Darm-Erkrankungen, vor allem für Infektionen mit Viren, Bakterien und Parasiten besonders anfällig. Ihr Verdauungstrakt und ihr Immunsystem sind noch im Aufbau, der Umgang mit verschiedenen Futtermitteln und Umweltkeimen muss erst gelernt werden. Meist sind es mehrere schwächende Faktoren gleichzeitig, die schließlich zum Durchfall führen. Dazu zählen:

- Mangelnde Biestmilchversorgung, daher zu wenig Antikörper im Blut des Jungtieres
- Mangelnder Saugreflex nach Schwergeburt oder durch Mineralstoffmangel etwa Selen
- Hygienemängel bei der Geburt und in der Umgebung
- Eingliedern in eine bestehende Gruppe
- Stress durch schmerzhafte Eingriffe, Transport, Umgruppierung
- Fehler bei Tränkmenge oder -zusammensetzung bei mutterlos aufgezogenen Tieren

Mancher Durchfall befördert auch nur auf schnellstem Weg wieder heraus, was man gar nicht hätte fressen dürfen ...

Tiere mit Durchfall verlieren Flüssigkeit und Elektrolyte. Außerdem kommt es zu einer gefährlichen Blutübersäuerung. Bei einem Flüssigkeitsverlust von 12–13 Prozent des Körpergewichtes stirbt das Tier.

Beurteilung des Flüssigkeitsverlustes:

- Stehenbleiben einer angehobenen Hautfalte bedeutet einen Flüssigkeitsverlust von 6–8 Prozent des Körpergewichtes.
- Bei Einsinken der Augäpfel hat das Tier 8 – 10 Prozent des Körpergewichtes bereits verloren.

Der Flüssigkeits- und Elektrolytverlust muss ersetzt werden. Hierzu werden Heilpflanzentees mit Elektrolyten versetzt. Fertig gemischte Elektrolytlösungen können vom Tierarzt bezogen werden. Dabei sind die Herstellerangaben zu beachten.
Bei Kälbern, Lämmern und Kitzen unter 6 Wochen werden Teezubereitungen nicht mit Milch vermischt, da dies die Labmagenverdauung stört. Generell wird zuerst die Milchmahlzeit gegeben und danach der Tee angeboten. Eine Elektrolytlösung für Wiederkäuer (für 1 Liter Tee):

- 4 g Kochsalz (Natriumchlorid)
- 20 g Traubenzucker *(Glucosum monohydricum)*
- 3 g Natriumpropionat
- 3 g Kaliumhydrogencarbonat

Die Bestandteile sind in Pulverform im Futtermittelhandel, in Drogerien und Apotheken zu beziehen. Beim Kauf ist auf Futtermittel- oder Lebensmittelqualität zu achten.

Besonderheiten der Tierarten

Magen-Darm-Erkrankungen beim Rind

Das Rind hat, wie alle Wiederkäuer, dem eigentlichen Magen, dem Labmagen, drei Vormägen vorgelagert: Pansen, Netz- und Blättermagen. In diesen wird die schwer verdauliche Zellulose im Futter aufgeschlossen, bevor sie in den Labmagen gelangt. Gras und Heu, also rohfaserreiches Strukturfutter, wird vom Rind recht wahllos gefressen und dann in mehreren Durchgängen wiedergekaut. Die Anzahl der Wiederkauschläge pro Bissen erlaubt Rückschluss auf die Pansengesundheit. Sie sollte bei über 50 Kauschlägen liegen.

Die Vormägen sind nicht für die Verdauung von leicht verdaulichen Kohlenhydraten geschaffen. Bei zu hohen Gaben von Getreide oder Kraftfutter kommt es zur Pansenübersäuerung (Pansenazidose), die rasch gefährlich werden kann. Gegen leichte Pansenazidosen können speichelflussanregende Bitterstoffdrogen erfolgreich eingesetzt werden. Speichel ist alkalisch und puffert die Säure im Pansen.

Durch den Stoffwechsel der Mikroorganismen entstehen im Pansen große Gasmengen, die durch häufiges Rülpsen hinausgelassen werden. Gelingt dies nicht, weil der Schlund durch einen Futterbrocken verstopft ist oder es durch leicht verdauliches, eiweißreiches Futter zu einer schaumigen Gärung gekommen ist, entstehen lebensbedrohliche Blähungen, die umgehend tierärztlich behandelt werden müssen. Tiere mit leichten Blähungen werden mit blähungsmindernden und krampflösenden Heilpflanzen unterstützt.

Magen-Darm-Erkrankungen bei Schaf und Ziege

Die Verdauung von Schaf und Ziege unterscheidet sich nur wenig von jener beim Rind. Die Hinweise beim Rind gelten für alle Wiederkäuer gleichermaßen. Besonders auf stadtnahen Weiden kommt es immer wieder vor, dass Schafe oder Ziegen von Spaziergängern mit Brot oder Gebäck gefüttert werden. Oft bemerkt der Tierbesitzer einen Tag später, dass seine Tiere lustlos stehen und kaum fressen. Bei längerer Beobachtung stellt man fest, dass das Wiederkauen gestört ist. Dann besteht der Verdacht auf eine Pansenazidose. Hier können Bitterstoffdrogen helfen.

Achtung: Bei starker Pansenübersäuerung muss der Tierarzt rasch beigezogen werden!

Ziegen sind selektiver bei der Futterwahl als Schafe und Rinder, sie fressen gezielt einzelne Blätter, Blüten, Knospen oder Gehölze. Für die Unterstützung mit Heilpflanzen sind daher Ziegen besonders gut zugänglich. Hat die Ziege Auslauf, wird sie sich «heilsame Kräuter» suchen. Ist sie im Stall, lohnt es sich, ihr ein Büschel verschiedener Kräuter, Blätter und Blüten anzubieten. Sie sucht sich das Passende aus. Dies ist eine Möglichkeit, ein Tier wieder zum Fressen zu ermuntern.

Magen-Darm-Erkrankungen beim Schwein

Durchfälle in den ersten Lebenswochen zählen zu den häufigsten Erkrankungen der Ferkel. Um zu verhindern, dass durchfallkranke Ferkel austrocknen, muss ausreichend lauwarmes Wasser, besser noch mit Elektrolyten versetzter Heilpflanzentee angeboten werden. Bei Muttersauen kommt es nach der Aufstallung in Abferkelboxen häufig zur Verstopfung. Der Bewegungsmangel und der appetitmindernde Stress durch die ungewohnte Einschränkung der Bewegungsfreiheit sind hier ursächlich. Hinzu kommt eine durch die Hochträchtigkeit ausgelöste Darmträgheit. Ein Zusammenhang zwischen Verstopfung und dem MMA-Komplex (Mastitis-Metritis-Agalaktie) wird vermutet. Eine schmackhafte Latwerge mit abführenden Heilpflanzen kann hier helfen.

Magen-Darm-Erkrankungen beim Pferd

Pferde sind wie alle Pflanzenfresser auf eine kontinuierliche Futteraufnahme über den ganzen Tag eingestellt. Sie brauchen für eine gesunde Verdauung täglich mehrere kleine Portionen Heu oder Gras, damit keine Magengeschwüre und Fehlgärungen entstehen. Sowohl ein zu hoher Getreideanteil als auch ein zu hoher Eiweißanteil durch junges Gras, Hafer oder Weizenkleie stört das Gleichgewicht der Mikroorganismen im Darm. Blähungen, Koliken, Hufrehe und Stoffwechselstörungen sind die Folge. Leichte Störungen lassen sich meist mit Heilpflanzen beheben.

Achtung: Tiere mit schweren Koliken müssen sofort dem Tierarzt vorgestellt werden.

Magen-Darm-Erkrankungen beim Hund

Bei leichtem Durchfall und Erbrechen kann man den Hund für 24 Stunden fasten lassen. Mit Heilpflanzentees und beim Tierarzt erhältlichen Elektrolyten kann der durch Erbrechen und Durchfall bedingte Flüssigkeits- und Elektrolytverlust ausgeglichen werden. Sind Durchfall und Erbrechen daraufhin zum Stillstand gekommen, wird eine leicht verdauliche Diät in mehreren kleinen, über den Tag verteilten Portionen angeboten. Futtermittelunverträglichkeiten führen zu Blähungen und unangenehm riechenden Winden. Eine Futterumstellung schafft manchmal Abhilfe, wobei blähungsmindernde Kräuter zur Unterstützung eingesetzt werden können.

Achtung: Lang andauernde oder schwerwiegende Magen-Darm-Störungen müssen vom Tierarzt behandelt werden.

Magen-Darm-Erkrankungen bei der Katze

Bei reinen Wohnungskatzen sind Verdauungsprobleme häufig. Mangelnde Bewegung und Fertigfutter führen zu Verstopfung. Auch die bei der Fellpflege abgeschluckten Haare können zum Problem werden, wenn der Katze die Möglichkeit fehlt, Gras zu fressen und dieses mit den abgeschluckten Haaren zu erbrechen. Stress durch eine nicht zusammenpassende Tiergesellschaft oder fehlende Rückzugsmöglichkeiten führen häufig zu Erbrechen und können auch Durchfall verursachen. Weitere Ursachen für Durchfälle sind bakterielle Erkrankungen und Parasiten. Interessieren sich Katzen zunächst für ihr Futter, um dann nach dem ersten Bissen zurückzuweichen, sind die Zähne zu kontrollieren.

Magen-Darm-Erkrankungen bei Kaninchen und Meerschweinchen

Die Verdauung von Kaninchen und Meerschweinchen ist störanfällig. Die Nager haben in der Darmwand nur eine schwache Muskulatur. Der Nahrungsbrei wird durch ständiges Fressen weitergeschoben («Stopfdarm»). Daher darf Kaninchen und Meerschweinchen niemals das Futter ausgehen. Sie müssen ständig gutes Heu zur Verfügung haben, damit die Verdauung nicht zum Erliegen kommt.

Der Kot von Kaninchen und Meerschweinchen ist selbst bei artgerechter Fütterung relativ hart und trocken. Fehlt es an Frisch- und Raufutter, kommt es im Enddarm zur Verstopfung. Dies verhindert den Abgang der von den Mikroorganismen produzierten Gase. Es kommt zu Blähungen. Diese sind hochgradig schmerzhaft und beeinträchtigen Atmung und Kreislauf. Auch ungewohntes Futter, insbesondere Kohlarten, Klee, Zwiebelgewächse und Hülsenfrüchte verursachen Blähungen. Ist bereits der Magen gebläht, spricht man beim Kaninchen von Trommelsucht: Die Tiere «trommeln» vor Schmerz mit den Hinterläufen und sind in akuter Lebensgefahr.

Achtung: Appetitlosigkeit und Blähungen sind lebensbedrohliche Störungen, die rasches Handeln verlangen. Die Tiere müssen umgehend dem Tierarzt vorgestellt werden.

Verdauungsstörungen kann man bei Kaninchen und Meerschweinchen durch artgerechte Fütterung und regelmäßige Zulage von verdauungsfördernden Pflanzen vorbeugen.

Magen-Darm-Erkrankungen beim Geflügel

Normaler Hühnerkot besteht aus weichen, mehr oder weniger kugelig zusammengesetzten braunen Kotwürstchen und ist mit einem weißlichen Überzug, der Harnsäure, versehen. Bei viel Grünfutter ist der Kot auch grünlich.

Ist der Kot ungeformt und schleimig, leidet das Huhn unter Durchfall. Häufig ist Durchfallkot weißlich, weshalb er landläufig als Kalkschiss bezeichnet wird. Zumeist ist das Gefieder rund um die Kloake kotverschmiert. Sie ist dann in der Regel hochrot entzündet.

Für den Durchfall verantwortlich sind meist Fütterungsfehler: Im Frühjahr plötzliche Umstellung auf frisches Grün, verdorbenes oder schwer verdauliches Futter, ungeeignetes Futter (z. B. scharf gewürzte Speisereste) sowie Überfütterung. Auch Geflügel kann mit gerbstoffhaltigen Heilpflanzen unterstützt werden.

Chronisch dünner Kot weist auf Magen-Darm-Parasiten hin. Anfangs haben die Hühner noch gesteigerten Appetit, verlieren aber trotzdem an Gewicht und werden schwach. Der Bauch ist manchmal auffallend dick. Hier gibt die Untersuchung einer frischen Kotprobe durch den Tierarzt Aufschluss.

1

2

3

4

1–4 Fressen ist immer auch soziales Ereignis. Hier zeigt sich, wer Anrecht auf das beste Futter hat.

Heilpflanzen für Magen und Darm

Wann sind Heilpflanzen zur Unterstützung von Magen und Darm sinnvoll?

- Bei Magenproblemen mit oder ohne Erbrechen
- Bei leichten und futterbedingten Durchfällen
- Begleitend bei schweren bakteriellen Infektionen
- Vorbeugend in Krankheit begünstigenden Situationen wie Absetzen, Futterumstellung, Ortswechsel, Stress
- Bei Anfälligkeit für Magen- und Darmerkrankungen etwa bei schwachem Immunsystem
- Bei chronischen Magen- und Darmerkrankungen
- Bei Futtermittelunverträglichkeiten
- Bei Verdauungsstörungen infolge von Antibiotikagaben oder Entwurmungen
- Bei Verstopfung

Was kann man mit Heilpflanzen erreichen?

- Vermehrte Ausschüttung aller Verdauungssäfte
- Abschwellen der entzündeten Darmschleimhaut
- Wiederherstellung der Barrierefunktion des Darmes
- Einhüllenden Schutzfilm auf der Schleimhaut des Magens

Fortsetzung auf Seite 96

Droge *(Heilpflanze lat.)*	Wichtige Inhaltsstoffe
Verdauungssäfte anregende Bitterstoffdrogen	
Angelikawurzel *(Angelica archangelica)*	Bitterstoffe, ätherisches Öl, Cumarine
Enzianwurzel *(Gentiana lutea)*	Bitterstoffe
Ingwer *(Zingiber officinals)*	Scharfstoffe, Bitterstoffe, ätherisches Öl
Wermutkraut *(Artemisia absinthium)*	Bitterstoffe, Gerbstoffe, ätherisches Öl
Schützende Schleimdrogen	
Isländisch Moos *(Cetraria islandica)*	Polysaccharide, Flechtensäuren, Carotinoide
Leinsamen *(Linum usitatissimum)*	Ballaststoffe, Schleim, fettes Öl
Malvenblüten u. -blätter *(Malva neglecta/ M. sylvestris)*	Schleime, Flavonoide, Gerbstoffe
Verdauungsfördernde und krampflösende Ätherischöldrogen	
Anisfrüchte *(Pimpinella anisum)*	Ätherisches Öl
Fenchelfrüchte *(Foeniculum vulgare)*	Ätherisches Öl, fettes Öl, Flavonoide, Cumarine
Kamillenblüten *(Matricaria chamomilla)*	Ätherisches Öl, Schleim, Flavonoide, Cumarine
Kümmel *(Carum carvi)*	Ätherisches Öl, fettes Öl
Melissenblätter *(Melissa officinalis)*	Gerbstoffe, Flavonoide, ätherisches Öl
Pfefferminzblätter *(Mentha x piperita)*	Ätherisches Öl, Gerbstoffe, Flavonoide
Salbeiblätter *(Salvia officinalis, S. triloba)*	Ätherisches Öl, Flavonoide, Gerbstoffe Bitterstoffe
Schafgarbenkraut *(Achillea millefolium)*	Ätherisches Öl, Flavonoide, Cumarine
Wacholderbeeren *(Juniperus communis)*	Ätherisches Öl, Gerbstoffe

Tabelle 5-1

Heilpflanzen zur Unterstützung von Magen und Darm (Auswahl)

Wirkungen (Auswahl)	Anwendungs-/ Zubereitungsform
Appetitanregend, galleflussanregend, verdauungsfördernd, krampflösend	Innerlich; Tee, Tinktur, Pulver
Appetitanregend, Sekretion der Verdauungsdrüsen steigernd, tonisierend, Magen u. Darmperistaltik nimmt zu	Innerlich; Tee (Dekokt), Tinktur, Pulver
Brechreizstillend, appetitanregend, tonisierend, Magen- und Darmbewegung nimmt zu, entzündungshemmend, antibakteriell, schützt vor Geschwüren	Innerlich; Tee, Pulver, Frischpflanze
Appetitanregend, galleflussanregend, verdauungsfördernd, aufmunternd	Innerlich; Tee, Tinktur, Pulver, Frischpflanze
Reizlindernd, appetitanregend, antibakteriell, entzündungshemmend, immunstimulierend	Innerlich; Kaltwassermazerat, Tee, ganze Pflanze
Schleimhautschützend, reizlindernd, entzündungshemmend, abführend	Innerlich; Kaltwassermazerat, ganze oder geschrotete Samen
Reizlindernd, immunstimulierend, auswurffördernd	Innerlich; Kaltwassermazerat, Saft, Pulver
Krampflösend, blähungstreibend, appetitanregend, verdauungsfördernd, antimikrobiell	Innerlich; Tee, Pulver
Krampflösend, blähungstreibend, appetitanregend, verdauungsfördernd, antimikrobiell	Innerlich; Tee, Pulver
Entzündungshemmend, antimikrobiell, krampflösend, verdauungsfördernd, schützt vor Geschwüren, antioxidativ	Innerlich; Tee, Tinktur
Krampflösend, blähungstreibend, appetitanregend, verdauungsfördernd, antimikrobiell	Innerlich; Tee, Pulver, Pillen, Öl Äußerlich; Einreibung, Öl
Krampflösend, verdauungsfördernd, beruhigend, antimikrobiell, antioxidativ, galleflussanregend, schützt vor Geschwüren	Innerlich; Tee, Frischpflanze
Krampflösend, blähungstreibend, entzündungshemmend antimikrobiell, galleflussanregend, verdauungsfördernd, wassertreibend, wurmtötend	Innerlich; Tee, Öl, Frischpflanze
Entzündungshemmend, antimikrobiell, zusammenziehend, Sekretion der Verdauungsdrüsen steigernd, antioxidativ	Innerlich; Tee, Frischpflanze
Entzündungshemmend, appetitanregend, galleflussanregend, verdauungsfördernd, antibakteriell, krampflösend, antiödematös	Innerlich; Tee, Frischpflanze
Appetitanregend, verdauungsfördernd, antimikrobiell	Gequetschte Früchte, Aufgüsse, ätherisches Öl, (Fertigpräparat)

Fortsetzung auf Seite 96

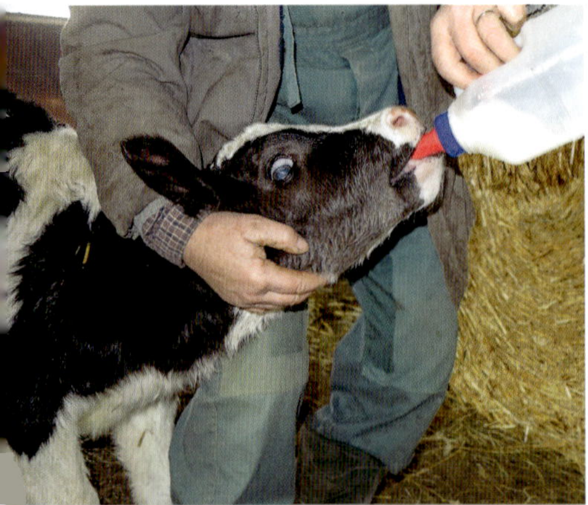

Bei Durchfall an Flüssigkeits- und Elektrolytersatz denken!

Fortsetzung von Seite 94

- Austreiben von Blähungen
- Lösen von Darmkrämpfen
- Kreislaufstabilisierung und Tonisierung («aufweckende» Wirkung)
- Stopfende Wirkung bei Durchfall
- Erweichende, Darmbewegung anregende Wirkung bei Verstopfung
- Immunmodulation bei Unverträglichkeitsreaktionen und Allergien
- Positive Beeinflussung der Mikroflora

Hausmittel und Rezepturen für Magen und Darm

Eine Auswahl der Heilpflanzen zur Unterstützung von Magen und Darm findet sich in **Tabelle 5-1**. Die Dosierungen sind in **Kapitel 2** nach Tierart zusammengestellt.

Weitere Heilpflanzen zur Appetitsteigerung sind nachfolgend und auf **S. 76** und **101** (traditionelle Viehpulver) dargestellt.

Droge *(Heilpflanze lat.)*	Wichtige Inhaltsstoffe
Magen und Darm beruhigende Drogen	
Baldrianwurzel *(Valeriana officinalis)*	Ätherisches Öl, Lignane
Haferkorn *(Avena sativa)*	Eiweiß, Vitamine, Mineralstoffe, Spurenelemente
Hopfenzapfen *(Humulus lupulus)*	Proanthozyanidine, Flavonoide, Ätherisches Öl
Galletreibende und leberschützende Drogen	
Curcumawurzel *(Curcuma longa)*	Bitterstoffe, ätherisches Öl, Curcumin
Artischockenblätter *(Cynara scolymus)*	Bitterstoffe, Flavonoide, Hydroxyzimtsäuren
Mariendistelfrüchte *(Silybum marianum)*	Flavonole (Silimarinkomplex)
Stopfende Drogen	
Brombeerblätter *(Rubus fruticosus)*	Gerbstoffe, Flavonoide
Eichenrinde (*Quercus*-Arten)	Gerbstoffe, Flavonole
Gänse-Fingerkraut *(Potentilla anserina)*	Gerbstoffe, Flavonoide
Heidelbeerblätter, -früchte *(Vaccinium myrtillus)*	Gerbstoffe, Flavonoide
Himbeerblätter *(Rubus idaeus)*	Gerbstoffe, Flavonoide
Teeblätter (Schwarztee) *(Camellia sinensis)*	Gerbstoffe, Coffein, Flavonoide
Tormentillwurzel, Blutwurz *(Potentilla erecta)*	Gerbstoffe, Prozyanidine, Flavonoide
Abführende Drogen	
Aloe-Extrakt *(Aloe vera)*	Anthrachinone, Bitterstoffe
Flohsamen *(Plantago psyllium, P. ovata)*	Quell- und Ballaststoffe
Leinsamen, -öl, Leinsamenschrot *(Linum usitatissimum)*	Quell- und Ballaststoffe, Schleimstoffe, fettes Öl
Rizinusöl *(Ricinus communis)*	Fettes Öl

Fortsetzung von Seite 95

Tabelle 5-1

Heilpflanzen zur Unterstützung von Magen und Darm (Auswahl)

Wirkungen (Auswahl)	Anwendungs-/ Zubereitungsform
Beruhigend (brechreiz- und durchfallstillend), krampflösend	Innerlich; Tee, Tinktur
Beruhigend, nährend	Innerlich; Schleimsuppe
Beruhigend, Sekretion der Verdauungsdrüsen steigt, appetitanregend, antibakteriell, schlaffördernd	Innerlich; Tee
Gallebildung- und galleflussanregend	Innerlich; Tee, Pulver
Gallebildung- und galleflussanregend, blutfett- und cholesterinsenkend, Sekretion der Verdauungsdrüsen steigt	Innerlich; Tee, Pulver
Leberschützend, leberregenerierend, Stoffwechselaktivität und Entgiftung steigen	Innerlich; Fertigpräparate, geschrotete Samen, Pulver, evtl. in Latwergen, Pillen
Zusammenziehend	Innerlich; Tee, Frischpflanze
Entzündungshemmend, zusammenziehend, durchfallstoppend, antimikrobiell, wurmtötend	Innerlich; Tee, Abkochung, Pulver
Zusammenziehend, krampflösend	Innerlich; Tee, Frischpflanze
Zusammenziehend, keimhemmend; Früchte: brechreizstillend	Innerlich; Tee, getrocknete Früchte
Zusammenziehend	Innerlich; Tee, Frischpflanze
Zusammenziehend, kapillarabdichtend (blutstillend), durchfallstoppend, entzündungshemmend, antimikrobiell, kreislaufanregend	Innerlich; Tee, Abkochung
Zusammenziehend, kapillarabdichtend (blutstillend), durchfallstoppend, entzündungshemmend, antimikrobiell	Innerlich; Tee (Abkochung), Pulver, Tinktur
Abführend, Darmbewegung anregend, galletreibend	Innerlich; Fertigpräparate
Mild abführend, wirken positiv auf die Darmflora	Innerlich; ganz oder als Pulver
Mild abführend, wirken positiv auf die Darmflora	Innerlich; ganz, geschrotet
Abführend	Innerlich; Fertigpräparate

Enzian, Gelber *(Gentiana lutea)*

Enzian wird bereits seit der Antike als Heilmittel genutzt. Besonders wirksam ist der Gelbe Enzian. Er besiedelt die Fettwiesen im Alpenland. Sein mächtiger Wurzelstock enthält reichlich Bitterstoffe, die selbst in einer Verdünnung mit Wasser von 1:12000 noch bitter schmecken, und Gerbstoffe. Er regt nicht nur die Produktion aller Verdauungssäfte an, sondern auch die Darmbewegung, die für eine ordnungsgemäße Verdauung und Ausscheidung des Kotes notwendig ist. Enzianwurzel bewährt sich auch in der Erholungsphase nach Erkrankungen oder nach großer Anstrengung wie einer Schwergeburt.

Achtung: Enzian ist eine gebietsweise geschützte Pflanze – mit dem Sammeln der Wurzel wird die Pflanze vernichtet. Apothekerware stammt aus Kulturen. Der Kauf bietet auch Schutz gegen Verwechslungen mit dem hochgiftigen Weißen Germer.

Zubereitung

Enziantee

1 TL geschnittene Enzianwurzel in ¼ l Wasser 5 Minuten kochen.
Eine mildere Variante mit weniger Bitterstoffen und ohne Gerbstoffe:
1 TL geschnittene Enzianwurzel in ¼ l kaltem Wasser 8–10 Stunden ausziehen lassen.
Jungtiere kleiner Tierarten erhalten den Enzianwurzeltee stets mit Wasser verdünnt und in sehr kleinen Mengen (teelöffelweise). Kälbern kann man zwei- bis dreimal täglich 0,5 l eingeben, erwachsenen Rindern jeweils 1 l.

Enziantinktur

20 g zerkleinerte Enzianwurzel mit 100 ml 60-prozentigem Alkohol ansetzen, 10 Tage ziehen lassen und in dunkle Flaschen abfiltern. Kühl und dunkel lagern.

Enzianpulver

Enzian kann bei Pflanzenfressern, die bereits Heu fressen, auch klein geschnitten oder gepulvert dem Futter zugesetzt oder direkt ins Maul gegeben werden.

Salbei, Echter, Dreilappiger *(Salvia officinalis, S. triloba)*

Informationen zur Pflanze siehe **S. 128**.

Zubereitung

Salbeiaufguss bei Kälbern zur Appetitanregung, Normalisierung der Verdauung und Verbesserung des Allgemeinbefindens

1 Teil Salbeiblätter mit 20 Teilen kochendem Wasser übergießen, zugedeckt mindestens 10 Minuten ziehen lassen. Dreimal täglich 300–400 ml über 3–5 Tage verabreichen.

Achtung: Salbei sollte man wegen möglicher wehenfördernder und milchflusshemmender Wirkungen nicht an tragende und säugende Tiere verabreichen.

Wermut, Echter *(Artemisia absinthium)*

«Wermot ist för alles got!» sagt der Volksmund. Wermut wächst selbst im steinigsten Garten. Er enthält ätherisches Öl und Bitterstoffe, wirkt dadurch appetit- und verdauungsanregend und lässt die Galle reichlicher fließen. Wermut wirkt insgesamt anregend auf den Stoffwechsel und ist außerdem antimikrobiell wirksam.
Man sammelt zur Blütezeit im Juli oder August Laubblätter und Blüten tragende Zweigspitzen.

Achtung: Der bittere Geschmack des Wermuts geht in die Milch über.

Zubereitung

Wermuttee

1 TL zerkleinertes Wermutkraut mit ¼ l kochendem Wasser übergießen, zugedeckt 10 Minuten ziehen lassen, das Kondenswasser vom Deckel in den Tee zurückführen, abseihen.

Wermuttinktur

1 Teil geschnittenes Wermutkraut mit 5 Teilen hochprozentigem Kornschnaps übergießen, 10 Tage stehen lassen, abseihen.
Auch eine Kombination von Wermut und Enzianwurzel ist als Tinktur von Nutzen.

Wermutpulver

Aus Wermutpulver lassen sich Pillen und Bissen herstellen.

Ingwer *(Zingiber officinale)*

Die aus Südostasien stammende Ingwerwurzel gehört seit Jahrtausenden zum Arzneischatz von Indern und Chinesen und ist in Mitteleuropa schon im 9. Jahrhundert eingeführt worden. Ingwer enthält ein komplexes ätherisches Öl und Scharfstoffe, die mit der Trocknung an Intensität zunehmen. Ingwer wärmt durch seine Durchblutungsförderung den ganzen Körper. Er regt den Appetit, die Sekretion aller Verdauungssäfte und die Bewegung von Magen und Darm an. Er treibt Blähungen aus und wirkt bei Reiseübelkeit. Durch seine entzündungshemmende Wirkung ist er bei der Vorbeugung von Magengeschwüren nützlich. Für Hunde, die während der Autofahrt unter Übelkeit und Erbrechen leiden, ist beim Tierarzt eine Fertigzubereitung erhältlich, die vor Reiseantritt verabreicht wird.

Achtung: Ingwer wegen seiner Schärfe nicht über lange Zeit verabreichen. Vorsicht geboten ist bei der Verabreichung von Ingwer an hoch im Blut stehende Pferde.

Zubereitung

Geriebener Ingwer

Man kann fein geriebene oder blättrig geschnittene Ingwerwurzel direkt verfüttern.

Ingwertee

1 walnussgroßes Stück frische Ingwerwurzel (ca. 15 g) blättrig schneiden, mit ¾ l kochendem Wasser übergießen, 8 Minuten ziehen lassen, abseihen.

Ingwerpulver

Ingwerwurzel kann auch getrocknet und pulverisiert werden.

Blähungen und Kolik

Alte Volksweisheit:
«Bei Kümmibrot und Kalmusstängel gedeiht der dümmste aller Bengel.»

Pfarrer Künzle schrieb vor über 100 Jahren in seinem Heilkräuterbüchlein *Chrut und Uchrut*:
«Kümmi, Aenis, Fenchel, Roßkümmi, Peterli helfen bei ‹Völli› beim Vieh, fein zerhackt und 5 Minuten gesotten.»
«1–1½ Liter Milch heißmachen und zirca 10 Knoblauchzinken ungeschält zerdrücken und in die heiße Milch getan und 1 Löffel Kümmi und Pfeffer darin und dem Vieh warm eingegeben ist ein sehr gutes Mittel.»

Traditionelle Viehpulver zur Stärkung der Verdauung
Schlechter Appetit seines Tieres ist jedem Tierhalter ein Warnzeichen, dass etwas nicht stimmt. So war man immer schon bestrebt, den Appetit der Tiere durch besonders auf die Verdauung ausgerichtete Rezepturen zu steigern. Darin verwendete man bevorzugt Heilpflanzen, die besonders vielseitig sind. Außerdem enthalten traditionelle Viehpulver immer auch Kochsalz, Glaubersalz oder Bittersalz.

Achtung: Die Viehpulver müssen vor Feuchtigkeit geschützt aufbewahrt werden.

Umschauen nach dem geblähten Bauch und Zähneknirschen zeigen Bauchweh.

Zubereitung

Verdauungspulver für Pferde und Fohlen mit Verdauungsschwäche

Man nehme

- 50 g Enzianwurzel
- 100 g Kümmel
- 250 g Kochsalz

mische und pulverisiere und gebe davon 1 EL für ein Pferd bzw. 1 TL für ein Fohlen auf jedes Futter.

Viehpulver für Pferde zur Verdauungsförderung

Man nehme

- 100 g Kümmel (frisch zerdrückt)
- 250 g Glaubersalz (Natriumsulfat)

mische und gebe davon zweimal täglich 2 EL ins Futter.

Wermutsalz für Pferde

Man nehme

- 150 g Wermutkraut
- 250 g Glaubersalz (Natriumsulfat)

mische und pulverisiere und gebe davon zweimal täglich 2 EL ins Futter.

Viehpulver für Pferde zur Nachbehandlung einer Kolik

Man nehme

- 50 g Wacholderbeeren
- 30 g Kümmel
- 100 g Glaubersalz (Natriumsulfat)
- 130 g Kochsalz

pulverisiere und gebe davon esslöffelweise ins Futter.

Verdauungspulver für Pferd und Rind

Man nehme zu gleichen Teilen

- Enzianwurzel
- Angelikawurzel
- Bittersalz (Magnesiumsulfat)
- Natron (Natriumbicarbonat, Speisesoda)
- Glaubersalz (Natriumsulfat)

mische und pulverisiere und gebe davon 2 EL auf jedes Futter.

Verdauungspulver für Rinder

Man nehme

- 30 g Enzianwurzel
- 300 g Bittersalz (Magnesiumsulfat)

mische und pulverisiere und löse das Pulver in einem Liter Wasser und schütte es bei Verdauungsstörungen ein.

Verdauungspulver für Rinder mit Appetitstörungen

Man nehme jeweils 20 g

- Angelikawurzel
- Enzianwurzel
- Wermut
- Kochsalz

mische und pulverisiere und stelle daraus mit Mehl und Wasser eine Latwerge her und gebe davon dreimal täglich einen Spatel voll ein.

Wermutsalz für appetitlose Wiederkäuer (nicht für Saugkälber geeignet)

Man verreibe als Tagesdosis eine Handvoll

- frisches, gequetschtes Wermutkraut mit Kochsalz

und biete dieses als Lecke an.

Verdauungspulver für Kühe

Man nehme

- 50 g Enzianwurzel
- 50 g Wermutkraut
- 25 g Anisfrüchte
- 250 g Glaubersalz (Natriumsulfat)

mische und pulverisiere und gebe davon zweimal täglich 2 EL vor dem Füttern.

Wermutsalz für Kühe mit chronischen Darmproblemen

Man nehme

- 10 g Wermutkraut
- 10 g Kochsalz
- 100 g Bittersalz (Magnesiumsulfat)

mische und pulverisiere und gebe davon zweimal täglich 1–2 EL mit dem Futter

Kümmel *(Carum carvi)*

Kümmel gehört zu den ältesten Gewürzen der Welt. Seine Früchte enthalten viel ätherisches Öl. Kümmel ist der Hauptrepräsentant der sogenannten «Karminativa», zu denen man auch Anis und Fenchel zählt. Kümmel wirkt blähungstreibend, krampflösend und gärungswidrig und wird hauptsächlich bei Kolik und abnormer Gärung mit Blähungen eingesetzt. Er fördert Appetit und Verdauung, regt Gallefluss und Milchbildung an.

Kümmel sollte im Garten angebaut werden. In freier Natur kann es zu Verwechslung mit giftigen Doldenblütlern kommen. Man erntet die Blütendolden von Juli bis September, sobald die Kümmelfrüchte beginnen braun zu werden.

Kümmel auf der Weide

Heutzutage bieten Futtermittelfirmen Kräutersaatgut für Pferde mit Kümmel an – zusammen mit Fenchel, Wegwarte, Spitzwegerich, Schafgarbe, Kamille.

Zubereitung

Kümmeltee

1 gehäuften TL frisch zerdrückten Kümmel mit ¼ l kochendem Wasser überbrühen, zugedeckt 10 Minuten ziehen lassen, das Kondenswasser vom Deckel in den Tee zurückführen, abseihen.

Kümmelöl

Für eine schnelle krampflösende Wirkung empfiehlt sich ätherisches Kümmelöl, das man mit wenig Milch oder fettem Öl verdünnt.

Gequetschter Kümmel mit Öl bei schaumiger Gärung (für Wiederkäuer)

Gegen Blähungen und Krämpfe im Verdauungstrakt kann bei ausgewachsenen Tieren frisch gequetschter Kümmel (Rind 25–50 g, Schaf und Ziege 5–10 g) in Speiseöl (Rind 200–300 ml, Schaf und Ziege 100 ml) verabreicht werden. Anis- und Fenchelfrüchte können ebenso verwendet werden. Das ätherische Öl löst sich sehr gut im Speiseöl. Speiseöl ist wirksam bei schaumiger Gärung.

Kümmelpillen

Kümmelpillen lassen sich aus Schweineschmalz für alle Tierarten herstellen: Die für die jeweilige Tierart angegebene Menge an Kümmel frisch pulverisieren, mit Schweineschmalz zu Pillen formen und eingeben. Im Schweineschmalz löst sich das ätherische Kümmelöl gut.

Kümmelölmassage für Hundewelpen

Kümmelöl eignet sich zur Bauchmassage, denn es wird durch die Haut aufgenommen. Man gibt 0,5–2 ml ätherisches Kümmelöl in 100 ml Olivenöl. Mit kreisenden Bewegungen im Uhrzeigersinn massiert man 1–2 Tropfen in die Bauchregion ein.

Verdauungsförderer gegen Blähungen bei Kaninchen und Meerschweinchen

Man mische zu gleichen Teilen Tinkturen aus den Wurzeln von Angelika, Enzian und Baldrian. Zur Unterstützung von Kaninchen mit Trommelsucht mehrmals täglich ½ TL der verdauungsfördernden Mixtur in Anis-Fenchel-Kümmel-Tee (bereitet aus gleichen Teilen) in der Trinkflasche anbieten oder mit einer Spritze (ohne Nadel!) ins Maul einflößen. Zur Vorbeugung täglich 10–20 Tropfen der Tinkturmischung in Anis-Fenchel-Kümmel-Tee anbieten. Meerschweinchen erhalten entsprechend weniger. Kann auch bei anderen Pflanzenfressern und beim Schwein eingesetzt werden.

Fenchel und Anis *(Foeniculum vulgare, Pimpinella anisum)*

Die Früchte von Fenchel und Anis haben in großen Teilen der Welt eine lange Tradition als verdauungsfördernde Gewürze. Vor allem die in ihnen enthaltenen ätherischen Öle wirken durchblutungsfördernd, regen die Sekretion aller Verdauungssäfte an, treiben Blähungen aus und regulieren die Darmtätigkeit, indem sie Krämpfe lösen. Aufgrund dieser Eigenschaften nutzt man sie auch als Heilmittel. Auch bei Atemwegserkrankungen wirken sie heilsam durch Lösen von Schleim und Verkrampfungen der Bronchien. Anis und Fenchel regen bei Mensch und Tier die Milchbildung an. Anisöl vertreibt Ungeziefer und wirkt gegen Bakterien, Viren und Pilze.

Zubereitung

Blähungstreibende Teemischung
Anisfrüchte, Fenchelfrüchte und Kümmel zu gleichen Teilen mischen und unmittelbar vor der Teeherstellung mörsern. 1 TL der Mischung mit ¼ l kochendem Wasser übergießen, zudecken und 10 Minuten ziehen lassen. Das Kondenswasser in den Tee zurückführen, abseihen.
Dieser Tee ist besonders geeignet für Neugeborene und Jungtiere.

Fenchel- und Anisfrüchte bezieht man am besten aus der Apotheke. Fenchel-, Anis- und Kümmelfrüchte eignen sich auch zur Kombination mit Kamille und Pfefferminze. Von Jungtieren wird der Fenchel bevorzugt getrunken, denn er schmeckt von Natur aus süß.

Kamille, Echte *(Matricaria chamomilla)*

Die Heilkraft der früher in unseren Wiesen und Äckern weit verbreiteten Kamille ist den meisten Menschen bekannt. Sie wirkt durch ihre Flavonoide und das sehr gehaltvolle ätherische Öl entzündungshemmend, keimtötend, schleimlösend, blähungsmindernd und verdauungsfördernd. Kamille wird bei Darmkrämpfen, Koliken, Blähungen, Erbrechen sowie bei Magen-Darm-Entzündungen und -Geschwüren verwendet.
Die Kamille wird von den Jungtieren der Pflanzenfresser generell gerne aufgenommen und ist daher die erste Wahl. Neu zugekaufte Jungtiere wie Kälber, Lämmer, Küken sollen als Erstes Kamillentee angeboten bekommen - er beruhigt Magen und Nerven.
Sammelt man selbst, so ist auf den Unterschied zur Hundskamille zu achten: Die echte Kamille erkennt man am hohlen Blütenkörbchen. Bester Zeitpunkt für die Ernte ist der 3.–5. Tag nach dem Aufblühen. Gesammelt werden die Blüten. Kamille kann allein oder in Kombination mit Schafgarbe verabreicht werden. Wenn keine Kamille zur Hand ist, kann auch die Schafgarbe allein verwendet werden.

Zubereitung

Kamillentee
1-2 TL Kamillenblüten mit ¼ l heißem Wasser übergießen, zugedeckt 10 Minuten ziehen lassen, das Kondenswasser in den Tee zurückführen, abseihen.

Schafgarbe, Gemeine *(Achillea millefolium)*

Die Schafgarbe ist in ganz Europa in Wiesen, Weiden sowie an Wegrändern zu finden. Sie enthält Bitterstoffe, ätherisches Öl, Gerbstoffe, Flavonoide und viele Mineralstoffe. Sie wirkt desinfizierend, entzündungshemmend, appetitanregend, krampflösend und anregend auf die Verdauungssäfte, insbesondere die Galle. Schafgarbe hilft bei einer Vielzahl von Magen-Darm-Beschwerden und bei innerlichen und äußerlichen Blutungen. Auch die Nieren werden unterstützt. Von der Schafgarbe wird das blühende Kraut verwendet, das man eine Handbreit über dem Boden abschneidet.

Achtung: Schafgarbentee ist für Jungtiere geeignet, sollte dann aber maximal 10 Minuten ziehen, da er sonst sehr bitter wird und die Tiere ihn ablehnen.

Zubereitung

Schafgarbentee

1 EL geschnittenes Schafgarbenkraut mit ¼ l kochendem Wasser übergießen, zugedeckt 15 Minuten ziehen lassen, das Kondenswasser in den Tee zurückführen, abseihen.
Dosierungsvorschlag für Kälber: Von diesem Aufguss erhalten Kälber 2 EL pro kg Körpergewicht dreimal täglich.

Pfefferminze *(Mentha x piperita)*

Die Pfefferminze ist eine Kulturpflanze, die in unseren Breiten in humusreichen Gärten gedeiht. Sie enthält ätherisches Öl, Gerb- und Bitterstoffe und Flavonoide. Sie wirkt appetitanregend, verdauungsfördernd, galletreibend, krampflösend, entzündungshemmend, schmerzstillend, gegen Viren, Bakterien und Pilze und allgemein kräftigend. Sie kann bei Verdauungsstörungen, Übelkeit, Erbrechen, Blähungen, Krämpfen von Gallenwegen und Darm sowie bei Magenschleimhautentzündung eingesetzt werden. Zur schnellen Hilfe bei Krämpfen können wenige Tropfen des ätherischen Öles mit etwas fettem Öl gemischt oder beim Pferd mit etwas trockenem Brot eingegeben werden. Bei Futterumstellungen ist die Pfefferminze ein wertvoller Futterzusatz. Im Sommer wird das Kraut eine Handbreit über dem Boden abgeschnitten.
Geschmacksprobe: Die echte Pfefferminze schmeckt nicht nur nach Minze, sondern hat zudem einen scharfen, pfeffrigen Geschmack.

Zubereitung

Pfefferminztee

1 gehäuften EL Pfefferminzblätter mit ¼ l kochendem Wasser übergießen, zugedeckt 10 Minuten ziehen lassen, das Kondenswasser in den Tee zurückführen, abseihen.

Durchfall

Bei Durchfall bewähren sich insbesondere Heilpflanzen, die Gerbstoffe enthalten.

Eiche, Flaum-, Stiel-, Trauben-
(Quercus pubescens, Q. robur, Q. petraea)

Die Eiche ist ein Laubbaum, der in fast ganz Europa vorkommt, besonders in den mitteleuropäischen Wäldern. Genutzt wird die etwa 2 mm dicke, noch glatte, silbrig glänzende Rinde jüngerer Stockausschläge und Zweige, die sogenannte Spiegelrinde. Eichenrinde wirkt antimikrobiell, vor allem auf Viren und gegen Würmer wie Nematoden. Sie kann bei akuter Magen-Darm-Entzündung und akutem Durchfall – auch wenn dieser blutig ist – eingesetzt werden. Durch die entzündungshemmende, stopfende und blutstillende Wirkung wird die Darmwand stabilisiert. Eichenrinde hat sich äußerlich bei Hautkrankheiten bewährt.
Man schält die Eichenrinde im Frühjahr. Rinde mit Borke oder Flechten wird nicht verwendet.

Zubereitung

Eichenrindenabkochung
Eichenrinde geschnitten im Verhältnis 1:10 mit Wasser für 15–30 Minuten kochen und abseihen. Diese Abkochung wird am besten mit Elektrolyten vermischt verabreicht.

Eichenrindenaufguss mit Kamille
Man nehme

- 50 g Eichenrindenpulver
- 50 g Kamillenblüten
- 400 ml Wasser

mache daraus einen Aufguss (zugedeckt ziehen lassen) und gebe diesen Kühen oder Kälbern bei Magen-Darm-Erkrankungen.

Eichenrindenpulver
Eichenrindenpulver kann bei erwachsenen Tieren und größeren Kälbern direkt unter das Futter gemischt oder in Latwergen, Bissen und Pillen eingearbeitet verabreicht werden.

Für eine bewährte Rezeptur nehme man

- 75 g Eichenrindenpulver
- 50 g Kochsalz
- 50 g Natron (Natriumbicarbonat, Speisesoda)
- 50 g Wermutkraut (pulverisiert)

mische es zu einem Pulver und gebe morgens und abends 2 EL mit dem Futter für Kühe mit akuter Darmentzündung.

Achtung: Eichenrinde nicht überdosieren, da es sonst zu Verdauungsbeschwerden und Vergiftungen kommen kann. Eichenrinde darf nicht über längere Zeit eingesetzt werden, da sie die Darmwand für Nährstoffe wie Eiweiß und Eisen undurchlässig macht.

Tipp: Zur besseren Aufnahme der Eichenrinde wurde früher Kastanienmehl (Maronenmehl) zugegeben. Es hat einen hohen Stärke- und Zuckergehalt, was sich auf von Durchfall geschwächte Tiere positiv auswirkt.

Teestrauch *(Camellia sinensis)*

Der Teestrauch ist eine in Asien kultivierte Pflanze. Von ihm werden Triebspitzen und junge Blätter geerntet. Man lässt sie anwelken und dann leicht gequetscht fermentieren. Anschließend trocknet man sie mit Heißluft. Das Endprodukt ist der schwarze Tee. Grüntee stammt von derselben Pflanze. Er wird nicht fermentiert.

Schwarztee wirkt durch seinen Koffeingehalt anregend auf Herz, Kreislauf und Stoffwechsel. Größere Wachheit und vermehrte Harnbildung zeugen davon. Schwarztee wirkt zudem als Radikalfänger und damit entzündungshemmend und leberschützend. Zum Heilmittel bei Durchfall wird der Tee insbesondere durch seine Gerbstoffe, die stopfend und antimikrobiell wirken. Die Zubereitung entscheidet, welche Wirkung im Vordergrund stehen soll. Die Gerbstoffwirkung wird umso stärker, je länger der Tee zieht. Beim Kauf von Schwarztee soll auf Bio-Qualität geachtet werden.

Zubereitung

Schwarztee

1 TL Teeblätter mit ¼ l kochendem Wasser übergießen und 3–5 Minuten ziehen lassen = anregende Wirkung. Wird der Tee 10 Minuten ziehen gelassen, so ist er weniger anregend und besser stopfend.

Bei Durchfall ist die stopfende Wirkung gewünscht: Schwarztee wird 5–10 Minuten gekocht.

Achtung: Bei jungen Tieren führt Durchfall rasch zu Kreislaufschwäche. Hier ist die kreislaufanregende Wirkung des Schwarztees von Vorteil. Elektrolyte nicht vergessen und Wärme zuführen.

Bewährte Kombinationen sind:

- Schwarztee mit Kamillenblüten bei Durchfall durch Darmschleimhautentzündung
- Schwarztee mit Kamillenblüten und Fenchelfrüchten oder Schafgarbe bei Durchfall mit Blähungen oder Krämpfen
- Schwarztee mit Kamillenblüten und Wermut bei Durchfall mit Schwäche oder Appetitlosigkeit
- Schwarztee mit Kamillenblüten und Brennnesseln bei Durchfall mit Schwäche

Tormentill, Gemeiner, Blutwurz *(Potentilla erecta)*

Tormentill ist eine in Europa und Nordamerika weit verbreitete Heilpflanze, die gerne sonnige Südhänge besiedelt. Die Tormentillwurzel enthält bis zu 25 Prozent Gerbstoffe, die der Pflanze starke zusammenziehende, entzündungshemmende, blutstillende und antimikrobielle Wirkung verleihen. Sie eignet sich für schwere und auch blutige Durchfälle. Tormentill ist besser verträglich als Eichenrinde und schwarzer Tee. Er kann auch bei Schleimhautentzündungen in Magen und Darm eingesetzt werden.

Der Tormentill hat viele ähnliche Verwandte, deren gelbe Blüten jedoch alle 5 Blütenblätter haben, nur beim Tormentill sind es vier. Nur die Tormentillwurzel färbt sich nach dem Anschneiden blutrot. Die Wurzel wird im Frühjahr oder Herbst gegraben.

Bewährte Kombinationen:

- Tormentillwurzel mit Gänse-Fingerkraut bei Durchfall mit Krämpfen
- Tormentillwurzel mit Kümmel bei Durchfall mit Blähungen

Tipp: Manche Vögel stört es, wenn das Trinkwasser plötzlich eine andere Farbe hat. Nutzt man braune Trinkgefäße, so wird auch die braune Tormentillabkochung getrunken, selbst vom klugen Papagei.

Zubereitung

Tormentillabkochung

1 TL zerkleinerte Tormentillwurzel mit 150 ml Wasser übergießen, 5 Minuten köcheln lassen, abseihen.

Tormentillpulver

Getrocknete, zerkleinerte Tormentillwurzel lässt sich in einer Kaffeemühle zu Pulver mahlen und in Latwergen oder Pillen verarbeiten.

Tormentilltinktur (Blutwurztinktur)

1 Teil frische gereinigte Tormentillwurzel im Steinmörser zerquetschen, in ein Schraubglas geben, mit 10 Teilen 60–80-prozentigem Alkohol übergießen, 2–3 Wochen ziehen lassen, zwischenzeitlich mehrmals schütteln. Dann abseihen und in dunklen Tropffläschchen aufbewahren.

Brombeere *(Rubus fruticosus)*, Himbeere *(Rubus idaeus)* und Gänse-Fingerkraut *(Potentilla anserina)*

Die Blätter der Brombeere, der Himbeere und des Gänse-Fingerkrauts enthalten vor allem Gerbstoffe. Das Gänse-Fingerkraut enthält zusätzlich krampflösende Inhaltsstoffe.

Sie werden bei Durchfall von Pflanzenfressern und Schweinen eingesetzt.

Gesammelt werden die jungen, voll entfalteten Blätter.

Zubereitung

Brombeerblätter-, Himbeerblätter- oder Gänse-Fingerkrauttee

2 gehäufte TL Blätter mit ¼ l kochendem Wasser übergießen, 15 Minuten ziehen lassen, abseihen.

Flaschenkinder erkranken oft an Durchfall, zumeist weil die Portionen zu groß sind. Doch wer kann so oft ein Fläschchen zubereiten, dass es der natürlichen Situation des Säugens durch die Mutter entspräche?

Bewährte Kombinationen und weitere Rezepte

Bei Magenschmerzen, Übelkeit, Blähungen und Durchfall

Man mische

- Brombeer- und/oder Himbeerblätter
- Kamillenblüten
- Pfefferminzblätter zu gleichen Teilen

übergieße 1–2 TL der Mischung mit ¼ l kochendem Wasser und lasse zugedeckt 10 Minuten ziehen. Danach das Kondenswasser in den Tee zurückführen, abseihen.

Bei Magenschmerzen, Durchfall und Magen-Darm-Krämpfen

Man mische

- Gänse-Fingerkraut
- Melissenblätter
- Pfefferminzblätter zu gleichen Teilen

übergieße 2 TL der Mischung mit ¼ l kochendem Wasser und lasse zugedeckt 10 Minuten ziehen. Danach das Kondenswasser in den Tee zurückführen, abseihen.

Soll die Gerbstoffwirkung des Gänse-Fingerkrautes verstärkt werden, mischt man es mit Eichenrindenpulver oder Brombeerblättern.

Wohlschmeckende Teemischung für Kälber mit Durchfall

Man mische

- 1 Teil Pfefferminze, 1 Teil Schafgarbe, 2 Teile Kamille

übergieße 2 TL der Mischung mit ¼ l kochendem Wasser und lasse zugedeckt 10 Minuten ziehen. Danach das Kondenswasser in den Tee zurückführen, abseihen.

Moro'sche Karottensuppe bei Durchfall

Vor über 100 Jahren entwickelte ein deutscher Kinderarzt eine spezielle Suppe gegen Durchfall von Säuglingen, die noch heute seinen Namen trägt: die Moro'sche Karottensuppe. Sie hat unzähligen Menschen- und Tierkindern seither geholfen. Diese Suppe kann durch ihre speziellen Inhaltsstoffe, die Galacturonsäuren, das Abwehrsystem des Darmes stärken.

Zubereitung

Moro'sche Karottensuppe

500 g Karotten in 1 l Wasser mindestens 1 Stunde kochen. Dann das verdampfte Wasser wieder auffüllen, nochmals erhitzen und 1 gestrichenen TL Kochsalz zugeben. Anschließend die Karottensuppe pürieren.

Zubereitung

Heidelbeerblättertee

2 TL Heidelbeerblätter mit ¼ l kochendem Wasser übergießen, 10 Minuten ziehen lassen, abseihen.

Heidelbeerentee

3 gehäufte EL getrocknete Heidelbeeren mit ½ l kaltem Wasser aufsetzen, zum Kochen bringen, 10 Minuten sieden, abseihen. Oder die getrockneten Heidelbeeren fein zerreiben und in Wasser oder Tee aufschwemmen.

Heidelbeere *(Vaccinium myrtillus)*

Die Blätter der Heidelbeere enthalten Gerbstoffe. Sie lassen sich bei Durchfall und Magen-Darm-Störungen bei allen Tieren in allen Altersstufen einsetzen. Die getrockneten Heidelbeeren können ebenfalls verwendet werden, allerdings sind sie teuer und daher eher bei kleineren Tieren oder Jungtieren praktikabel. Die Heidelbeeren sind reich an Proanthocyanidinen, Flavonoiden und Pektinen. Sie wirken nicht nur zusammenziehend, sondern auch entzündungshemmend, gefäßschützend, schleimhautschützend und damit geschwürvorbeugend.

Weitere Informationen zur Pflanze **S. 224**.

Achtung: Frische Heidelbeeren wirken abführend. Heidelbeerblätter nur kurzzeitig einsetzen.

Schleimhautentzündungen und Geschwüre von Magen und Darm

Lein, Gemeiner *(Linum usitatissimum)*

Lein oder Flachs ist eine bereits seit der Steinzeit vielseitig genutzte Kulturpflanze. Sie ist im Mittelmeerraum, Vorderasien und Nordafrika beheimatet und wird heute in vielen Regionen angebaut.

Leinsamen sind reich an Schleim und Öl. Leinsamenschleim wird bei Schleimhautentzündungen und Geschwüren im Magen-Darm-Trakt sowie bei Verdacht auf Blutungen im Darm (schwarzer Kot) eingesetzt. Der Leinsamenschleim wirkt reizlindernd, hüllt die geschädigte Schleimhaut ein und schützt sie vor der Magensäure und den Futterbestandteilen. Leinsamenschleim ist besonders geeignet als erste Mahlzeit nach schweren Koliken oder Magen-Darm-Erkrankungen. Bei Darmträgheit und Verstopfung nutzt man die starke Quellfähigkeit des Leinsamens und die leicht abführende Wirkung des Leinöls in den Samen.

Zubereitung

Leinsamen-Kaltauszug

1 gehäuften EL ganzen Leinsamen mit ¼ l kaltem Wasser übergießen, mindestens 30 Minuten unter gelegentlichem Umrühren quellen lassen, dann den Schleim abseihen. Der Schleim wird vor der Fütterung verabreicht. Man bereitet ihn stets frisch zu, da er leicht verdirbt.

Der Lein wird im Herbst geerntet und gedroschen. Die Samen lässt man nachtrocknen. Nur ganz ausgereift geben sie einen guten Schleim.

Malve, Kleine, Wilde *(Malva neglecta, M. sylvestris)*

Malven besiedeln Weg- und Feldränder, sonnige Hanglagen und Schuttplätze. Sie enthalten vor allem Schleime sowie wenig Gerbstoffe und ätherisches Öl. Aufgrund ihres Schleimgehaltes wirkt die Malve reizlindernd und einhüllend. In Kombination mit den Gerbstoffen kann sie bei Magen- und Darmschleimhautentzündung und leichten Durchfällen eingesetzt werden. Genutzt wird das ganze blühende Kraut, das von Juni bis August gesammelt werden kann.

Zubereitung

Malven-Kaltauszug

2 TL klein geschnittenes Malvenkraut mit ¼ l Wasser übergießen, unter gelegentlichem Umrühren 5–10 Stunden ziehen lassen, abseihen.
Dieser Auszug eignet sich auch bei Husten, Heiserkeit und Halsweh.

Malven-Wermut-Tee

Zubereitung der Malve als Kaltauszug und des Wermuts als Tee. Beide Zubereitungen werden gemischt verabreicht oder zum Einweichen des Futters genutzt. Die Teemischung hat appetitanregende und verdauungsregulierende Wirkung.

Isländisch Moos *(Cetraria islandica)*

Isländisch Moos ist eine Flechte, die in Tieflagen bis weit über die Waldgrenze, meist an lichtreichen Standorten wächst. Isländisch Moos enthält neben bitteren Flechtensäuren zu mehr als der Hälfte wasserlösliche Schleimstoffe. Während die Bitterstoffe über die Anregung der Magensaftsekretion den Appetit steigern, bilden die Schleimstoffe einen schützenden Film über der Magenschleimhaut. Isländisch Moos wirkt entzündungshemmend, leicht antimikrobiell und immunstimulierend. Es ist geeignet bei Appetitlosigkeit, Verdauungsschwäche, in der Rekonvaleszenz nach schweren Erkrankungen und bei Erschöpfung, etwa nach der Geburt, und besonders bei Magengeschwüren sowie bei Husten.
In den Alpen wurden Schweine über den Winter hauptsächlich mit Isländisch Moos ernährt, wobei es heiß übergossen und nach Abkühlung verfüttert wurde. Es stellt somit ein traditionelles Futtermittel dar.

Zubereitung

Isländisch-Moos-Kaltauszug

2 TL Isländisch Moos mit ¼ l kaltem Wasser übergießen und über Nacht ziehen lassen, abseihen.
Dieser Ansatz wird in kleinen Portionen verabreicht oder zum Einweichen des Futters verwendet.

Isländisch Moos steht regional unter Naturschutz. Man kann es über die Apotheke beziehen.

Hafer, Echter *(Avena sativa)*

Hafer ist eine alte Kulturpflanze, die bei uns bis in die Höhenlagen der Mittelgebirge angebaut wird. Neben Kohlenhydraten und Stärke enthält er ein reiches Spektrum an Eiweißen, Mineralstoffen, Spurenelementen und Vitaminen sowie zudem eine beruhigende Komponente. Deshalb wird Hafer gerne in der Rekonvaleszenz nach schweren Krankheiten, bei Schwächezuständen und als Schonkost bei Magen-Darm-Störungen eingesetzt. Sein reiches Inhaltsspektrum macht ihn besonders für Jungtiere während des Wachstums geeignet.

Zubereitung

Haferschleim

2–4 EL Haferflocken in 1 l ganz leicht gesalzenem Wasser kochen, bis sie zu Schleim zerfallen sind.

Darmträgheit, Verstopfung

Zur Vorbeugung einer Verstopfung und Regulierung eines zu Verstopfung neigenden Darmes eignen sich pflanzliche Öle, die die Gleitfähigkeit des Darminhaltes erhöhen, und Quellstoffe, die durch Aufquellen im Darm einen Dehnungsreiz verursachen und dadurch den Darm anregen. Quellstoffe wirken als Präbiotika günstig auf die Darmflora.

Darmträgheit lässt sich durch verdauungsfördernde Pflanzen auch in Kombination mit abführenden Salzen wie Glaubersalz beeinflussen.

Verstopfung beim Huhn

Hat sich in der Kloake des Huhnes eingedickter, trockener Kot angeschoppt, verursacht dies schnell Erschöpfung und Teilnahmslosigkeit. Die Verstopfung kann zum Tod führen. Das gilt auch für den Fall, dass die Kloake eines Huhnes durch ein zu großes Ei verstopft ist, wodurch der Ausgang für Kot und Harnsäure verlegt ist (Legenot). Auch eine nach einem Durchfall verklebte Kloake oder hochgradiger Befall mit Parasiten können zur Verstopfung führen.

Die Verstopfung kann durch eine gestörte, träge Verdauung oder durch unverdauliche Stoffe verursacht werden. Auch ein Mangel an geeigneten Steinchen, die zur Zerkleinerung des Futters im Muskelmagen unerlässlich sind, kann die Verdauung empfindlich stören.

Ein Mangel an Trinkwasser kann schon bei normaler Körnerfütterung Verstopfung verursachen, insbesondere bei großer Hitze. Dabei kommt es bereits im Kropf zur Verstopfung. Ein Weitertransport der aufgenommenen Nahrung in den Magen wird verhindert. Hühner haben einen hohen Flüssigkeitsbedarf. Dieser liegt pro Huhn und Tag bei etwa bei einem Viertelliter.

Frisches Grünfutter regt die Verdauung an. Pflanzenschleime und -öle erhöhen die Gleitfähigkeit des Kotes. In hartnäckigen Fällen können auch pflanzliche Abführmittel wie Aloe und Rizinusöl eingegeben werden. Ein Huhn bekommt maximal 5 ml Leinöl oder Rapsöl pro Tag oder einmalig 1 TL Rizinusöl in gekochter Kleie.

Zubereitung

Rezeptur für Schweine mit Darmträgheit
Man nehme
- 15 g Anisfrüchte
- 15 g Kümmel
- 15 g Fenchelfrüchte
- 55 g Glaubersalz (Natriumsulfat)

pulverisiere und mische es mit Pflaumenmus zu einem festen Brei. Im Laufe eines Tages mit einem Spatel auf die Zunge streichen.

Leinöl
Bei Verstopfung kann Leinöl pur eingegeben werden. Es ist nicht für sehr junge Säuglinge geeignet.

Tipp: Leinöl wird unter Luftzutritt schnell ranzig. Leinsamen sollten daher erst vor der Verwendung geschrotet werden. Gepresstes Leinöl hält nur 1–2 Monate. Wenn es ranzig ist, darf es nicht mehr verwendet werden, da es dem Körper Vitamin E entzieht.

Leinsamenschrot
Geschroteter Leinsamen wird dem Futter beigemischt. Damit es zu einer abführenden Wirkung kommen kann, muss das Tier ausreichend trinken. Ansonsten kommt es zu Bauchschmerzen oder gar zu einem Darmverschluss.

Pflanzliche Abführmittel Aloe und Rizinusöl
Aloe und Rizinusöl erhält man in der Apotheke. Rizinusöl kann bei der Sau unmittelbar vor der Geburt zum Abführen eingesetzt werden, um im Becken Platz für den Durchtritt der Ferkel zu schaffen und um die Wehen auszulösen.

Achtung: Rizinusöl und Aloe wirken Wehen auslösend und dürfen deshalb bei trächtigen Tieren nicht eingesetzt werden (Ausnahme s. oben). Die Wirkstoffe der Aloe gelangen in die Milch. Nicht während der Laktation einsetzen!

Achtung: Abführmittel sind für chronische Verstopfungen ungeeignet. Sie werden immer nur einmalig angewendet.
Bei Verstopfung und festem Kot die Trinkwasserzufuhr kontrollieren!

6 Die Haut

Allgemeines zur Funktion

Die Haut ist das größte Organ des Körpers. Sie dient der Abgrenzung und dem Schutz gegen die Umwelt und ist an der Regulierung der Körpertemperatur beteiligt. Durch Aufstellen oder Flachlegen des Fells und Gefieders kann die Isolationsschicht verändert oder durch Schwitzen Verdunstungskälte erzeugt werden. Die Haut dient zudem der Kommunikation durch Sträuben des Fells oder Aufstellen der Federn. Geruchsstoffe, die über die Haut abgesondert werden, haben Signalwirkung auf andere Tiere. Über eine Reihe von Sinnesrezeptoren kann über die Haut «kalt» und «warm» sowie Berührung, Schmerz oder Druck wahrgenommen werden. Sogar an Stoffwechselprozessen ist die Haut beteiligt, etwa an der Bildung von Vitamin D.

Die Haut besteht aus Oberhaut, Lederhaut und Unterhaut. Die Oberhaut bildet die Schutzhülle des Körpers. Ernährt wird sie durch die Lederhaut, die ihr auch als Verankerung dient. Das fettreiche, lockere Unterhautbindegewebe hingegen bildet die Unterlage für die beiden Schichten. Die Haut kann Duftstoffe, Schweiß oder Harnstoff absondern. Talgdrüsen fetten mit ihren Ölen die Oberhaut ein. Die meisten Vogelarten haben nur eine einzige Hautdrüse, die Bürzeldrüse am Ende des Rückens. Von dort wird das ölige, wasserabweisende Sekret mit dem Schnabel auf dem gesamten Gefieder verteilt.

Die Haut ist massenhaft mit Bakterien und Pilzen besiedelt, der sogenannten Hautflora. Diese Mikroorganismen bilden eine Einheit mit der Haut und verhindern die Besiedelung mit krank machenden Keimen. Sie sind Teil der Abwehrbarriere der Haut.

Achtung: Für das Gedeihen der Hautflora sind ein intakter Fettfilm mit freien Fettsäuren und ein saures Hautmilieu notwendig. Waschen mit Reinigungsmitteln und Desinfizieren mit alkoholischen Lösungen beeinträchtigen die Hautflora und den schützenden Fettfilm der Haut.

Gegenseitige Fellpflege ist in Tiergemeinschaften sehr wichtig.

Was führt zu Erkrankungen der Haut?

So vielfältig wie die Funktionen der Haut sind auch die Krankheitsursachen. Im Folgenden werden einige häufige Ursachen für Hauterkrankungen dargestellt, bei denen der Einsatz von Heilpflanzen sinnvoll ist.

Hautveränderungen als Ausdruck von Störungen in anderen Körpersystemen

Die Haut steht in enger Beziehung zu anderen Organen. Erkrankungen der Leber oder der Nieren, des Darmes und des Immunsystems können mit Hautveränderungen einhergehen. All diese Organsysteme kann man durch Heilpflanzen unterstützen. Auch Störungen im Hormongleichgewicht oder psychische Belastungen schlagen sich in der Haut nieder und sind durch Heilpflanzen zu beeinflussen. Bei hoher Stoffwechselbelastung versucht der Körper, Stoffe über die Haut auszuscheiden. Im günstigen Fall gelingt die Ausscheidung mit dem Talg und dem Schweiß. Heilpflanzen können dabei unterstützend wirken. Aber nur Pferde und Rinder haben viele Schweißdrüsen, Hunde und Katzen haben Schweißdrüsen nur im Pfotenballenbereich. Schweine und Nager besitzen keine Schweißdrüsen. Auch über die Haare entledigt sich der Körper solcher Stoffe, die ihm schaden, wie etwa Schwermetalle. So kann man chronische Vergiftungen beispielsweise mit Selen oder Cadmium durch Untersuchung der Haare nachweisen. Auch kann nach Vergiftungen beobachtet werden, dass die Tiere großflächig Haare (Wolle, Federn) abstoßen.

Wenn sich Stoffe in die Haut einlagern, die nicht ausgeschieden werden können, wird die Haut gereizt. Es kommt zu Juckreiz und Entzündung, die durch Kratzen und Scheuern noch verstärkt werden. Die Folge sind Ausschläge.

Ist der Gesundheitszustand eines Tieres nicht gut, so zeigt sich dies oft in Zeiten besonderer Belastung – während des Fellwechsels bzw. der Mauser beim Geflügel. Gehen Fell- und Gefiederwechsel nicht zügig voran, so sind dies Äußerungen eines gestörten Stoffwechsels. Hier können Mängel bei der Vitamin-, Mineralstoff- und Spurenelementversorgung die Ursache sein, aber auch Schwächen in Leber und Nieren, die man durch Heilpflanzen günstig beeinflussen kann.

Achtung: Eine gründliche Abklärung durch den Tierarzt ist wichtig! Wie allgemeine Störungen zusätzlich mit Heilpflanzen und Hausmitteln unterstützt werden können, ist im **Kapitel Gesund erhalten** aufgezeigt.

Infektiös bedingte Hauterkrankungen

Bakterien, Viren und Pilze gehören zur natürlichen Umgebung von Mensch und Tier. Sie erfüllen wichtige Aufgaben in uns, auf uns und in unserer Umwelt und sind in diesen Funktionen durch nichts zu ersetzen. Erst wenn Mensch und Tier aus dem Gleichgewicht geraten sind, können Infektionen mit Bakterien, Viren, Pilzen oder Parasiten zu Erkrankungen führen. Diese sind Ausdruck einer Schwächung des Gesamtorganismus. Vor der Behandlung von Hautinfektionen soll daher immer das ganze Tier gründlich untersucht werden. Wenn die schwächenden Ursachen erkannt und behoben werden können, ist die Behandlung der Haut einfach. Oft verbessert sich die Situation schon durch eine Futterumstellung oder die Gabe von ausreichend Mineralstoffen und Vitaminen.

Achtung: Hautparasiten wie Läuse, Flöhe, Milben, Haarlinge/Federlinge und Zecken müssen meist vom Tierarzt behandelt werden. Mit Heilpflanzen und Hausmitteln kann die Abwehrkraft des Tieres gegen Parasiten gestärkt werden.

Ein durch Pflanzenstoffe im Futter veränderter Körpergeruch sowie das Auftragen bestimmter pflanzlicher Duftstoffe (Repellenzien) sorgen zudem dafür, dass das Tier für Parasiten weniger attraktiv wird.

Wunden, Geschwüre und Abszesse

Hautverletzungen können viele Ursachen haben: Insektenstiche, Abschürfungen durch Ausrutschen und Hinfallen, Verletzungen durch Rangordnungskämpfe, Verbrennungen und Sonnenbrand, Druckstellen bei unpassendem Sattel oder Verletzungen an Stalleinrichtungen.

Wundheilungsstörungen können durch innere Ursachen entstehen, etwa durch ein geschwächtes Immunsystem, Diabetes, abgestorbenes Gewebe oder Fremdkörper in der Wunde. Sie können aber auch durch falsche Wundversorgung verursacht werden: Durchblutung störende Verbände, Zellwachstum hemmende Desinfektionsmittel und Entzündungshemmer oder Wundinfektion mit therapieresistenten Bakterien. Die Ursache klärt der Tierarzt ab.

Geschwüre können sowohl aus bakteriell infizierten Wunden als auch in schlecht durchbluteten Hautbezirken entstehen. Schlechte Durchblutung liegt bei Dekubitus (Wundliegen) oder nach Gefäßverschlüssen durch Arteriosklerose und Venenthrombose vor. In absterbendem Gewebe kommt es leicht zu bakterieller Entzündung.

Ein Furunkel ist eine schmerzhafte, in der Tiefe der Haut sitzende bakterielle Infektion eines Haarbalges.

Ein Abszess ist eine bakterielle Entzündung in einer Kapsel. Nach einer Infektion des Gewebes, oft durch Bissverletzungen oder eingedrungene Fremdkörper, kommt es zum Einwandern von Abwehrzellen und in der Folge zur Eiterbildung. Beim Reifen des Abszesses kommt es zum Durchbruch und zur Entleerung nach außen.

Achtung: Klaffende oder stark verschmutzte Wunden, Bissverletzungen oder Verletzungen im Bereich der Augen müssen vom Tierarzt behandelt werden. Die alleinige Gabe von Heilpflanzen und Hausmitteln ist nicht ausreichend.

Krankheitszeichen

Die Krankheitszeichen können auf eine Region begrenzt sein oder die gesamte Hautoberfläche betreffen:

- Entzündungszeichen wie Rötung, Wärme, Schwellung des Gewebes und Schmerzhaftigkeit
- Knötchen, Bläschen, Quaddeln
- Schorf, Krusten, Risse
- Hautschuppen
- Ekzeme, nässende bis eiternde Hautbezirke
- Juckreiz mit Kratzen, Scheuern und Lecken
- Kahle Hautstellen
- Unruhe, durch Juckreiz, durch die Aktivität von Parasiten
- Abgebrochene Haare, durch Scheuern und Lecken, durch Pilz- und Parasitenbefall
- Stumpfes, struppiges Fell und Gefieder, Fell- und Gefiederwechselstörungen
- Wunden, Abszesse, Geschwüre
- Wundheilungsstörungen, Narbenwucherungen

Verlauf der Wundheilung

Unabhängig von der Art der Wunde und vom Ausmaß des Gewebeverlustes verläuft jede Wundheilung in drei Phasen, die sich zeitlich überlappen und nicht voneinander zu trennen sind:

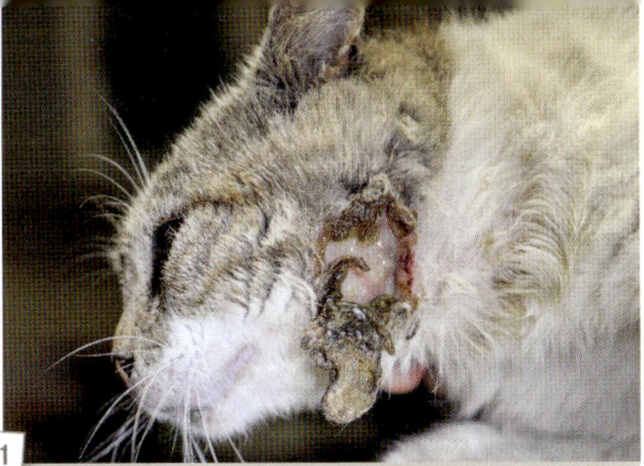

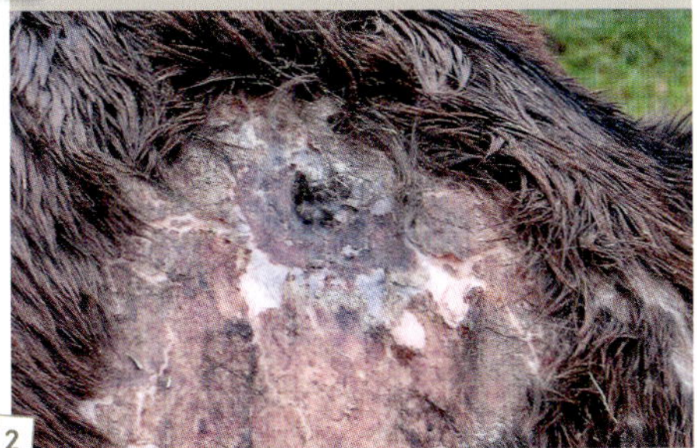

1 Vereiterte Kampfverletzung beim Kater
2 Durch Verätzung schwer geschädigte Haut

- **Reinigungsphase**
  Die erste Reaktion auf eine Hautverletzung besteht in der Blutstillung. Rasch einwandernde weiße Blutkörperchen beseitigen zudem eingedrungene Bakterien und zerstörte Zellen.
- **Granulationsphase**
  Ist die Wunde gereinigt, muss der Defekt mit Ersatzgewebe aufgefüllt werden. Etwa am 4. Tag nach der Verletzung sprossen feinste Blutgefäße in das Wundgebiet ein und stellen dadurch die Ernährung des neuen Gewebes sicher. Dies ermöglicht einwandernden Bindegewebszellen, das Granulationsgewebe aufzubauen, das vornehmlich aus Fasern besteht. Diese Fasern reifen zwischen dem 6. und 10. Tag aus, die Wunde zieht sich zusammen. Das Granulationsgewebe festigt sich, es bildet sich zu Narbengewebe um.
- **Epithelisierungsphase**
  Der endgültige Wundschluss geht von den Epithelzellen der Oberhaut aus. Sie beginnen vom Wundrand her die Wunde zu überwachsen, erkennbar an einem schmalen, weißlich bis rosaroten Saum am Wundrand.

Der komplexe Prozess der Wundheilung kann durch verschiedene Faktoren gestört werden. Hierzu gehören Wundinfektionen ebenso wie unsachgemäße Wundversorgung. Desinfektionsmittel können nicht nur Bakterien in der Wunde zerstören, sondern auch die frischen Zellen des Ersatzgewebes. Verbände schützen vor Verschmutzung und zu viel Bewegung im Bereich der Wunde, können aber auch die notwendige Durchblutung stören und beim Verbandwechsel das empfindliche Ersatzgewebe durch Verklebungen wieder zerstören.

Besonderheiten der Tierarten

Hauterkrankungen beim Rind

Bei Rindern kommen häufig Hautparasiten wie Läuse, Räudemilben und Haarlinge vor. Zur Vorbeugung sollten die Tiere geschoren werden, am besten bei der Einstallung im Herbst. Eine ausreichende Mineralstoffversorgung stärkt die Abwehrkraft gegen Schädlingsbefall. Das Einstäuben der Tiere mit sehr feinem Silikatstaub (Steinmehl) reduziert den Parasitenbefall.

Durch die Aufstallung gibt es leider immer wieder Verletzungen. Durch rutschfeste Böden und ausreichende Einstreu kann den Tieren mehr Trittsicherheit gegeben werden. Trockene, saubere Einstreu bewahrt zudem vor Druckstellen an Brustbein und Gelenken, beugt starker Verschmutzung und dem Aufweichen der Haut und der Klauen vor. Sind Haut und Horn aufgeweicht, so kommt es viel schneller zu Infektionen. Scheuerstellen durch Ketten und Bügel schaffen Eintrittspforten für Erreger. Zusammen mit Mängeln in Fütterung und Haltung, die zu einer Abwehrschwäche der Tiere führen, bereiten sie den Boden für die Trichophytie, eine Pilzerkrankung, die auch den Menschen befallen kann.

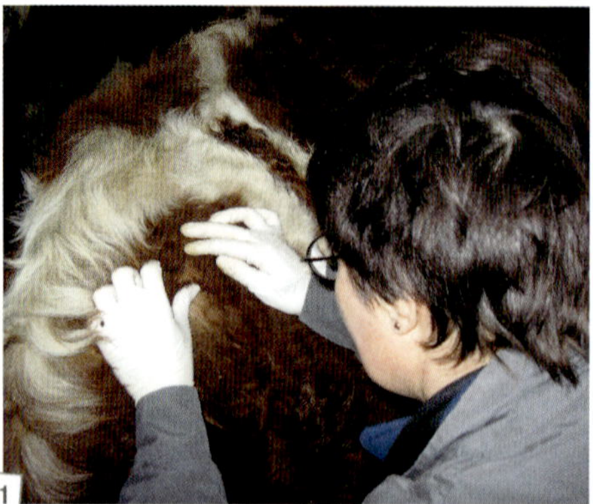

1

2

3

1 Läuse und Räudemilben sind mit bloßem Auge kaum zu erkennen.
2 Schafe sind unter guten Haltungsbedingungen nicht anfällig für Hautkrankheiten.
3 Eine gründliche Dusche, bevor es in den Abferkelstall geht, sorgt für Wohlbefinden und Hygiene.

Hauterkrankungen bei Schaf und Ziege

Bei ausreichender Spurenelementversorgung – besonders wichtig ist die Zinkversorgung – ist die Haut von Schafen und Ziegen wenig anfällig. Hautparasiten reduziert man beim Schaf durch Scheren, bei der Ziege durch Kämmen. Das Einstäuben der Tiere mit sehr feinem Steinmehl ist auch beim kleinen Wiederkäuer eine Möglichkeit, Hautparasiten zu reduzieren. Insbesondere beim Schaf ist die Verschmutzung der Wolle im Bereich von After, Schwanz und Hinterschenkeln bei Durchfall zu verhindern. Diese lockt Schmeißfliegen an, die hier ihre Eier ablegen, aus denen in kürzester Zeit Maden schlüpfen, die sich durch die Haut in den Körper der Tiere fressen. Das Ausscheren der Schwanz-After-Schenkelregion zur Verhinderung von Kotverschmutzungen ist sinnvoll. Durch angemessene Fütterung – unter Zusatz von durchfallhemmenden Heilpflanzen – insbesondere in der Mast und zum Beginn der Weidesaison sowie durch Darmparasitenkontrolle können die Tiere vor Durchfall geschützt werden.

Beim durch Viren verursachten Lippengrind der Schafe und Ziegen können schwere Verlaufsformen durch frühzeitigen lokalen Einsatz von gerbstoffhaltigen Pflanzenzubereitungen vermieden werden (Handschuhe tragen wegen Ansteckungsgefahr).

Hauterkrankungen beim Schwein

Das Schwein hat keine Schweißdrüsen, sondern reguliert seinen Wärmehaushalt durch Wälzen und Suhlen im feuchten Boden. Der eingetrocknete Schlamm wird danach abgescheuert und dient so auch der Hautpflege und beugt Parasitenbefall vor. Fehlt den Tieren die Möglichkeit zu suhlen, so beeinträchtigt dies ihre Hautgesundheit.

Ohr- und Schwanzbeißen kann zu schweren Verletzungen führen, vor allem in Mastschweinegruppen. Hier sind immer Fütterung und Haltung zu überprüfen. Zur Vermeidung dieses aggressiven Verhaltens können beruhigende ätherische Öle eingesetzt werden. Ohren und Schwänze kann man durch stark bitter schmeckende Pflanzenstoffe vergällen. Auch zur Behandlung der Bissverletzungen eignen sich Heilpflanzen.

Einige Allgemeininfektionen, wie Rotlauf («Backsteinblattern»), sind am Hautausschlag zu erkennen.

Hauterkrankungen beim Pferd

Pferde gelten als hautempfindlich. Mangelhafte Hautpflege führt schnell zu Ekzemen, so etwa in der Sattel- und Gurtlage oder unter dem Kinnriemen, durch Schmutz im Fell und am Geschirr. Im Bereich des Fesselbehanges verursacht schlechte Hygiene – wie nasse Einstreu, verkotete und feuchte Ausläufe, im Winter Streusalz – ein schweres Ekzem, die Mauke. Diese ist mit starkem Juckreiz und Schmerzen verbunden. Auch Milben und Bakterien können zu schwerwiegenden Hautveränderungen führen. In Scheuerstellen breiten sich gerne Pilzerkrankungen aus (Trichophytie). Stress kann die Empfindlichkeit gegenüber Viren erhöhen. Dies scheint die Ursache der Papillomatose zu sein, einer bei Pferden häufigen Warzenerkrankung. Für das Eindringen der Papillomaviren sind kleine Wunden Voraussetzung, wie sie schon durch Disteln im Futter entstehen können. Auch Sarkoide – ebenfalls durch Viren verursacht – brauchen solche kleinen Wunden.

Weiße, unpigmentierte Hautareale des Pferdes neigen zu Sonnenbrand. Dies um so mehr, wenn die Tiere mit ihrem Futter (Weide, Heu) leberschädigende Pflanzen wie Jakobskreuzkraut aufnehmen. Als besonders hartnäckig erweist sich das Sommerekzem, ausgelöst durch eine Allergie auf den Speichel von Stechmücken. Der Juckreiz dieser Erkrankung lässt die Tiere

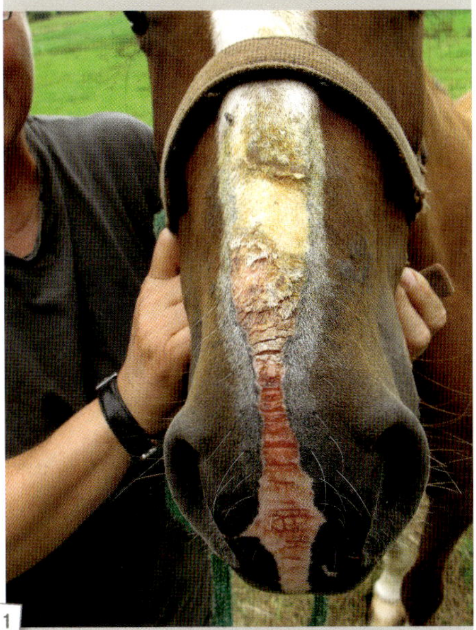

1

2

3

1 Sonne und giftige Weidepflanzen schädigen besonders unpigmentierte Haut.
2 Besonders in der Sattellage ist für Sauberkeit zu sorgen!
3 Wälzen im Staub reduziert die Hautparasiten.

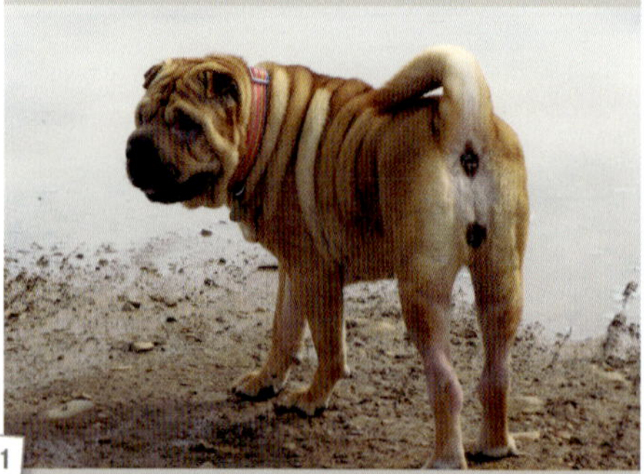

1

2

3

1 Vom Menschen gewünschte Hautfalten – hier bei einem Shar Pei: Hautprobleme vorprogrammiert
2 Fellschäden können durch ständiges Beknabbern, Lecken und Kratzen entstehen.
3 Sie würden täglich ein Sandbad nehmen.

ihre Haut durch Scheuern und Benagen zusätzlich stark schädigen. Heilpflanzen zur innerlichen und äußerlichen Anwendung können beim Pferd in Kombination mit guter Pflege und gesunder Ernährung Haut und Haarkleid gesund erhalten helfen.

Hauterkrankungen beim Hund

Alljährlich wiederkehrend sind Hautparasiten wie Zecken und Flöhe. Wenn der Hund eine Flohspeichelallergie hat, reicht ein Flohbiss, um heftigen Juckreiz auszulösen. Die Hautgesundheit des Hundes hängt eng mit der Ernährung zusammen. Plötzlich auftretende, nässende, juckende und schmerzhafte Hautstellen, sogenannte «Hotspots», aber auch die oft hartnäckigen Zwischenzehenekzeme heilen in vielen Fällen erst nach einer gezielt vorgenommenen Umstellung der Ernährung.

Manches Hautproblem bei Hunden ist rassebedingt, so die entzündlichen Veränderungen in überflüssigen Hautfalten, hängenden und damit schlecht belüfteten Ohren, hängenden und faltigen Lefzen. Hier können Heilpflanzen, innerlich und äußerlich angewendet, Linderung bringen. Die Pfoten werden besonders im Winter bei Eis und Schnee, Splitt und Streusalz strapaziert und brauchen dann besondere Pflege.

Hauterkrankungen bei der Katze

Zecken und Flöhe spielen sogar bei der reinlichen und auf tägliche Fellpflege bedachten Katze eine wichtige Rolle als Ursache für Hautveränderungen. Zudem werden Katzen häufig von Ohrmilben befallen. Revierkämpfe führen nicht selten zu Bissverletzungen und Wunden. Aus beiden entwickeln sich häufig Abszesse. Typisch für Katzen sind zudem Schäden im Fell durch einen stressbedingt übersteigerten Putztrieb, der zu haarlosen Stellen und sogar zu Hautwunden führen kann. Der Putztrieb macht es unmöglich, Katzen äußerlich mit Ölen, Salben oder Ähnlichem zu behandeln. Sie dulden nichts in ihrem Fell.

Hauterkrankungen bei Kaninchen und Meerschweinchen

Hautverletzungen passieren bei Kaninchen manchmal durch Bisse der Gehegekollegen. Kleine Wunden und Abschürfungen heilen meist sehr schnell und können mit Heilpflanzen unterstützt werden. Die Behandlung von Hautausschlägen, auch um das Maul (Lippengrind), lässt sich gut mit Gerbstoffdrogen unterstützen. Parasitenbefall im Fell oder in den Ohren wird in der Regel vom Tierarzt behandelt. Insbesondere beim Kaninchen können schlechte Haltungsbedingungen mit wenig Bewegung, feuchter Einstreu, Fehlern in der Fütterung zu wunden Läufen führen. Mehr Hygiene im Stall sowie innerliche und äußerliche Heilpflanzenanwendungen helfen, diese Erkrankung zu vermeiden oder zu überwinden.

Sind die Krallen brüchig, mit weißlichen Einlagerungen und verformt, sollte der Tierarzt abklären, ob es sich um einen Pilzbefall handelt.

Hauterkrankungen bei Geflügel

Geflügel wird von einer Vielzahl von Hautparasiten befallen. Kalkbeinmilben führen zu Verkrustungen im Bereich der Beine und des Oberschnabels, Federlinge schädigen das Gefieder. Die blutsaugende Rote Vogelmilbe verursacht Juckreiz, Entzündung der Haut und Blutmangel und ist zudem ein Krankheitsüberträger. Sie plagt besonders brütende Tiere und kann bei Küken zum Tode führen. Das Einstäuben der Tiere mit sehr feinem Silikatstaub (Steinmehl) reduziert den Parasitenbefall. Pflanzliche Öle – bei Kalkbeinmilben auf die Krusten aufgetragen und bei Roter Vogelmilbe über die Sitzstangen, die Rückzugsorte der Milben, gestrichen – dezimieren auf ungiftige Weise den Befall, indem sie die Milben ersticken.

Pflanzliche Mittel zur Insektenabwehr helfen ebenfalls, den Einsatz chemischer Insektenvernichtungsmittel einzudämmen. Das Halten zu vieler Tiere auf engem Raum und unzureichende Eiweißversorgung führen – insbesondere, wenn die Tiere durch Parasiten irritiert sind – zu Aggressionen wie Federpicken. Hier müssen Haltung und Fütterung optimiert werden. Zur Vermeidung dieses aggressiven Verhaltens können beruhigende ätherische Öle eingesetzt werden. Das Gefieder kann man durch stark bitter schmeckende Pflanzenstoffe vergällen. Auch zur Behandlung der durch Picken entstandenen Verletzungen eignen sich Heilpflanzen. Manches Huhn wird durch ständiges Besteigen durch den Hahn beschädigt.

Achtung Fliegenmaden!
Fäkal- und Aasgeruch lockt Schmeißfliegen an, insbesondere im Sommer. Sie legen ihre Eier in verschmutzte Körperregionen wie in schmieriges, nasses Haarkleid, nicht versorgte Wunden und verschmutzten Analbereich. Die Maden schlüpfen in kürzester Zeit. Wird den Maden nicht rechtzeitig durch Absammeln und Behandlung durch den Tierarzt Einhalt geboten, kann dies zum Tod des Tieres führen.
Parasitenkontrolle und angepasste Fütterung verhindern Durchfall. Fliegengitter beugen Madenbefall vor. Eine tägliche Kontrolle der Tiere und das Entfernen der Fliegeneier aus dem Fell schützen vor Schaden.
Wichtig zu wissen: Madenfraß wird von den Tieren nicht wahrgenommen, weil die Maden über ihren Speichel einen schmerzstillenden Stoff in die Wunde geben.

Heilpflanzen für die Haut

Wann sind Heilpflanzen zur Unterstützung der Haut sinnvoll?

Sowohl bei akuten Hauterkrankungen und Wunden als auch bei chronischen Hautleiden können Heilpflanzen wertvolle Dienste leisten. Ist das Leiden chronisch oder wiederkehrend, so ist dies oft ein Hinweis darauf, dass sich der Körper über die Haut entlasten will. In solchen Fällen sollte nicht die Unterdrückung des Symptoms im Vordergrund stehen, sondern hier ist ein ganzheitlicher Ansatz gefragt. Mit Heilpflanzen können körpereigene Heilungsvorgänge angeregt werden. Wichtige Information für chronische Hautleiden sind deshalb im **Kapitel Gesund erhalten** zu finden.

Was kann man mit Heilpflanzen erreichen?

- Hautdurchblutung und -stoffwechsel fördern
- Ausscheidung über Talg- und Schweißdrüsen fördern
- Wundbezirke reinigen
- Blutung stillen
- Wundsekretion vermindern
- Schorf und Krusten lösen
- Wundheilung und gesunde Narbenbildung fördern
- Narben pflegen
- Abszessreifung beschleunigen
- Viren, Bakterien, Pilze hemmen
- Entzündungen hemmen
- Schmerzen lindern
- Juckreiz mildern

Hausmittel und Rezepturen für die Haut

Eine Auswahl der Heilpflanzen zur Unterstützung der Haut findet sich in **Tabelle 6-1**. Die Dosierungen sind in **Kapitel 2** nach Tierart zusammengestellt.

Hautpflege

Fette Öle

Zur Pflege trockener, beanspruchter und rissiger Haut eignen sich Öle, Salben und Cremes. Haarlose oder dünn behaarte Hautbezirke lassen sich problemlos einölen bzw. eincremen. Dicht behaarte Bereiche müssen zuvor geschoren werden. Pflanzliche Öle (fette Öle) eignen sich zum direkten Auftragen oder als Grundlage für ölige Zubereitungen oder Ölauszüge. Ätherische Öle lassen sich gut in fetten Ölen lösen. Pflanzliche Öle wirken entzündungshemmend, juckreizstillend, hautschützend und sie unterstützen die Zellerneuerung.

Achtung: Kalt gepresste Öle aus kontrolliert biologischem Anbau oder naturrein und rückstandskontrolliert haben die beste Qualität. Auf kühle und lichtgeschützte Lagerung ist zu achten. Für Ölansätze soll das Öl noch mindestens ein Jahr haltbar sein.

Zur Hautpflege geeignet sind:

- Haselnussöl
- Olivenöl
- Mandelöl

Bei Tendenz zur Entzündung, innerlich und äußerlich anwendbar sind:

- Nachtkerzensamenöl
- Borretschsamenöl
- Hanfsamenöl

Ringelblume *(Calendula officinalis)*

Die Ringelblume ist eine anspruchslose Gartenpflanze. Sie blüht von Juni bis Oktober. Ob Riss-, Quetsch- oder Brandwunden, akute oder chronische Hauterkrankungen, die Ringelblume hat sich bei Haut- und Schleimhautschäden und zur Unterstützung der Wundheilung bewährt. Sowohl Probleme am Auge wie Bindehautentzündungen als auch an den Füßen wie Mauke, Strahlfäule, rissige Hundepfoten und Nagelbettentzündungen können mit Ringelblumenzubereitungen gelindert werden. Ihre Inhaltsstoffe wirken antibakteriell, antiviral (auch gegen Herpesviren), gegen Hautpilze und regen zudem das Immunsystem an.
Man sammelt ihre Blüten bei trockenem Wetter und zupft die Strahlenblüten ab.

Zubereitung

Ringelblumenöl

Ringelblumenstrahlenblüten locker in ein braunes Glas schichten und mit Olivenöl übergießen, einen Monat stehen lassen, mehrmals täglich bewegen. Dann wird das Öl durch ein Sieb abgegossen, ohne die Blütenblätter auszudrücken. In dunklen Flaschen aufbewahren.

Ringelblumenöl wird ein- bis viermal täglich aufgetragen. Auf frische und offene Wunden wird es sehr dünn aufgesprüht.

Ringelblumenöl eignet sich zur Pflege von schrundiger Haut, Liegeschwielen, rissigen Zitzen, gespannten Wundrändern, Narben und Ekzemen.

Ringelblumensalbe

Salbenherstellung siehe Arnikasalbe **S. 161 und S. 25**.
Für die Pflege rissiger Haut und zum Geschmeidighalten von Wundrändern eignet sich Ringelblumensalbe. Nicht in offene Wunden schmieren.

Droge *(Heilpflanze lat.)*	Wichtige Inhaltsstoffe	Wirkungen (Auswahl)	Anwendungs-/ Zubereitungsform
Fette Pflanzenöle zur Hautpflege			
Borretschsamenöl *(Borago officinalis)*	Essenzielle Fettsäuren, Linol- und Gamma-Linolensäure	Entzündungshemmend, juckreizstillend	Äußerlich, innerlich
Hanfsamenöl *(Cannabis sativa)*	Linol-, Linolen- und Ölsäure, B- und E-Vitamine, Proteine	Entzündungshemmend, unterstützt Zellerneuerung und Immunsystem	Äußerlich, innerlich
Haselnussöl *(Corylus avellana)*	Linolsäure, Ölsäure	Pflegend, leicht tonisierend, setzt die Lichtdurchlässigkeit der Haut herab	Äußerlich, innerlich
Mandelöl *(Prunus dulcis)*	Linolsäure, Ölsäure	Pflegend	Äußerlich
Nachtkerzensamenöl *(Oenothera biennis)*	Essenzielle Fettsäuren, Linol- und Gamma-Linolensäure	Entzündungshemmend, immunsystemstärkend	Äußerlich, innerlich
Olivenöl *(Olea europaea)*	v. a. Ölsäure, Linol- u. Linolensäuren, Vitamin E	Entzündungshemmend	Äußerlich
Pflanzen zur Haut- und Narbenpflege			
Aloe-Gel *(Aloe vera)*	Polysaccharide, Glykoproteine	Entzündungshemmend, wundheilungsfördernd, antibakteriell, immunstimulierend	Äußerlich, innerlich; Gel, frisch, getrocknet
Johanniskraut (Triebspitzen) *(Hypericum perforatum)*	Hypericin, Hyperforin, Flavonoide, ätherisches Öl	Entzündungshemmend, antibakteriell, gegen Narbenwucherungen	Äußerlich; Ölauszug
Ringelblumenblütenblätter *(Calendula officinalis)*	s. u.	wundheilungsfördernd, antibakteriell	Äußerlich; Salbe, Ölauszug
Pflanzen zur Wundspülung, bei Abschürfungen			
Kamillenblüten *(Matricaria chamomilla)*	Ätherisches Öl, Flavonoide, Schleime	Entzündungshemmend, antibakteriell, wundheilungsfördernd	Äußerlich; Umschläge mit Tee u. Tinktur wasserverdünnt, Salben
Ringelblumenblütenblätter *(Calendula officinalis)*	Ätherisches Öl, Saponine, Bitterstoffe, Schleime, Flavonoide	Antibakteriell, antiviral (Herpesviren), gegen Hautpilze, immunsystemanregend	Äußerlich; Umschläge mit Tee u. Tinktur wasserverdünnt, Salbe, Ölauszug
Salbeiblätter *(Salvia officinalis)*	Ätherisches Öl, Gerbstoffe, Flavonoide, Bitterstoffe	Antibakteriell, antiviral, pilzhemmend, entzündungshemmend	Äußerlich; Umschläge mit Tee u. Tinktur wasserverdünnt
Schafgarbenkraut *(Achillea millefolium)*	Ätherisches Öl, Flavonoide, Schleime	Entzündungshemmend, antibakteriell, wundheilungsfördernd	Äußerlich; Umschläge mit Tee u. Tinktur wasserverdünnt
Pflanzen bei Brandwunden, Sonnenbrand, Insektenstichen			
Aloe-Gel *(Aloe vera)*	s. o.	s. o.	Äußerlich; Gel gefroren, Mischung mit Curcuma
Johanniskraut *(Hypericum perforatum)*	s. o.	s. o.	Äußerlich; Ölauszug

Tabelle 6-1

Heilpflanzen zur Unterstützung der Haut (Auswahl)

Droge *(Heilpflanze lat.)*	Wichtige Inhaltsstoffe	Wirkungen (Auswahl)	Anwendungs-/ Zubereitungsform
Lavendelöl *(Lavandula angustifolia)*	Ätherisches Öl	Entzündungshemmend, juckreiz- und schmerzstillend, antimikrobiell gegen Bakterien, Pilze, Hefen; wundheilungsfördernd	Äußerlich; ätherisches Öl in fettem Öl, auf kleinen Flächen pur
Pflanzen gegen Hautentzündungen und nässende Ekzeme			
Eichenrinde (*Quercus*-Arten)	Gerbstoffe	Zusammenziehend, entzündungshemmend, antimikrobiell	Äußerlich; Umschläge mit Tee (Abkochung)
Ackerstiefmütterchenkraut *(Viola tricolor, V. arvensis)*	Flavonoide, Saponine, Salizylsäure	Entzündungshemmend, stoffwechselaktivierend, schmerzstillend	Innerlich, äußerlich; Umschläge mit Aufgüssen, Tinktur wasserverdünnt
Walnussblätter *(Juglans regia)*	Gerbstoffe	Entzündungshemmend, juckreizstillend, bakterienabtötend	Äußerlich; Umschläge mit Tee
Pflanzen gegen bakterielle Infektionen, Abszesse, Furunkel, Pilzbefall			
Korianderöl *(Coriandrum sativum)*	Ätherisches Öl	Antibakteriell, antiviral, pilzhemmend, entzündungshemmend	Äußerlich; ätherisches Öl in fettem Öl 2–6%ig
Lavendelöl *(Lavandula angustifolia)*	s. o.	s. o.	Äußerlich; ätherisches Öl in fettem Öl
Salbeiblätter *(Salvia officinalis)*	s. o.	s. o.	s. o.
Teebaumöl *(Melaleuca alternifolia)*	Ätherisches Öl	Entzündungshemmend, antimikrobiell gegen Bakterien, Pilze, Hefen	Äußerlich; ätherisches Öl in fettem Öl 5%ig, auf kleinen Arealen pur
Harzbalsam von Fichten, Kiefern, Lärchen (*Picea*-Arten, *Pinus*-Arten, *Larix decidua*)	Harze, ätherisches Öl	Antibakteriell, pilzhemmend, antiseptisch, wundheilungsfördernd	Äußerlich; Salben, «Zugsalben»
Weißkohlblätter *(Brassica oleracea)*	Glucosinolate, Aminosäuren, Proteine, B-Vitamine (außer B12), Vitamin E, C, Carotin, Mineralien	Durchblutungsfördernd, sekretionsanregend, antibakteriell, wundheilungsfördernd	Äußerlich; Auflage, Umschlag
Pflanzen bei Wundheilungsstörungen			
Knoblauchsaft *(Allium sativum)*	Lauchöle	Antimikrobiell gegen Bakterien, Pilze, Hefen, immunstimulierend, wundheilungsfördernd	Äußerlich; Presssaft-Auflage, Umschlag
Sonnenhutpresssaft *(Echinacea purpurea)*	Polysaccaride, Flavonoide, ätherisches Öl	Immunstimulierend, keimhemmend, wundheilungsfördernd, entzündungshemmend	Äußerlich; Frischpflanzenpresssaft und Tinkturen wasserverdünnt als Umschlag, Salben
Pflanzen gegen Quetschungen, Blutergüsse, Prellungen			
Arnikablüten *(Arnica montana)*	Sesquiterpenlactone, ätherisches Öl, Flavonoide	Entzündungshemmend, wundheilungsfördernd, antibakteriell	Äußerlich; Umschläge mit Tee u. Tinktur wasserverdünnt

Frische, offene Wunden und Abschürfungen (Fortsetzung)

Ringelblume *(Calendula officinalis)*

Zubereitung

Ringelblumentee für äußerliche Anwendung

2 TL Ringelblumenstrahlenblüten mit ¼ l kochendem Wasser übergießen und zudecken. 10 Minuten ziehen lassen, das Kondenswasser vom Deckel in den Tee zurückführen, durch Kaffeefilter abseihen. Dieser Tee eignet sich für Wundspülungen, Umschläge und Kompressen.

Ringelblumentinktur

1 Handvoll sorgfältig verlesene Blüten mit ½ l hochprozentigem Alkohol übergießen, 5–6 Wochen in die (dunkle) Wärme stellen und täglich bewegen. Abfiltrieren und die Tinktur in dunklen Flaschen aufbewahren.

Zur Wundspülung gibt man 2–4 ml Ringelblumentinktur auf ½ l Wasser.
Bei Wunden nimmt man 1 Teil Tinktur und mischt mit mindestens 10 Teilen Wasser, tränkt eine Kompresse oder ein Baumwolltuch mit der Lösung und legt sie auf die betroffene Hautstelle. Nicht antrocknen lassen. Beim Mischungsverhältnis von Tinktur und Wasser berücksichtigt man das Alter des Tieres und die Tierart. Je jünger das Tier, umso höher wird verdünnt. Auch für hautempfindliche Tiere wählt man höhere Verdünnungen.

Kamille, Echte *(Matricaria chamomilla)*

Informationen zur Pflanze siehe **S. 103**.

Zubereitung

Kamillentee

2 TL Kamillenblüten mit ¼ l kochendem Wasser übergießen und zudecken. 10 Minuten ziehen lassen, das Kondenswasser vom Deckel in den Tee zurückführen, durch Kaffeefilter abseihen.
Geeignet für Wundspülungen, Umschläge und Kompressen.

Kamillentinktur

1 Handvoll sorgfältig verlesene Blüten mit ½ l hochprozentigem Alkohol übergießen, 5-6 Wochen in die (dunkle) Wärme stellen und täglich bewegen. Abfiltrieren und die Tinktur in dunklen Flaschen aufbewahren.
Zur Wundspülung gibt man 2–4 ml Kamillentinktur auf ½ l Wasser.

Honig

Honig ist ein ganz besonderer Stoff: als Nektar der Blüten gesammelt und zu einer neuen Substanz verwandelt durch die Bienen. Honig wird seit Jahrtausenden in der Wundbehandlung eingesetzt. Er wirkt entquellend, reinigend, geruchsmindernd und heilungsfördernd. Er stimuliert das an der Wundheilung beteiligte Immunsystem und bietet Nährstoffe. Er wirkt antimikrobiell und zerstört selbst solche Bakterien, gegen die Antibiotika mittlerweile wirkungslos sind. Auf Wunden wird er sogar von Neugeborenen und Frühgeburten vertragen. Das gilt nicht nur für den strahlensterilisierten «Medizinischen Honig».

Achtung: Um die im Honig aktiven Enzyme und Vitamine nicht zu zerstören und seine Heilwirkung zu erhalten, darf Honig nur bis 38 °C erwärmt werden.

Honig kann Rückstände aus Pestiziden enthalten, die entweder mit dem Nektar und dem Pollen der Pflanzen von den Bienen aufgenommen wurden oder durch den Imker zur Bekämpfung von infektiösen Bienenkrankheiten in den Bienenstock eingebracht wurden. Deshalb sollte man bei Honig, der als Heilmittel eingesetzt werden soll, auf Bio-Qualität achten, um den Schadstoffeintrag möglichst niedrig zu halten.

Zubereitung

Honigauflage, Honigverband

Während der ersten 10 Tage nach Verletzung wird Honig mit einem Holzspatel ca. 1 mm dick direkt auf die Wunde aufgetragen. Oder man trägt den Honig auf eine Kompresse auf, legt diese auf die Wunde und schützt sie durch einen Verband. Je nach Wundsekretion sollte der Honigverband alle 12–24 Stunden erneuert werden. Vor jedem neuen Auflegen von Honig wird die Wunde sorgfältig mit lauwarmem Wasser, dünnem Kamillen- oder Ringelblumentee gut abgewaschen und vorsichtig trockengetupft.
Eine wichtige Eigenschaft des Honigverbandes: Er verklebt nur geringfügig mit der Wunde. Das erleichtert den Verbandwechsel und schützt die empfindlichen neuen Körperzellen, die im Wundbereich entstehen.

Weitere Anwendung für frische, offene Wunden

Propolistinktur 10-prozentig wird mit Wasser verdünnt: etwa 1 ml Propolis pro ¼ l Wasser.

Achtung: Beim Auftragen von Honig auf die Wunde muss man mit Abwehrbewegungen des Tieres rechnen, da ein kurzes Brennen auftritt. Dann aber wirkt der Honig kühlend, schmerzstillend, beruhigend und entspannend.

Honig in aussichtslosen Fällen

Wenn ein nicht operabler Tumor nach außen aufbricht und übel riechende Wundsekretion einsetzt, kann eine Honigauflage helfen. Sie reinigt die Wunde, nimmt den Schmerz, stoppt bakterielle Zersetzung und wirkt geruchsbindend. In seltenen Fällen schließt sich die Wunde, der Tumor wird aber bestehen bleiben.
Eine besonders gut geruchsbindende Honigzubereitung für Wunden erhält man, wenn man dem Honig ätherische Öle beigibt:

Zubereitung

Honigauflage

Man nehme
- 15 ml Honig
- 1 Tropfen Cajeputöl
- 1 Tropfen Zimtrindenöl
- 2 Tropfen Teebaumöl

mische und trage einmal täglich dünn auf die Wunde auf.

Achtung: Bei Katzen nur puren Honig anwenden.

Salbei, Echter *(Salvia officinalis)*

Salbei stammt ursprünglich aus dem Mittelmeerraum. Schon in der Antike wurde Salbei zu Heilzwecken genutzt. Als Gewürz- und Heilpflanze wird er seit dem Mittelalter in unseren Breiten angebaut.

Angewendet werden die Salbeiblätter. Ein Aufguss aus Salbeiblättern, innerlich eingenommen, wirkt appetitanregend, normalisiert die Verdauung, löst Krämpfe im Magen-Darm-Trakt, wirkt gegen Viren, Bakterien und Pilze. Salbei hemmt Entzündungen und wirkt schmerzlindernd. Er hemmt Tumorwachstum und Metastasenbildung und wirkt blutzuckersenkend. Aus Frischpflanzen zubereitet, hemmt Salbei besonders die Schweiß- und Milchbildung.

In der äußerlichen Anwendung wirkt Salbei gegen Viren, Bakterien und Pilze und ist entzündungshemmend.

Zubereitung

Salbeiaufguss bei Haut- und Schleimhautentzündungen

1 Teil Salbeiblätter mit
20 Teilen kochendem Wasser übergießen, zugedeckt mindestens 10 Minuten ziehen lassen.
Mit diesem Aufguss einen Umschlag machen oder die entzündeten Stellen spülen.

Pflege von Wundrändern und Narben

Um die Wundränder geschmeidig zu halten und Spannungen beim Zusammenziehen der Wunde zu vermeiden, werden sie dünn eingecremt. Narben bedürfen täglicher Pflege, damit das Narbengewebe Elastizität und Festigkeit erlangt.
Dafür eignen sich:

- **Ringelblumenöl** (siehe **S. 123**)
- **Ringelblumensalbe** (siehe **S. 123/161**)
- **Johanniskrautöl** (siehe **S. 129**)
- **Aloe-Gel**
- **Honigsalben**

Zubereitung

Honigsalbe

1 Teil Honig mit 2 Teilen Fett glatt rühren.
Geeignete Fette sind Butter, Olivenöl oder selbst gemachtes Johanniskrautöl.

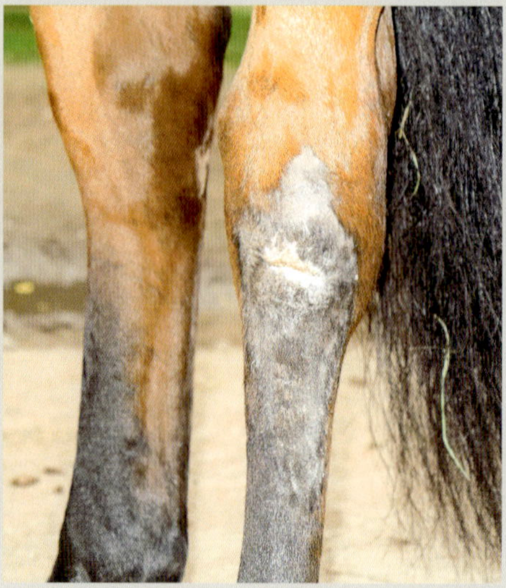

Bei gestörter oder überschießender Narbenbildung eignet sich:

- **Propolissalbe**, erhältlich in der Apotheke.

Lavendel, Echter *(Lavandula angustifolia)*

Der Lavendel stammt aus dem Mittelmeergebiet. Traditionell wird er innerlich gegen nervös bedingte Beschwerden und äußerlich bei Hautproblemen eingesetzt.

Lavendelöl wird durch Wasserdampfdestillation aus Blüten und Rispen gewonnen. Es ist die erste Wahl bei Verbrennungen und wird verwendet bei Sonnenbrand und kleinflächigen Verbrennungen, bei Akne, Abszessen, Hautpilzerkrankungen und schlecht heilenden Wunden. Es wirkt äußerlich angewendet entzündungshemmend, gegen Bakterien und Pilze, antiallergisch, Juckreiz mildernd und Parasiten vertreibend. Lavendelöl kann auch eingenommen werden, es wirkt krampflösend und entspannend.

Zubereitung

Ätherisches Lavendelöl

Die Verträglichkeit von Lavendelöl ist gut. Es kann bei kleinflächigen Verbrennungen unverdünnt auf die Haut oder Schleimhaut aufgetragen werden, darf aber nicht in die Augen gelangen.

Achtung: Pures Lavendelöl darf nicht bei Jungtieren angewendet werden. Für diese nutzt man eine 0,5-prozentige Mischung: 0,5 ml Lavendelöl in 100 ml Oliven-, Lein- oder Mandelöl.

Johanniskraut, Echtes *(Hypericum perforatum)*

Johanniskraut ist an Wegrändern, Feldrainen, Straßen- und Bahndämmen weit verbreitet. Es wird seit der Antike als Schmerz- und Wundheilmittel genutzt.

Es bewährt sich bei Verbrennungen, Wunden, Geschwüren, Insektenstichen und Narbenproblemen, auch bei Operationsnarben. Es wirkt entzündungshemmend und wundheilungsfördernd. Auf offene Wunden sollte nur ein ganz dünner Sprühfilm aufgebracht werden.

Je nach Höhenlage wird Johanniskraut Ende Juni (Johannitag) oder im Juli geerntet. Gesammelt werden Blüten, Blütenknospen und Fruchtansätze.

Zubereitung

Johanniskrautöl

Man schichtet Blüten, Blütenknospen und Fruchtansätze lose in ein braunes Glas mit weitem Hals, quetscht sie mit dem Mörser oder einem Löffel leicht an und übergießt sie randvoll mit Olivenöl. Der Ansatz wird für 1 Woche mit einem Tuch abgedeckt, damit Wasser verdunsten kann, und an einen warmen Platz gestellt. Anschließend das Glas fest verschließen und für 6 Wochen an einem dunklen Ort stehen lassen. Dann wird durch zwei Lagen Mullkompressen abgeseiht (nicht pressen, damit nicht viel Blütenwasser austritt) und das Öl nochmals 1 Woche stehen gelassen. Dabei trennt sich das Öl vom Blütenwasser. Das Öl wird vorsichtig in dunkle Fläschchen abgegossen, der wässrige Bodensatz wird zurückgelassen. Das Öl kühl und dunkel aufbewahren.

Hinweis: Traditionell lässt man das Johanniskrautöl in der Sonne ausziehen. Auch in dieser Zubereitungsform ist es sehr gut wirksam. Es wird jedoch schneller ranzig.

Aloe vera

Die Aloe stammt ursprünglich aus Südafrika, bei uns ist sie als Zierpflanze verbreitet. Genutzt werden die Aloe-Blätter. Man schält die Blatthaut und die darunter liegende Drüsenschicht ab, sodass lediglich das wasserklare Gel des Blattinneren übrig bleibt. Dieses kann frisch verwendet, aber auch tiefgefroren werden.

Aloe-Gel lindert den Schmerz bei Verbrennungen und Sonnenbrand, bei Hautabschürfungen und anderen Hautwunden sowie bei Ekzemen. Es wirkt entzündungshemmend, wundheilungsfördernd, juckreizlindernd und antibakteriell.

Aloe-Gel wird zur Wund- und Narbenpflege und auch innerlich zum Anregen von Stoffwechsel und Immunsystem eingesetzt

Zubereitung

Aloe-Gel

Für den Notfall bereithalten: «Aloe-Eis» am Stiel.

Das Gel aus dem Blatt einer Aloepflanze in einen kleinen Plastikbecher füllen, einen Holzspatel als Griff hineinstellen (wie Eis am Stiel) und einfrieren. Gefroren mit einer schützenden Plastiktüte umhüllen. Bei Bedarf ganz kurz antauen lassen und die verbrannte Stelle damit bestreichen.

Aloe-Kurkuma-Gel

1 EL frisches Aloe-Gel mit

1 EL Gelbwurzpulver (Kurkuma) verrühren und auf die Brandwunde auftragen (bewährtes indisches Hausmittel).

1–4 Erste Hilfe bei Brandverletzungen: Frisches Gel aus einem Aloe-Blatt wird herausgelöst und kann als Aloe-Eis im Gefrierschrank aufbewahrt werden.
5–6 Frisches Aloe-Gel kann auch mit Kurkumapulver ergänzt werden.

Anwendung gegen Sonnenbrand oder Brandverletzungen

Zubereitung

Honig-Lebertran-Salbe
20–30 Teile Dorschlebertran-Salbe in 100 Teile Honig einrühren.
Diese Mischung ist flüssig und kann sehr gut in Risse und zerklüftete Wundbezirke eindringen.
In Absprache mit dem Tierarzt wird diese Salbe bei Verbrennungen mit Blasenbildung angewendet.

Insektenstiche und Juckreiz

- **Aloe-Gel, «Aloe-Eis»**
- **Aloe-Essig**
  Aloe-Gel vermischt mit Obstessig in eine Sprühflasche geben und Insektenstiche und juckende Hautpartien einsprühen. Dies ist auch beim Sommerekzem der Pferde einsetzbar.
- **Salbei-Kataplasma**
- **Propolistinktur**
  Zeckenbisse betupft man nach Entfernung der Zecke mit einem Tropfen Propolistinktur. Ist es nicht gelungen, den Zeckenkopf zu entfernen, dann kann man nach der Propolisanwendung die Abstoßung durch den Körper abwarten.
- **Lavendelöl**

Wundheilungsstörungen, infizierte Wunden, Geschwüre

Bei Wundheilungsstörungen, infizierten Wunden und Geschwüren haben sich folgende Anwendungen bewährt:

- **Arnikatinktur, verdünnt als Umschläge** (siehe **S. 161**)
- **Kohlauflagen** (siehe folgende Seite)
- **Honig** (auch in Kombination mit Kohlauflage)
- **Eichenrindenabkochung** (siehe **S. 148**)
- **Sonnenhutpresssaft-Umschlag**
  Presssaft (Fertigprodukt) 1:10 mit Wasser verdünnen und als Umschlag anwenden.
- **Honig-Knoblauchsaft-Mischung**
- **Purer Knoblauchsaft**
- **Knoblauchtinktur** (siehe **S. 79**)

Die Knoblauchzubereitungen sind wegen durchblutungsfördernder, antibakterieller und immunstimulierender Wirkung besonders geeignet bei Geschwüren. Knoblauch ist im **Kapitel Gesund erhalten** beschrieben.

Zubereitung

Salbei-Kataplasma
Man nehme
- 100 g zerstoßene Salbeiblätter
- 100 g zerstoßene Malvenblätter
- 250 g gemahlenen Leinsamen

und bereite daraus mit heißem Wasser einen Brei, streiche diesen auf ein Baumwolltuch, schlage ihn darin ein und lege ihn auf die Wunde. Der Salbei ist aufgrund seiner antimikrobiellen und wundheilungsfördernden Wirkung besonders geeignet bei Geschwüren.

Weißkohl, Weißkraut *(Brassica oleracea)*

Kohl dient den Menschen bereits seit 3000 Jahren als Nahrung. Er enthält wie Senf und Meerrettich Glucosinolate, die durchblutungsfördernd, sekretionsanregend, antibakteriell und wundheilungsfördernd wirken, speziell bei chronischen Leiden.

Bei alten, schlecht heilenden Wunden hilft eine Auflage mit Weißkohl. Zumeist sind solche Wunden und ihre Umgebung kalt, haben schmierige Beläge und jauchig riechendes Wundsekret. Statt der rosaroten Farbe der heilenden Wunde sieht man bläuliche, absterbende Bereiche (Nekrose). Weißkohlauflagen sind hilfreich bei infiziertem Zwischenzehenekzem des Hundes, Druckstellen durch Sattel und Geschirr beim Pferd, Abszessen, Geschwüren, Venen-, Euter- und Gelenksentzündungen – wenn diese nicht mehr akut sind.

Der Umschlag wird so platziert, dass der Kohl möglichst passgenau auf der Wunde zu liegen kommt. Man fixiert ihn je nach Größe mittels Heftpflaster oder elastischer Binde.

Der Umschlag wird alle 12 Stunden (morgens und abends) gewechselt. Sollte die Haut unter der Auflage stark nässen, wird öfter gewechselt. Nach dem Abnehmen der Kohlauflage wird die Stelle mit lauwarmem, dünnem Kamillen- oder Ringelblumentee gut abgewaschen und vorsichtig trockengetupft. Das ist besonders bei hautempfindlichen Tieren wichtig.

Achtung: Kohlauflagen nicht auf akute Entzündungen legen. Kohlauflagen sind nicht geeignet für junge Säuglinge.

Die erste Reaktion der Wunde zeigt sich am Austritt einer bräunlichen Flüssigkeit, wenn sich der Organismus von abgestorbenem Gewebe trennt. Zu Beginn der Anwendung kann der Schmerz durch die starken Reaktionen zunehmen.

Tipp: Zur Herstellung keine Holzgegenstände (Brett, Nudelholz) benutzen. Sie saugen den Kohlsaft auf und nehmen seinen Geruch an.

Zubereitung

Kohlauflage, Krautwickel

Von einem zimmerwarmen Weißkohl werden die äußeren Blätter entfernt. Aus den darunter liegenden, noch grünen Blättern wird die dicke Mittelrippe herausgeschnitten. Danach werden die Blätter auf eine Glas- oder Kunststoffunterlage gelegt und mit einer Flasche gequetscht, damit der Pflanzensaft austreten kann. Diese Blätter gibt man auf ein für den Umschlag geeignetes Tuch. Die Kohlblätter können auch durch die Küchenmaschine gelassen werden, sodass ein Brei entsteht.

Harzbalsam von Kiefern (*Pinus*-Arten), Fichten (*Picea*-Arten) oder Lärche *(Larix decidua)*

Harze und Harzbalsame werden seit alters her in allen Kulturen zu kultischen Handlungen und medizinischen Zwecken verwendet.

Harzbalsam, auch Terpentin genannt, ist der frische Harzausfluss von Nadelbäumen. Es ist ein Gemisch von Harz und ätherischen Ölen. Es quillt bei Verletzungen des Baumes hervor, schließt durch Verkleben die Wunde und schützt sie durch seine antimikrobiellen Eigenschaften. Mit dem Verdunsten eines Teils der ätherischen Öle erstarrt die Substanz und wird zu Harz.

Das durch Wasserdampf-Destillation gewonnene, gereinigte ätherische Öl aus dem Harzbalsam – das Terpentinöl – wird zur Herstellung von hautreizenden und durchblutungsfördernden Pflastern und Salben zur Unterstützung bei rheumatischen Beschwerden und Nervenschmerzen, Gelenksentzündungen und Furunkeln verwendet. Es wirkt gut gegen Keime und Pilze. Bei Atemwegserkrankungen wird es als Schleimlöser eingesetzt.

Harzbalsame wirken wundheilungsfördernd – auch bei Ekzemen – und keimtötend. Sie können als Zugsalben eingesetzt werden, um durch ihre Reizwirkung Fremdkörper herauszuziehen und Abszesse zur Reife zu bringen.

Achtung: Harzsalben nicht auf offene Wunden auftragen. Vor dem Auftragen das Fell im betroffenen Bereich abrasieren.

Zugsalben selber herzustellen ist eine klebrige Angelegenheit. Kleider und Gerätschaften, die mit Harz in Berührung kommen, sind kaum mehr zu reinigen. Bei Herstellung und Anwendung empfiehlt sich das Tragen von Handschuhen. Reinigung kann mit Öl versucht werden.

Zubereitung

Harzsalbe 1

1 Teil weiches Harz in einer Konservenbüchse erwärmen und anschließend über einen Strumpf in eine neue Konservenbüchse gießen, um Schmutzpartikel abzusieben. Dann das Harz nochmals erwärmen, bis es flüssig ist, und 2 Teile kalt gepresstes Olivenöl zusetzen. Mit einem Holzspatel gründlich mischen.

Harzsalbe 2

40 g weiches Harz und 100 ml Olivenöl in einer Konservenbüchse erwärmen und anschließend über einen Strumpf in eine neue Konservenbüchse gießen, um Schmutzpartikel abzusieben. Das Harz nochmals erwärmen, bis es flüssig ist, 10 g Bienenwachs zusetzen und schmelzen lassen. Mit einem Holzspatel gründlich mischen.

Im Wasserbad abkühlen lassen und weiterrühren, bis die Salbe fest wird.

Beim Abkühlen können 4 Tropfen Teebaumöl zugegeben werden.

Propolis *(Kittharz)*

Propolis ist ein Honigbienenprodukt auf pflanzlicher Basis. Zur Herstellung sammeln Bienen harzige Knospenüberzüge von Bäumen. Die Bienen versetzen diese Knospenüberzüge mit ihrem Speichel, Bienenwachs und Pollen. Hierbei entsteht ein Kittharz, mit dem alle Bereiche des Bienenstockes ausgekleidet werden. Es dient zum Schutz vor mikrobiellem Befall der Bienenbrut, vor Witterungseinflüssen und Eindringlingen.

Die Zusammensetzung variiert nach Standort und Jahreszeit. Die wichtigsten Inhaltsstoffe sind Flavonoide und ätherische Öle. Propolis ist antibakteriell wirksam, zerstört Viren und Pilze, wirkt entzündungshemmend, zusammenziehend, wundheilungsfördernd und schmerzstillend. Innerlich eingenommen wirkt sie immunstimulierend und krebshemmend.

Propolis ist in der Apotheke erhältlich.

Zubereitung

Propolistinktur 10-prozentig
wird unverdünnt aufgetragen.

Achtung: Roh-Propolis zur Heilanwendung sollte auf Pestizidrückstände untersucht werden.

Weitere Anwendungen gegen Furunkel und Abszesse

- **Honig-Roggenmehl-Paste, Honig-Hirsemehl-Paste**
  Aus Honig und Roggenmehl bzw. Honig und Hirsemehl eine streichfähige Paste herstellen. Diese eignet sich für hartnäckige Entzündungen im Bereich der Fesselbeuge und des Kronsaums bei Pferd, Wiederkäuer und Schwein.
- **Kohlauflage** (siehe **S. 132**)
- **Bockshornkleesamen-Breiumschlag** (siehe **S. 168**)
- **Lavendelöl-Rosmarin-Salbe**

Zubereitung

Lavendelöl-Rosmarin-Salbe
Man nehme 1 ml Rosmarinöl und 1 ml Lavendelöl und mische es mit jeweils 100 ml Olivenöl und Lorbeeröl. Anwendung zweimal täglich.

Zubereitung

Stiefmütterchentee

Zur äußerlichen Anwendung:
1 Teil Stiefmütterchenkraut mit 30 Teilen kochendem Wasser übergießen. 10 Minuten zugedeckt ziehen lassen, Kondenswasser in den Tee zurückführen, abseihen und als Umschlag einsetzen.

Zur innerlichen Anwendung:
2 TL Stiefmütterchenkraut mit ¼ l kochendem Wasser übergießen. 10 Minuten zugedeckt ziehen lassen, Kondenswasser in den Tee zurückführen, abseihen.

Ackerstiefmütterchen *(Viola tricolor, V. arvensis)*

Das Stiefmütterchen kommt häufig in Gärten, auf Äckern und in trockenen Wiesen vor. Traditionell wird es bei Hautproblemen von Kindern und Säuglingen eingesetzt. Ein Tee von Stiefmütterchenkraut wirkt schmerz- und reizlindernd sowie entzündungshemmend. Er wird sowohl auf die erkrankten Hautstellen aufgebracht als auch kurweise getrunken.

Man sammelt von Mai bis August das blühende Kraut.

Walnuss, Echte *(Juglans regia)*

Der Walnussbaum ist ein häufig anzutreffender Baum in Parks und Gärten. Er enthält reichlich Gerbstoffe. Die Blätter werden sowohl innerlich als auch äußerlich genutzt. Walnussblättertee wirkt bei gereizter Darmschleimhaut und Durchfällen. Äußerlich wird er bei Entzündungen der Haut und Schleimhaut eingesetzt. Er wirkt entzündungshemmend, keim- und pilztötend und hat sich bei stark nässenden Ekzemen bewährt.

Stiefmütterchenkraut und Walnussblätter können zur äußerlichen Anwendung kombiniert werden.

Achtung: Nicht auf großen Flächen und nicht über längere Zeit anwenden, da die Gerbstoffe über die Haut aufgenommen werden können und dadurch die Leber belasten.

Achtung: Gerbstoffe färben.

Zubereitung

Walnussblättersud-Umschlag

3–4 Handvoll frische Walnussblätter klein schneiden, mit kochendem Wasser übergießen, bis zum Erkalten ziehen lassen, abgießen.
Kompressen damit tränken und auf die entzündete Stelle legen oder diese mit dem Sud abwaschen.

Walnussblätter-Kataplasma

Walnussblätter können auch zu einem Brei verarbeitet und auf die betroffenen Stellen aufgetragen werden.

Koriander, Echter *(Coriandrum sativum)*

Koriander ist eine Gewürz- und Heilpflanze. Er ist krampflösend, blähungstreibend und verdauungsfördernd. Besonders heilkräftig ist das aus den reifen Früchten gewonnene ätherische Korianderöl. Es zeigt eine ausgeprägte antimikrobielle Wirkung gegen eine Vielzahl von Bakterien – auch gegen solche, die gegen Antibiotika bereits resistent sind –, aber auch gegen Viren, Pilze und Hefen. Koriander bewährt sich bei infizierten Ekzemen.

Zubereitung

Korianderöl-Salbe
2–6 ml reines ätherisches Korianderöl werden mit 100 ml Kühlsalbe (Unguentum leniens aus der Apotheke) gemischt. Zweimal täglich auftragen.

Weitere Anwendungen bei Ekzemen

- **Teebaumöl**
  Bei infizierten Ekzemen.
- **Eichenrinden-Umschlag** (siehe **S. 148**)
  Ein Umschlag mit Eichenrindenabkochung eignet sich für stark nässende Ekzeme (siehe Bild).
- **Aloe-Gel** (siehe **S. 130**)
  Bei stark juckendem Ekzem.

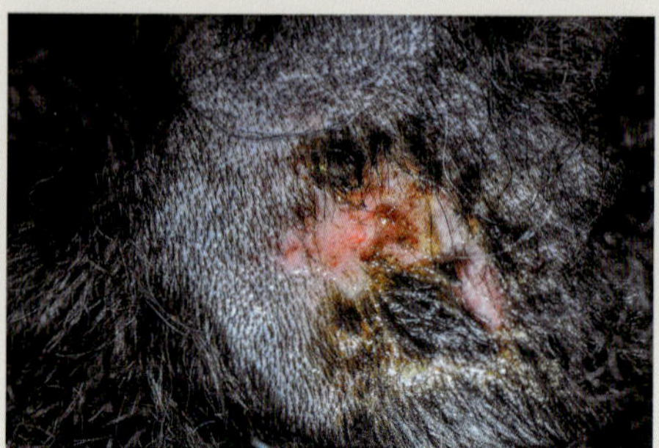

Australischer Teebaum *(Melaleuca alternifolia)*
Der australische Teebaum enthält in Blättern und Zweigen ein ätherisches Öl, das gegen Viren, Bakterien, Pilze und Hefen wirkt und zudem Entzündung und Juckreiz mindert. Ätherisches Teebaumöl wird vor allem bei eitrigen Hauterkrankungen, Mauke, Strahlfäule, Panaritium, bei Pilzerkrankungen der Haut und beim Sommerekzem der Pferde eingesetzt.

Zubereitung

Teebaumöl
Zur Anwendung auf der Haut wird ätherisches Teebaumöl 5–10-prozentig in fettes Öl gemischt, etwa in Olivenöl oder Mandelöl. Bei kleinen Wunden, Stichen oder kleinflächigen Pilzinfektionen kann Teebaumöl pur eingesetzt werden. Auch bei der Strahlfäule am Huf und bei Pilzinfektion im Krallenbett wird pures Teebaumöl verwendet.

Achtung: Teebaumöl darf unverdünnt nicht auf große Flächen aufgetragen werden, da es stark austrocknend und hautreizend wirkt. Teebaumöl darf nicht innerlich angewendet werden. **Teebaumöl ist für Katzen sehr giftig und kann schlimmstenfalls zum Tode führen.**

Weitere Hausmittel gegen Hautpilz
- **Walnussblätter-Umschlag**
- **Propolistinktur 20-prozentig**
  Direkt auftragen.
- **Lavendelöl**
  1:10 mit fettem Öl gemischt auftragen.
- **Korianderöl-Salbe**
- **Salbeitee**

Zubereitung

Salbeitee
10 g Salbeiblätter in 100 ml Wasser kurz aufkochen und zugedeckt mindestens 10 Minuten ziehen lassen, abseihen.
Für mindestens 10 Tage zweimal täglich die betroffenen Hautstellen abwaschen. Der Salbeiaufguss wird täglich frisch zubereitet.

Hausmittel und Rezepturen für Pfoten und Krallen (Hund, Kaninchen, Meerschweinchen, Geflügel)

Hundepfoten brauchen Pflege – je agiler der Hund, umso mehr.

Pfotenpflege beim Hund

Mit warmen Pfotenbädern mit Kamillen- und Ringelblumentee wird reizender Schmutz entfernt.

- **Johanniskrautöl**
  Nach dem Baden und Trocknen können die Pfotenballen mit Johanniskrautöl massiert werden.

- **Pfotenpflegesalbe**
  Man gibt in 100 ml selbst gemachtes Johanniskrautöl eine Handvoll wundheilender Kräuter wie Kamillenblüten, Ringelblumenblüten, Scharfgabenkraut, Lavendelblüten. Die Kräuter lässt man vom Öl bedeckt mehrere Tage ziehen. Dann wird der Ansatz vorsichtig erwärmt, bis Bläschen aufsteigen. Nun lässt man die Kräuter unter Wärmezufuhr und gelegentlichem Rühren ca. 30 Minuten ziehen, seiht sie ab, erwärmt das Öl erneut und lässt 10 g Bienenwachs darin schmelzen.
  Vor dem Festwerden kann man zusätzlich wenige Tropfen ätherische Öle von Koriander, Lavendel oder Thymian einrühren.

Krallen beim Hund

Bei Blutungen nach dem Krallenschneiden:
- **Propolistinktur 20-prozentig**
  Propolistinktur – insbesondere die 20-prozentige – ist reich an Harzen und trocknet binnen weniger Sekunden. Deshalb eignet sie sich gut als versiegelndes und blutstillendes Mittel beim Krallenschneiden. Wattestäbchen tränken und Krallenspitze abtupfen.

Hilfreich für Krallenbettentzündung (Panaritium) und rissige Krallen:
- **Propolistinktur 10-prozentig**
  Pfoten gründlich im warmen Fußbad aus Kamillen- und Ringelblumentee reinigen, nach dem Abtrocknen Propolis 10-prozentig mit einem Wattestäbchen auftragen.

Bei infiziertem Zwischenzehenekzem des Hundes:
- **Kohlauflage** (siehe **S. 132**)

Bewährtes Vorgehen bei Krallenpilz:
- **Salbeitee**
- **Teebaumöl**
  Bei Pilzinfektion im Krallenbett wird pures Teebaumöl verwendet.
- **Propolistinktur 20-prozentig**
  Zuerst wird die Pfote in einem kräftigen Salbeitee gebadet. Nach dem Trocknen wird Propolis 20-prozentig mit einem Wattestäbchen aufgetragen. Dies wird jeden 2.–3. Tag wiederholt, bis gesundes Krallenhorn bis in die Spitze nachgewachsen ist.

Achtung: Sind die Krallen brüchig, mit weißlichen Einlagerungen und verformt, sollte der Tierarzt abklären, ob es sich um einen Pilzbefall handelt.

Wunde Läufe von Kaninchen und Meerschweinchen

Die Läufe werden nach Reinigung mit Kamillen- oder Ringelblumentee getrocknet, und anschließend wird Johanniskrautöl einmassiert. Bis zum Einziehen des Öls wird die Einstreu mit Haushaltspapier oder Karton abgedeckt.

Achtung: Da wunde Läufe durch austretendes Wundsekret meist feucht sind, wodurch Streu anhaftet, sollte den Tieren ein Bereich mit abgedeckter Streu angeboten werden. Treten beim Kaninchen und Meerschweinchen wunde Hautstellen an der Unterseite der Läufe auf, so sind Haltung und Fütterung zu überprüfen. Wunde Läufe können Schmeißfliegen anziehen.

Bei schwerem Verlauf muss der Tierarzt zugezogen werden.

1

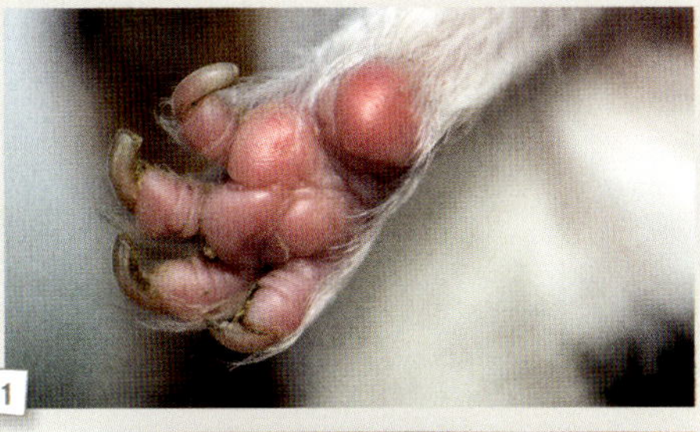

2

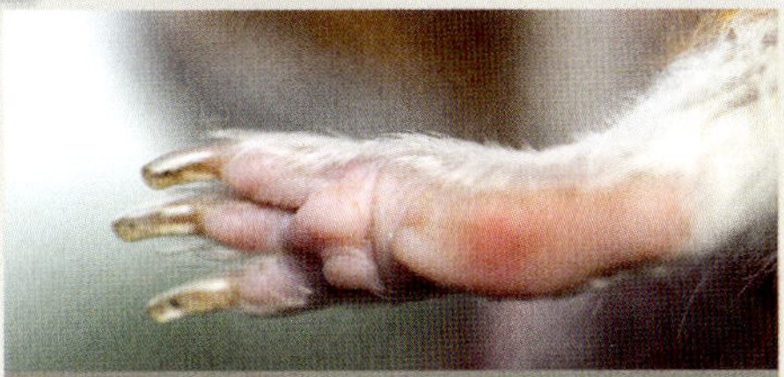

1 Verformte Krallen brauchen besondere Pflege.
2 Gerötete Stellen regelmäßig kontrollieren und pflegen

Im Gehege sollte es auch streufreie Stellen geben.

7

Milchdrüse und Milchbildung

Allgemeines zur Funktion

Säugetiere zeichnen sich durch das Vorhandensein von Milchdrüsen aus. Mit der darin gebildeten Milch ernähren sie ihre Jungen. Die Milchdrüsen sind modifizierte Hautdrüsen, die paarweise angelegt sind. Sie liegen auf der Bauchseite und münden jeweils in einer Zitze. Die Anzahl der Milchdrüsenkomplexe ist bei den Tierarten sehr unterschiedlich. Bei Schaf, Ziege, Meerschweinchen und Pferd sind zwei Milchdrüsenkomplexe mit zwei Zitzen vorhanden, beim Rind vier. Bei Hund und Katze, Kaninchen und Schwein erstrecken sich die Milchdrüsen von der Brust bis zur Leiste. Angepasst an die Zahl der Jungen, haben diese Tiere bis zu neun Milchdrüsenpaare.

Die Zitzen sind bei männlichen und weiblichen Tieren vorhanden. Milch wird nur vom weiblichen Tier gebildet. Unter der Geburt füllt sich normalerweise die Milchdrüse, die Milch schießt ein.

Die Zeit der Milchabgabe wird auch Laktation genannt. Die erste Milch nach der Geburt ist das Kolostrum (Biestmilch). Dieses hat eine spezielle Zusammensetzung mit einem hohen Gehalt an Abwehrstoffen gegen die Krankheitserreger aus der Umgebung. Diese Milch ist für den Säugling lebenswichtig. Seine Immunabwehr ist noch nicht entwickelt, sodass er den Krankheitserregern ohne Kolostrum schutzlos ausgeliefert wäre.

Was führt zu Erkrankungen der Milchdrüsen und zu Milchmangel?

Milchmangel

Eine schwere, sich lange hinziehende Geburt kann die Ursache für ungenügende Milchbildung sein, insbesondere wenn das Muttertier zur Geburt in keinem guten Zustand ist und der Stoffwechsel schon so stark gestört ist, dass er der Belastung durch Geburt und Milchproduktion nicht mehr gewachsen ist.

Fohlen haben in der Regel beide Euterhälften für sich allein.

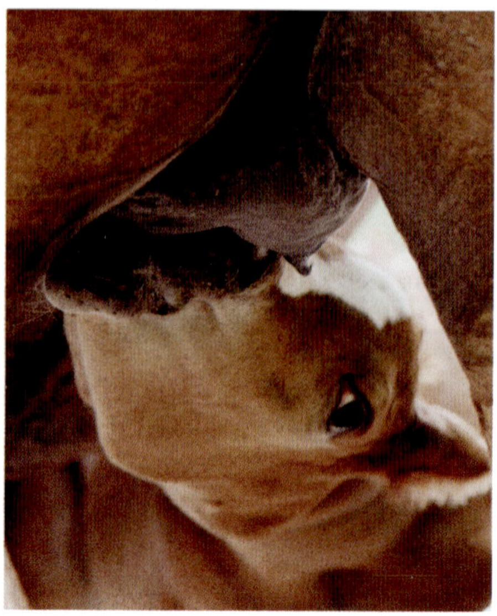

Durch die «Halbstarken» kann es zu Verletzungen im Euter kommen.

Erkrankungen der Milchdrüse

Bei allen Tierarten kann durch Milchstau, Verletzungen und Infektionen eine Entzündung der Milchdrüsen, eine Mastitis, entstehen. Entzündungen treten sowohl beim Säugen als auch beim Melken auf.

Bei Schwein, Hund, Katze und Kaninchen kommt es zu Problemen, wenn mehr Säuglinge als Zitzen vorhanden sind. Gerangel um den besten Platz am Gesäuge führt zu Verletzungen von Zitzen und Milchdrüse. Sind zu wenig Junge da, kann es in überzähligen Milchdrüsen zum Milchstau und anschließender Entzündung kommen.

Zum größten Teil sind Entzündungen der Milchdrüse durch Bakterien verursacht, die über die Zitzenöffnung eindringen. Es kann jedoch auch eine Schlag- oder Stoßverletzung Auslöser sein. Entzündungen der Milchdrüse führen zu einem Milchrückgang und zur Veränderung der Milch. Bei den milchliefernden Tieren Rind, Schaf, Ziege und Stute kennt man eine Reihe von Ursachen, die zu einer Mastitis führen, etwa mangelnde Hygiene im Stall und beim Melken, unangepasste Fütterung oder eine nicht einwandfrei funktionierende Melkmaschine. Durch grobes Saugen und mangelnde Zitzenpflege werden die Zitzen rissig. Auch durch Verletzungen und Infektionen der Euterhaut wird die Zitzenhaut in Mitleidenschaft gezogen.

Bei milchliefernden Tieren gibt es immer wieder Infektionen der Zitzenhaut durch Viren. Es bilden sich Warzen und Euterpocken. Sind Sauglämmer an Lippengrind erkrankt, besteht die Gefahr der Übertragung auf die Zitzen. In allen Fällen können die Zitzen so schmerzempfindlich werden, dass das Muttertier das Saugen und das Melken nicht duldet. Es kommt zum Milchstau und nicht selten zur Mastitis.

Züchterische Selektion hat Sauen mit bis zu 18 Milchdrüsenkomplexen hervorgebracht – nicht unproblematisch.

Krankheitszeichen

- Milchmangel, plötzlicher Milchrückgang, erkennbar an unruhigen, hungrigen Säuglingen, zunehmender Schwäche der Jungen
- Kratzer und Risse an Zitzen und Gesäugehaut
- Entzündungszeichen: Rötung, Schwellung, Schmerz
- Abwehr von Säuglingen und beim Melken
- Knoten oder Verhärtung der gesamten Milchdrüse
- Sichtbare Veränderungen der Milch wie wässrige Milch, mit Flocken, Eiter oder Blut
- Veränderungen im Geschmack (salzig)
- Fieber und Unwohlsein
- Lahmheit durch Schmerzen in der Milchdrüse
- Milchstau: gespannte, schmerzhafte Milchdrüse ohne vermehrte Wärme
- Veränderungen der Haut der Milchdrüse (Warzen, Bläschen, Pickel)

Das Euter-Schenkel-Ekzem

Bei Kühen mit großem, prallem Euter nach dem Abkalben kann durch Scheuern beim Gehen und bei fehlendem Luftzutritt eine eitrige Entzündung auf dem Euter und dem Schenkel entstehen. Erkennbar ist ein solches Euter-Schenkel-Ekzem zuerst am üblen Geruch. Bei der Untersuchung ist der schmierige, stinkende Belag zu erkennen. Hier kann die lokale Anwendung von Heilpflanzen helfen.

Verlauf von Erkrankungen der Milchdrüsen

Akute Entzündungen in den Milchdrüsen können sehr stürmisch verlaufen. Es kann zu hohem Fieber und sogar zur Blutvergiftung kommen. Hier muss rasch der Tierarzt zugezogen werden. Zur Unterstützung kann man Hausmittel zur Kühlung einsetzen.

Chronische Entzündungen in der Milchdrüse sind zu erkennen an tastbaren Knoten und bei milchliefernden Tieren an Milchveränderung und hoher Zellzahl. Meist geht eine nicht abgeheilte akute Entzündung voraus. Je länger der Entzündungsherd schon besteht, umso schwieriger wird die Behandlung. Bei Hunden und Katzen muss man bei Knoten im Gesäuge auch an Tumore denken.

Heilpflanzen für die Milchdrüse

Wann sind Heilpflanzen zur Unterstützung der Milchdrüse und der Milchbildung sinnvoll?

- Zur Pflege der Haut von Euter und Gesäuge
- Bei stark beanspruchten und verletzten Zitzen
- Bei Milchmangel
- Bei Milchstau
- Bei akuten Entzündungen
- Bei chronischen Entzündungen
- Bei Verletzung durch Schlag und Stoß
- Bei Euter-Schenkel-Ekzem der Kuh

Was kann man mit Heilpflanzen erreichen?

- Pflege und Wundheilungsförderung
- Förderung der Milchbildung
- Entzündungshemmung und Schmerzlinderung
- Reizlinderung, Kühlung und Abschwellung
- Erwärmung und Durchblutungsförderung
- Keimhemmung
- Stoffwechselunterstützung

Hausmittel und Rezepturen für die Milchdrüsen und die Milchbildung

Eine Auswahl der Heilpflanzen zur Unterstützung der Milchdrüsen und der Milchbildung findet sich in **Tabelle 7-1**. Die Dosierungen sind in **Kapitel 2** nach Tierart zusammengestellt.

Förderung der Milchbildung

Einige Pflanzen werden traditionell zur Förderung der Milchbildung verwendet und können in Form von Milchbildungstees oder als Zusatz zur Fütterung gegeben werden (Viehpulver): Anisfrüchte, Fenchelfrüchte, Kümmelfrüchte, Brennnessel, Bockshornkleesamen und Wacholder werden in den **Kapiteln Magen und Darm** und **Gesund erhalten** beschrieben. Traditionelle Viehpulver zur Anregung des Stoffwechsels und der Milchbildung werden in den **Kapiteln Magen und Darm** und **Gesund erhalten** beschrieben.

Pflege von Zitzen und Gesäuge

Risse, Kratzer und Entzündungen der Haut

- **Ringelblumenzubereitungen**
  Mehrmals täglich einreiben mit Ringelblumenöl oder Ringelblumensalbe.
  Mehrmals täglich besprühen mit oder baden in verdünnter Ringelblumentinktur oder frisch zubereitetem Ringelblumentee.
  Die Zubereitungen der Ringelblume und weitere Heilpflanzen zur Pflege finden sich im **Kapitel Haut**, siehe **S. 123**.

- **Fencheltee-Kompresse**
  Mehrmals täglich mit teegetränkten Kompressen das zerkratzte Gesäuge abtupfen oder abwaschen.

Zubereitung

Milchbildungstee
Anisfrüchte, Fenchelfrüchte, Kümmelfrüchte und Brennnesseln zu gleichen Teilen mischen und unmittelbar vor der Teeherstellung zerstoßen.
1 TL der Mischung mit ¼ l kochendem Wasser übergießen, zudecken und 10 Minuten ziehen lassen. Das Kondenswasser in den Tee zurückführen, abseihen.

Zubereitung

Milchbildungstee aus Bockshornkleesamen
2 gehäufte TL Bockshornkleesamen in wenig kaltem Wasser für 2 Stunden ziehen lassen, zerdrücken und das Wasser auf ¼ l auffüllen, dann kurz erhitzen und abseihen.

Droge *(Heilpflanze lat.)*	Wichtige Inhaltsstoffe	Wirkungen (Auswahl)	Anwendungs-/ Zubereitungsform
Milchflussanregende Pflanzen			
Anisfrüchte *(Pimpinella anisum)*	Ätherisches Öl, Flavonoide	Anregend auf Sekretion in Magen, Darm, Atemwegen und Milchdrüse, antimikrobiell	Innerlich; Tee, Pulver; Kombination Fenchel, Kümmel, Brennnessel
Fenchelfrüchte *(Foeniculum vulgare)*	Ätherisches Öl, fettes Öl, Flavonoide, Cumarine	Anregend auf Sekretion in Magen, Darm, Atemwegen und Milchdrüse, antimikrobiell	Innerlich; Tee, Pulver; Kombination Anis, Kümmel, Brennnessel
Kümmel *(Carum carvi)*	Ätherisches Öl, fettes Öl	Anregend auf Sekretion in Magen, Darm, Atemwegen und Milchdrüse	Innerlich; Tee, Pulver; Kombination Anis, Fenchel, Brennnessel
Bockshornkleesamen *(Trigonella foenum-graecum)*	Schleimstoffe, Aminosäuren, Saponine, Flavonoide	Stoffwechsel- und milchflussanregend	Innerlich; Tee, Pulver
Brennnesselkraut *(Urtica dioica, U. urens)*	Vitamine, Mineralstoffe, Gerbstoffe, Flavonoide	Stoffwechsel- und milchflussanregend	Innerlich; Tee, Kombination Anis, Fenchel, Kümmel
Pflanzen zur Pflege von Zitzen und Gesäuge			
Fenchelfrüchte *(Foeniculum vulgare)*	s. o.	Antimikrobiell s. o.	Äußerlich; Teekompresse
Ringelblumenblüten *(Calendula officinalis)*	Saponine, Carotinoide, Flavonoide, ätherisches Öl	Wundheilungsfördernd, abschwellend, entzündungshemmend, antimikrobiell	Äußerlich; Ölauszug, Salbe, Umschlag Tinktur wasserverdünnt
Eichenrinde (*Quercus*-Arten)	Gerbstoffe	Zusammenziehend, entzündungshemmend, antimikrobiell	Äußerlich; als Abkochung beim Euter-Schenkel-Ekzem
Pflanzen bei Milchstau und Entzündung			
Bockshornkleesamen	s. o.	Entzündungshemmend	Äußerlich; als Breiumschlag
Kamillenblüten *(Matricaria chamomilla)*	Ätherisches Öl, Schleim, Flavonoide, Cumarine	Entzündungshemmend, antimikrobiell	Äußerlich; als Tee in Auflagen mit Quark oder Heilerde, Tinktur wasserverdünnt
Salbeiblätter *(Salvia officinalis)*	Ätherisches Öl, Gerbstoffe, Flavonoide, Bitterstoffe	Milchsekretionshemmend, entzündungshemmend, antimikrobiell	Innerlich; Tee

Tabelle 7-1

Heilpflanzen zur Unterstützung der Milchdrüsen und der Milchbildung (Auswahl)

Droge *(Heilpflanze lat.)*	Wichtige Inhaltsstoffe	Wirkungen (Auswahl)	Anwendungs-/ Zubereitungsform
Pflanzen bei stumpfen Verletzungen der Milchdrüse			
Arnikablüten *(Arnica montana)*	Sesquiterpenlactone, ätherisches Öl, Flavonoide	Entzündungshemmend, wundheilungsfördernd	Äußerlich; Umschläge mit Tee u. Tinktur wasserverdünnt! Salbe mit Johanniskrautöl
Beinwellblätter, -wurzel *(Symphytum officinale)*	Schleimstoffe, Allantoin, Gerbstoffe	Entzündungshemmend, wundheilungsfördernd, schmerzlindernd	Äußerlich; Salben, Kataplasma
Pflanzen bei chronischer Milchdrüsenentzündung			
Johanniskraut (Triebspitzen) *(Hypericum perforatum)*	Hypericin, Hyperforin, Flavonoid, ätherisches Öl	Entzündungshemmend, antibakteriell	Äußerlich; Ölauszug, in Kombination mit Arnika als Salbe
Weißkohlblätter *(Brassica oleracea)*	Glucosinolate, Aminosäuren, Proteine, Vitamine B, E, C, Carotin, Mineralien	Durchblutungsfördernd, sekretionsanregend, antibakteriell, wundheilungsfördernd	Äußerlich; Auflage, Umschlag
Lorbeeröl *(Laurus nobilis)*	Fettes Öl, ätherisches Öl	Durchblutungsfördernd, insektenabweisend	Äußerlich; Einreibung
Pflanzen zur Abwehr von Insekten an der Milchdrüse			
Kümmel, -öl Fenchelfrüchte, -öl Anisfrüchte, -öl	Ätherisches Öl	Insektenabweisend	Äußerlich; Umschlag mit starkem Tee oder wenige Tropfen ätherisches Öl in Obstessig verschüttelt aufsprühen
Lavendelöl Korianderöl Teebaumöl	Ätherisches Öl	Insektenabweisend, entzündungshemmend, juckreiz- und schmerzstillend, antimikrobiell	Äußerlich; wenige Tropfen in fettem Öl, einreiben oder in Obstessig verschüttelt aufsprühen
Pflanzen zur Beruhigung der Milchdrüsenhaut nach Insektenstichen (mindestens einmal täglich anwenden)			
Johanniskrautöl *(Hypericum perforatum)*	s. o.	Entzündungshemmend, antibakteriell	Äußerlich; Ölauszug
Malvenblüten u. -blätter *(Malva neglecta/ M. sylvestris)*	Schleime, Flavonoide, Gerbstoffe	Reizlindernd, immunstimulierend	Äußerlich; Kaltwassermazerat
Spitzwegerichkraut *(Plantago lanceolata)*	Schleime, Flavonoide, Gerbstoffe, Kieselsäure	Reizlindernd, antimikrobiell, entzündungshemmend	Äußerlich; gequetschte frische Blätter direkt auflegen

Achtung: Während der Säugezeit dürfen im Bereich der Milchdrüse keine unangenehm schmeckenden Substanzen eingesetzt werden, da die Säuglinge sonst das Trinken an der Mutter verweigern. Auch für Säuglinge schädliche Substanzen können während der Säugezeit nicht genutzt werden. Ringelblume und Fenchel sind unschädlich für Säuglinge und werden von ihnen gut toleriert.

Infektionen mit Euterpocken und Lippengrind

Im akuten Stadium werden die Zitzen mit verdünnter Ringelblumentinktur besprüht. Die Abheilung wird unterstützt mit Arnikaöl-Johannisöl-Salbe (siehe **S. 161**).

Euter-Schenkel-Ekzem

- **Eichenrindenabkochung**

Mit dieser Abkochung wird das Euter-Schenkel-Ekzem abgewaschen. Dazu nur saubere Einmaltücher aus Papier oder Stoff verwenden. In den ersten Tagen zweimal täglich, wenn Besserung sichtbar ist einmal täglich. In der Abheilungsphase kann mit Salbeitee abgewaschen werden.

Zubereitung

Bewährte Eichenrindenabkochung

1 EL geschnittene Eichenrinde in 1 l Wasser für 20–30 Min kochen, abseihen. Die Eichenrindenabkochung ist bis zu 5 Tage haltbar.

Achtung: Unbedingt trockentupfen, um den Bakterien den Nährboden zu entziehen.

Insekten am Euter

Zur Abwehr von starkem Insektenbefall und Beruhigung von Insektenstichen am Euter bzw. Gesäuge werden Pflanzen mit insektenvertreibender Wirkung (Repellents) und juckreizlindernden Eigenschaften verwendet.

Insekten vertreiben

Waschungen mit einem starken Absud von Kümmel, Fenchel oder Anis bzw. Besprühen mit in Obstessig verschüttelten ätherischen Ölen von Kümmel, Fenchel, Anis, Lavendel, Koriander oder Teebaumöl. Diese natürlichen Stoffe haben eine kurze Wirkdauer. Sie müssen mindestens einmal täglich aufgesprüht werden.

Insektenstiche und Juckreiz beruhigen

- **Johanniskrautöl** auftragen (siehe **S. 129**)
- Mit **Malven-Kaltauszug** einstreichen (siehe **S. 110**)
- Gequetschte **Spitzwegerichblätter** direkt auflegen (Informationen zur Heilpflanze **S. 185**)

Stumpfe Verletzungen

Bei Hornstoßverletzungen oder Schlägen aufs Euter bzw. Gesäuge werden die Hausmittel aus dem **Kapitel Muskeln, Sehnen, Knochen** angewendet. Geeignet sind Zubereitungen von Arnika, Beinwell, Arnika-Johannisöl-Salbe oder Essig-Lehm-Wickel (siehe **S. 162**).

Milchstau und Euterentzündungen

Bei zu hohem Milchangebot, nach dem Absetzen oder Tod des Säuglings bewähren sich Umschläge. Das Abstillen bzw. Trockenstellen kann zusätzlich mit Salbeitee (innerlich) unterstützt werden.

- **Bockshornklee-Breiumschlag** (siehe **S. 168**)
  Bockshornkleesamen grob zerstoßen, mit heißem Wasser zu einem Brei verrühren. In ein Leintuch streichen, einschlagen und so warm wie toleriert auf die zu erweichende Stelle legen.
- **Quark-Kamillentee-Auflage** (Informationen zur Kamille **S. 103**)
  Quark (Topfen) mit einer kleinen Menge kaltem Kamillentee verrühren und direkt auf

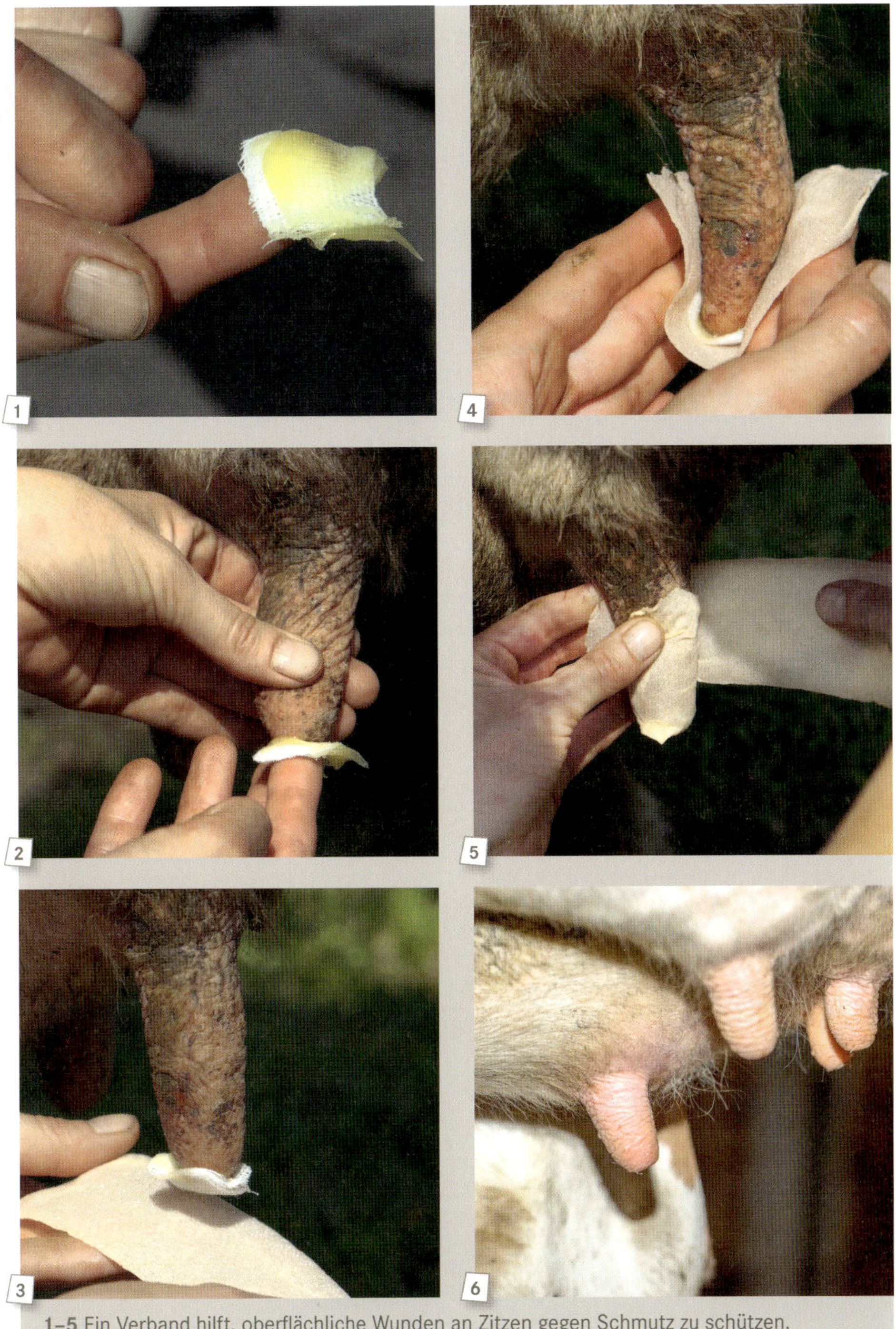

1–5 Ein Verband hilft, oberflächliche Wunden an Zitzen gegen Schmutz zu schützen.
6 Eine Euterentzündung kündigt sich durch Rötung, Schwellung und Schmerzreaktionen an.

das Euter oder Gesäuge streichen. Trocknen lassen. Zum Entfernen abreiben oder abwaschen.

- **Heilerde-Kamillentee-Auflage**
  Heilerde mit kaltem Kamillentee glatt rühren und direkt auf das Euter oder Gesäuge streichen. Trocknen lassen. Zum Entfernen abreiben oder abwaschen.
- **Zusätzliche Unterstützung**
  Den Auflagen kann 1 TL bis 1 EL Ringelblumentinktur zugesetzt werden (siehe **S. 126**).

Tipp für Hundehalter: Bei der Scheinträchtigkeit der Hündin kann Salbeitee die Milchbildung hemmen. Der Salbeitee kann zum Einweichen des Trockenfutters oder zum Untermischen ins Futter verwendet werden. Damit sich die Hündin an den Geschmack gewöhnt, wird die Konzentration des Salbeitees langsam erhöht.

Wenn die Hündin die Wurfkiste meidet, obwohl die Welpen hungrig sind, sollte man das Gesäuge kontrollieren.

Speziell bei akuter Milchdrüsenentzündung, geschwollener Milchdrüse

Wichtig: Akute Milchdrüsenentzündung braucht Kühlung und Schmerzlinderung.

- **Essig-Tuch**
  Ein in kaltes Essigwasser getauchtes Tuch wird auf die betroffene Stelle aufgelegt. Wechseln, sobald es warm wird. Mehrmals wiederholen.
- **Essig-Lehm-Wickel** (siehe **S. 162**)
- **Quark-Kamillentee-Auflage**

Speziell bei chronischer Milchdrüsenentzündung

Chronische Milchdrüsenentzündung wird gebessert durch Einreibungen, Massage und wärmende Anwendungen, wodurch die Durchblutung angeregt wird:

- **Arnika-Johannisöl-Salbe** (siehe **S. 161**)
- **Johanniskrautöl** (siehe **S. 129**)
- **Kohlauflage** (Euternetz) (siehe **S. 132)**

Zubereitung

Lavendelöl-Rosmarin-Salbe

Bewährtes Rezept bei chronischen und infizierten Verhärtungen des Euters und Knoten im Euter

Man nehme

- 1ml Rosmarinöl
- 1 ml Lavendelöl
- 100 ml Olivenöl
- 100 ml Lorbeeröl

mische es und reibe die betroffenen Stellen zweimal täglich ein.

Lorbeeröl wird traditionell in Eutersalben verwendet (Informationen zur Pflanze **S. 164**).

8 Muskeln, Sehnen und Knochen

Allgemeines zur Funktion

Sehnen, Sehnenscheiden, Schleimbeutel, Muskulatur, Faszien, Knochen, Knorpel, Gelenke, Bandscheiben und Bänder, Huf und Klauen: Die Strukturen im Bewegungs- und Stützapparat sind sehr vielgestaltig. Sie sind nicht nur für die Fortbewegung zuständig, sondern geben dem Körper auch Halt und Form. Gleichzeitig dienen sie den inneren Organen als Schutz.

Bewegungen sind für das Tier ein wichtiges Ausdrucksmittel. Mit angeborenem oder erlerntem Verhalten können Tiere den Artgenossen und ihrem Besitzer ihre Befindlichkeit zeigen. Sie können Beziehungen anzeigen, Rangkämpfe ausführen oder vermeiden, sich gegen Feinde zur Wehr setzen oder fliehen. Das Skelett und die Muskulatur, die Kraft und der Bewegungsumfang sowie die Belastbarkeit sind tierartspezifisch. Sie haben sich im Laufe der Evolution der Tierarten ihren Bedürfnissen nach Bewegung angepasst.

Wichtig zu wissen ist, dass der Bewegungsapparat bei unseren Haustieren zum Teil gezielt geändert wurde: Durch Züchtung auf bestimmte Merkmale wie Muskelmasse (Fleisch) oder spezielle Aufgaben (kurze Beine des Dackels für Baujagd) wurden gewisse Eigenschaften des Bewegungsapparates dominant. Dies kann zu genetisch bedingten Schwachstellen führen.

Was führt zu Erkrankungen von Muskeln, Sehnen und Knochen?

Häufig kommt es durch Unfälle oder Kämpfe zu Hautwunden, Quetschungen, Zerrungen oder sogar zu Knochenbrüchen. Diese Beschwerden treten plötzlich auf und verlangen oft einen sofortigen Tierarztbesuch. Heilpflanzliche Unterstützung zum Thema Verletzungen sind im

Der Dackel – trotz seiner kurzen Beine schnell und wendig

Kapitel Haut beschrieben. Nicht ausreichend versorgte Verletzungen können in der Folge zu chronischen Bewegungsstörungen und Schmerzzuständen führen.

Durch kleine Verletzungen der Haut gelangen Bakterien in die Unterhaut und weiter in den Bereich der Sehen und Sehnenscheiden. So entstehen geschwollene, sehr schmerzhafte eitrige Entzündungen, die Phlegmone oder Panaritium genannt werden.

Bei älteren Tieren stellen alters- und belastungsbedingte Arthrosen und rheumatische Erkrankungen einen weiteren wichtigen Krankheitskomplex dar. Begünstigende Faktoren sind dabei:

- Erworbene oder genetische Schwachstellen wie Hüftgelenksdysplasie
- Fehlernährung, nicht bedarfsgerecht, unausgewogen
- Bewegungsmangel, zu wenig, unregelmäßig
- Überforderung durch körperliche Höchstleistung oder soziale Belastungen
- Schwächen der Entgiftungs- und Ausscheidungsorgane (siehe **Kapitel Gesund erhalten** und **Das Alter**)

Krankheitszeichen

- Verletzungszeichen wie Abschürfungen, Wunden oder Blutergüsse
- Entzündungszeichen wie Rötung, Wärme, Schwellung
- Schmerzen bei bestimmten Bewegungen oder Berührungen
- Abwehr des Tieres auf Berührung der Stelle
- Lahmheit: Schonung bis fehlende Belastung einer Gliedmaße, Nachziehen der Gliedmaße
- Bewegungsunlust
- Verweigerung bestimmter Bewegungen wie Treppensteigen, Springen, schnelle Gangarten
- Mühsames Aufstehen, Steifheit nach längerem Liegen

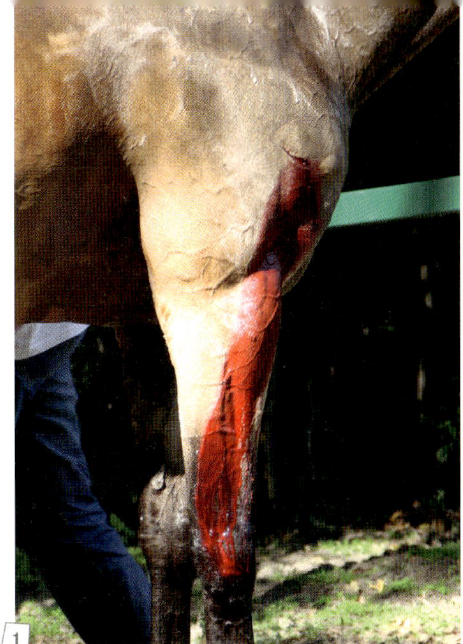

1

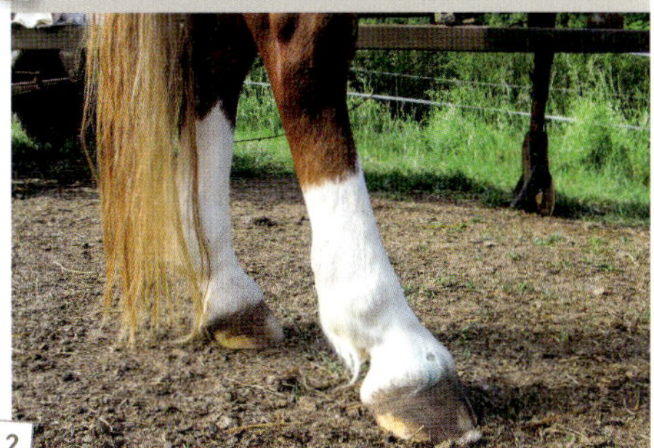

2

1 Tiere mit offenen Verletzungen an den Gliedmaßen sollten grundsätzlich dem Tierarzt vorgestellt werden.
2 Bei Schwellungen an den Beinen gründlich auf kleine Wunden untersuchen

Verlauf von Erkrankungen von Muskeln, Sehnen und Knochen

Stumpfe Verletzungen

Bei einem Sturz, Schlag oder Fehltritt kann es zu Prellungen, Zerrungen und Verrenkungen der Gliedmaßen kommen. Unter der geschlossenen Haut werden dabei durch die unnatürliche

Bewegung und Gewalteinwirkung Blutgefäße, Muskel- und Sehnenfasern und vielleicht sogar die Gelenkkapsel beschädigt. Es bildet sich ein Ödem, meist auch ein Bluterguss.

Hier muss sofort gehandelt werden: Ruhigstellen, Kühlen mit Eis oder kaltem Wasser, wenn möglich einen stützenden Verband anlegen (Tierarzt). Es hat sich bewährt, den kühlenden Umschlägen entzündungshemmende Pflanzenzubereitungen zuzusetzen.

Achtung: Aus schweren oder nicht fachgerecht versorgten stumpfen Verletzungen können sich chronische Bewegungsstörungen entwickeln.

Hautwunden an den Gliedmaßen

Die Haut der Gliedmaßen bildet einen straffen, schützenden Überzug über Bänder, Sehnen und Knochen. Wird durch Biss-, Riss- oder Schnittverletzungen die Haut durchtrennt, sind die darunter liegenden Strukturen in Gefahr. Die Haut selbst wird in ihrer Heilung durch die Bewegung im Bereich der Gliedmaßen behindert. Schlecht heilende Wunden werden von Bakterien besiedelt, was zur Geschwürbildung führen kann. Es kann zudem zu Störungen bei der Narbenbildung kommen. So entstehen Narben, die nicht zug- und reißfest sind und der Belastung durch die Bewegung der Gliedmaßen nicht gewachsen sind.

Achtung: Bei Hautwunden an den Gliedmaßen muss der Tierarzt zugezogen werden! Die alleinige Gabe von Heilpflanzen und Hausmitteln ist nicht ausreichend.

Infizierte Verletzungen: Panaritium (Umlauf), Phlegmone (Einschuss)

Kleinste Verletzungen durch Disteln, harte Einstreu, spitze Steine, Stich- und Bissverletzungen schaffen die Eintrittspforten für Krankheitserreger. So kann ein Panaritium oder eine Phlegmone entstehen. Dabei kommt es plötzlich zu einer schmerzhaften Schwellung der Unterhaut. Die Tiere zeigen deutliche Lahmheit, oft haben sie auch Fieber. Die über die geschädigte Haut eingedrungenen Bakterien vermehren sich explosionsartig und verursachen eine starke Entzündung. Eine rasche tierärztliche Behandlung ist wichtig, damit sich die Bakterien nicht auf die Sehnen, Sehnenscheiden, Gelenke und Knochen ausbreiten oder es sogar zu einer Blutvergiftung kommt.

Achtung: Hier ist die alleinige Gabe von Heilpflanzen und Hausmitteln nicht ausreichend.

Ist die Haut durch Nässe aufgeweicht oder ausgetrocknet und rissig, begünstigt dies solche Erkrankungen. Wichtig ist das trockene Aufstallen der Tiere.

Chronische Bewegungseinschränkungen und Schmerzen

Während akute Lahmheiten plötzlich auftreten und gut zu erkennen sind, schleichen sich chronische Beschwerden langsam ein. Eine verminderte Bewegungsfreude aufgrund von Schmerzen ist nur bei guter Beobachtung des Tieres wahrzunehmen. Auch Bewegungseinschränkungen werden vom Tier oft so geschickt ausgeglichen, dass sie nicht gleich sichtbar sind. Dennoch führen auch beim Tier ständige Schmerzen durch Störungen im Bewegungsablauf zu Unwohlsein, Stress und durch Schonhaltung zu weiteren Abweichungen in der Bewegung. Dies kann zu fortschreitenden Beschwerden führen. Zur Abklärung der Ursache sollte der Tierarzt zurate gezogen werden.

Achtung: Tiere mit deutlicher Lahmheit sollen rasch vom Tierarzt untersucht werden.

Besonderheiten der Tierarten

Die Bedeutung der Klauen- und Hufgesundheit bei Rind, Schaf, Ziege, Schwein und Pferd und die diese unterstützenden Heilkräuter sind auf **S. 167** dargestellt.

Erkrankungen von Muskeln, Sehnen und Knochen beim Rind

Schmerzen in den Klauen und Beinen kommen beim Rind häufig vor und haben große wirtschaftliche Bedeutung. Erkrankungen der Klauen haben oft ihre Wurzeln in der Fütterung: Zu kraftfutterreiche oder zu eiweißreiche Rationen begünstigen die Entstehung der Klauenrehe, einer schmerzhaften Entzündung der Lederhaut. Aufgrund dieser Lederhautentzündung kommt es zur Bildung von weicherem, anfälligerem Klauenhorn. Sohlengeschwüre, Doppelsohlen oder hohle Wände können die Folge sein. Hier sind zwei Maßnahmen notwendig: die Fütterung anpassen und konsequente Klauenpflege. Eitrige Entzündungen oberhalb der Klauen (Panaritium, Phlegmone) werden zusätzlich zur tierärztlichen Behandlung mit Zugsalben und durchblutungsfördernden Einreibungen unterstützt (siehe **Kapitel Haut**).

Lahmheit

Als Lahmheit wird die Störung des Gangbildes von Tieren bezeichnet, wobei die Beine nicht gleichmäßig belastet werden. Lahmheiten werden in vier Schweregrade eingeteilt. Bei Lahmheiten im 1. und 2. Grad ist die Abweichung nur gering und braucht genaue Beobachtung. Wird ein Bein nachgezogen oder beim Auftreten deutlich entlastet, dann besteht eine Lahmheit im 3. Grad. Wird die Gliedmaße gar nicht mehr belastet, liegt eine Lahmheit im 4. Grad vor.

Erkrankungen von Muskeln, Sehnen und Knochen bei Schaf und Ziege

Der Zusammenhang zwischen unangepasster Fütterung und Erkrankungen der Klauen gilt bei Schafen und Ziegen wie beim Rind – auch kleine Wiederkäuer können an Klauenrehe erkranken. Beim Schaf spielt allerdings eine ansteckende Klauenerkrankung die wichtigste Rolle, die Moderhinke. Sie wird besonders durch feuchte Bodenverhältnisse und mangelnde Klauenpflege begünstigt. Neben der Klauenpflege und tierärztlicher Behandlung kann mit Pflanzenzubereitungen die Abheilung unterstützt und die Klaue gefestigt werden.

Erkrankungen von Muskeln, Sehnen und Knochen beim Schwein

Schmerzfreies Gehen ist Voraussetzung für das Gedeihen des Tieres. Beim Schwein kommen neben Verletzungen auch Lahmheiten und Aufstehprobleme vor. Diese entstehen durch das schnelle Muskelwachstum, mit dem die Knochenentwicklung nicht Schritt halten kann, wobei vor allem die Hüftknochen betroffen sind. Die Folge ist eine hundesitzige Stellung des Schweins, aus der es sich nicht mehr erheben kann. Durch eine angepasste Fütterung und Spurenelementversorgung kann das Risiko von Skelettschäden vermindert werden. Gute Haltungsbedingungen reduzieren das Risiko von aufstallungsbedingten Abschürfungen oder Verletzungen. Bei Sauen und Ebern ist Klauenpflege wichtig. Zu lange Klauen verändern die Statik und schädigen den Bandapparat der Gliedmaßen. Dieser ist gerade während der Hochträchtigkeit der Sau oder dem Deckakt bei Sau und

1

2

3

1 Bewegung ist auch für Schweine wichtig.
2 Pferde sind ausgesprochene Lauftiere, die viel Bewegung benötigen.
3 Große, schwere Hunderassen wie diese Bordeaux Dogge neigen zu Problemen mit den Gelenken.

Eber enormer Belastung ausgesetzt. Klauenfestigende und bindegewebsstärkende Pflanzen können zusätzlich nützlich sein (siehe **Kapitel Gesund erhalten**).

Erkrankungen von Muskeln, Sehnen und Knochen beim Pferd

Das Pferd ist ein Lauftier. Es braucht täglich ausreichende Bewegungsmöglichkeiten, um gesund und leistungsfähig zu bleiben. Lange Stehzeiten führen zu Durchblutungsstörungen und Wassereinlagerungen. Plötzliche hohe Leistungsanforderungen belasten Muskeln, Hufe, Sehnen, Bänder und Gelenke. Es kommt zu vielen kleinen Schädigungen in diesen Strukturen, die Entzündung und Schmerz verursachen und zu Lahmheit führen und dem Tier wieder lange Stehzeiten bescheren – ein Teufelskreis. Ein schlechter Trainingszustand begünstigt zudem Unfälle mit Verstauchungen, Zerrungen und Sehnenschäden. Eine gefürchtete Überbelastungsfolge ist die Hufrehe, die auch durch Fütterungsfehler, Nachgeburtsverhalten und Medikamente verursacht werden kann und die das sofortige Zuziehen des Tierarztes notwendig macht. Tägliche Bewegung, leistungsgerechte Fütterung sowie Unterstützung durch Heilpflanzen in der täglichen Futterration halten den Bewegungsapparat des Pferdes gesund. Heilpflanzen sind zudem bestens zur äußerlichen Anwendung überanstrengter Pferdebeine geeignet. Auch für die Hufgesundheit sind sie von Nutzen.

Erkrankungen von Muskeln, Sehnen und Knochen beim Hund

Der Wolf, Vorfahre des Hundes, besitzt die Fähigkeit, stundenlang in lockerem Trab zu laufen, bis zu 50 km pro Nacht. Schmerzfreies Laufen ist auch für ein gutes Hundeleben Voraussetzung. Leider ging die Rassevielfalt viel-

Der Hund ist von Natur aus Jäger, ausdauernder Läufer und guter Sprinter.

fach auf Kosten der Gesundheit. Dackel neigen aufgrund ihres langen Rückens zu Bandscheibenvorfällen, große Hunderassen zu Problemen mit der Hüfte, der Schulter oder dem Ellbogen. Bewegungsmangel, Übergewicht, falsches Futter, vor allem während des Wachstums, tun hier ihr Übriges. So entwickeln sich Lahmheiten, die vor allem von Gelenken und Bändern ausgehen. Oft wird die Erkrankung chronisch mit bleibenden Schäden und andauerndem Schmerz. Diese Tiere meiden die Bewegung. Dadurch bildet sich die Muskulatur zurück, Sehnen und Bänder werden unelastisch, der zur Stoßdämpfung benötigte Knorpel wird immer weniger ernährt. So werden Schmerzmittel nötig, die mit Nebenwirkungen behaftet sein können. Umsichtige Zuchtauswahl, bedarfsgerechte Fütterung und ausreichende Bewegung sind durch nichts zu ersetzen. Heilpflanzen leisten ihren Beitrag über Durchblutungsförderung, Entzündungshemmung, Stoffwechselanregung und Ausleitung.

Erkrankungen von Muskeln, Sehnen und Knochen bei der Katze

Plötzliche Lahmheit bei der Katze deutet auf Verletzungen hin. Selbst Wohnungskatzen sind nicht davor gefeit, sich bei Sprüngen eine Verstauchung oder sogar einen Knochenbruch zuzuziehen. Auch Verkehrsunfälle und Beißereien mit Artgenossen kommen in Betracht.

Es ist nicht immer leicht, bei der Katze Schmerzen zu erkennen. Selten wird sie ihr Leiden durch Schreien und Unruhe zeigen, sondern viel eher durch Rückzug in ein Versteck. Übermäßiges Lecken an dem Körperteil, Schütteln der betroffenen Pfote oder das Einnehmen einer geduckten Haltung mit gesenktem Kopf und aufgekrümmtem Rücken zeigen wahrscheinlich Schmerzen an. Halb geschlossene, zusammengekniffene Augen, ein vorgezogenes drittes Augenlid und hängende Ohren sind ebenfalls Hinweise. Heilpflanzen in kühlenden Umschlägen wirken entzündungshemmend und schmerzlindernd.

Erkrankungen von Muskeln, Sehnen und Knochen bei Kaninchen und Meerschweinchen

Wunde, entzündete und sogar geschwürig veränderte Läufe sind bei Kaninchen und Meerschweinchen ein häufiges Leiden. Bei Kaninchen sind vor allem die Hinterläufe betroffen, bei Meerschweinchen eher die Vorderfüße. Die Ursachen sind sehr komplex: Ein ungeeigneter Untergrund im Käfig oder Gehege (harte Einstreu), hautunverträgliche Teppiche, steinige Untergründe, mangelnde Pflege und Sauberkeit oder Fütterungsfehler. Heilpflanzen als Futterzusatz fördern die Wundheilung.

Erkrankungen von Muskeln, Sehnen und Knochen beim Geflügel

Beim Geflügel gibt es eine Reihe von Infektionskrankheiten, v.a. Viruserkrankungen, die sich unter anderem in Lahmheiten äußern und für die tierärztliche Hilfe notwendig ist. Bei Lahmheit werden daher zuerst die Zehen, Beine und Gelenke auf Veränderungen untersucht. Durch scharfkantige Steine oder Sitzstangen und unpassende oder feuchte Einstreu entstehen schmerzhafte Verletzungen der Zehen und Ballen, die sich infizieren können. Beim Mastgeflügel kann oft das Skelett in seiner Entwicklung mit dem schnellen Muskelwachstum nicht Schritt halten. Das führt dazu, dass die Tiere Schwierigkeiten beim Gehen haben. Sie sitzen die meiste Zeit in ihren Ausscheidungen an einem Platz. Es kommt zu Druckstellen, die sich leicht infizieren. Heilpflanzen als Futterzusatz stärken das Bindegewebe, bewirken Durchblutungsförderung, Entzündungshemmung, Stoffwechselanregung und Ausleitung. Das schützt auch ältere Tiere vor gichtähnlichen Erkrankungen. Äußerlich angewendet, fördern Heilpflanzen die Wundheilung.

Heilpflanzen für Muskeln, Sehnen und Knochen

Wann sind Heilpflanzen zur Unterstützung von Muskeln, Sehnen und Knochen sinnvoll?

- Bei stumpfen Verletzungen wie Verstauchung, Prellung, Zerrung
- Bei akuten Gelenksentzündungen
- Bei chronischen Schmerzen oder Einschränkungen durch Arthrosen
- Bei chronischen Entzündungen in Gelenken, Sehnen und Sehnenscheiden

Die Stärke von Heilpflanzen liegt in der Vorbeuge. Ihre zweite Domäne ist die Unterstützung bei chronischen Leiden. Heilpflanzen aktivieren die körpereigenen Regulationsmechanismen und dämpfen Entzündung und Schmerz ohne schädigende Nebenwirkungen. Das braucht jedoch Zeit und macht eine konsequente Heilpflanzenanwendung über Tage und Wochen notwendig. Je länger der krankhafte Zustand bestanden hat, umso mehr Zeit wird auch die Regulierung in Anspruch nehmen. Zerstörte Strukturen an Knochen und Gelenken sind nicht mehr zu heilen.

Was kann man mit Heilpflanzen erreichen?

- Entzündungshemmung, Schmerzlinderung
- Erwärmung und Durchblutungssteigerung
- Kühlung und Abschwellung
- Immunstimulierung
- Keimhemmung
- Wundheilungsförderung

Hausmittel und Rezepturen zur Unterstützung von Muskeln, Sehnen und Knochen

Eine Auswahl der Heilpflanzen zur Unterstützung von Muskeln, Sehnen und Knochen findet sich in **Tabelle 8-1**. Die Dosierungen sind in **Kapitel 2** nach Tierart zusammengestellt.

Tabelle 8-1

Heilpflanzen für den Bewegungsapparat

Droge *(Heilpflanze lat.)*	Wichtige Inhaltsstoffe	Wirkungen (Auswahl)	Anwendungs-/ Zubereitungsform
Pflanzen bei Prellungen, Zerrungen, Verstauchungen			
Arnikablüten *(Arnica montana)*	Sesquiterpenlactone, ätherisches Öl, Flavonoide	Entzündungshemmend, wundheilungsfördernd	Äußerlich; Umschlag und Angussverband mit Tee u. Tinktur wasserverdünnt! Salbe
Beinwellblätter, -wurzel *(Symphytum officinale)*	Schleimstoffe, Allantoin, Gerbstoffe	Entzündungshemmend, fördert die Knochenbruchheilung, wundheilungsfördernd, schmerzlindernd	Äußerlich; Umschlag mit Tee von Blättern, Salben, Kataplasma
Johanniskraut (Triebspitzen) *(Hypericum perforatum)*	Hypericin, Hyperforin, Flavonoide	Entzündungshemmend	Äußerlich; Massage mit Auszugsöl
Pflanzen bei chronischen Entzündungen, Arthrosen*			
Leinsamen *(Linum usitatissimum)*	Schleime	Durchblutungsfördernd	Äußerlich; feucht-warmes Kataplasma
Lorbeeröl *(Laurus nobilis)*	Fettes Öl, ätherisches Öl	Hautreizend, durchblutungsfördernd	Äußerlich; Lorbeerbutter, Salben
Meerrettich *(Armoracia rusticana)*	Glucosinolate (Senföle)	Hautreizend, durchblutungsfördernd	Äußerlich; Umschläge mit zerkleinerter Wurzel
Weißkohlblätter *(Brassica oleracea)*	Glucosinolate, Vitamine, Aminosäuren, Mineralien	Hautreizend, durchblutungsfördernd, wundheilungsfördernd	Äußerlich; Auflage, Umschlag
Hagebutten *(Rosa canina)*	Vitamine, Mineralstoffe, Flavonoide, Gerbstoffe	Immunstimulierend, entzündungshemmend, schmerzlindernd	Innerlich; ganze Früchte, frisch, getrocknet, Tee, Pulver
Mädesüßkraut *(Filipendula ulmaria)*	Salicylate, ätherisches Öl, Flavonoide, Gerbstoffe	Entzündungshemmend, zusammenziehend, fiebersenkend	Innerlich; Tee
Weidenrinde (*Salix*-Arten)	Salicylate, Gerbstoffe, Flavonoide	Entzündungshemmend, schmerzlindernd, fiebersenkend	Innerlich; Tee

* Bei chronischen Gelenkserkrankungen können harntreibende, durchblutungsfördernde und stoffwechselanregende Heilpflanzen wie Birke, Brennnessel, Hauhechel, Schachtelhalm, Löwenzahn oder Wacholder hilfreich sein. Diese Hausmittel sind beschrieben in den Kapiteln Gesund erhalten und Nieren und Harnwege.

Prellungen, Zerrungen, Verstauchungen, Entzündungen

Arnika *(Arnica montana)*

Arnika oder Bergwohlverleih wächst auf nicht gedüngten Bergwiesen bis auf 2500 m Seehöhe. Ein Erkennungsmerkmal der Arnikablüten ist ihr zerzaust wirkender gelber Blütenkranz. Ihre Randblüten zeigen zudem am äußeren Ende 3 Zähnchen - ein wichtiges Erkennungsmerkmal bei getrockneten Pflanzen. Die Arnikablüten enthalten entzündungshemmende, wundheilungsfördernde und antibakteriell wirksame Inhaltsstoffe. Arnika eignet sich zur Unterstützung von allen Arten von stumpfen Verletzungen wie Verstauchungen, Quetschungen, Blutergüssen, Schwellungen bei Knochenbrüchen und Entzündungen. Kalte Umschläge eignen sich sehr gut als Sofortmaßnahme. Auch für Wunden, die keine Heiltendenz zeigen, sind Umschläge mit verdünnter Arnikatinktur hilfreich.

Achtung: Frische Arnikablüten müssen gründlich verlesen werden, da sich im Blütenboden häufig Käfer aufhalten. Diese stehen im Verdacht, Allergien auslösen zu können, wenn man sie mitverarbeitet.

Arnika ist eine stark wirkende Pflanze. Arnikatinktur darf daher niemals unverdünnt angewendet werden. Unzureichende Verdünnung kann Blasen auf der Haut und allergische Reaktionen verursachen. Arnikatinktur darf nicht über lange Zeit auf große Flächen geschädigter Haut aufgebracht werden, da ansonsten die Gefahr der Allergiebildung steigt.

Arnika nicht innerlich anwenden, da sie eine starke Wirkung auf das Herz hat.
Arnika ist gebietsweise streng geschützt und darf dort nicht gesammelt werden. Arnikablüten und Arnikatinktur sind in der Apotheke erhältlich.

Auch im hohen Alter von 28 Jahren hat dieses Shetlandpony noch Freude an der Bewegung.

Zubereitung

Arnikatee für äußerliche Anwendung

2 TL Arnikablüten mit ¼ l kochendem Wasser übergießen, 10 Minuten ziehen lassen, abseihen.

Arnikatinktur

1 Teil sorgfältig verlesene Blüten mit 10 Teilen 70-prozentigem Alkohol übergießen, 2–3 Wochen ziehen lassen und täglich bewegen. Dann wird abfiltriert und die Tinktur in dunklen Fläschchen aufbewahrt. Vor der Anwendung wird die Tinktur immer mit Wasser verdünnt.

Umschlag mit Arnikatee oder -tinktur

4 TL des Arnikatees in 100 ml Wasser oder 1 EL Arnikatinktur auf 1 Liter Wasser geben, eine Kompresse oder ein Baumwolltuch mit der Lösung tränken und auf die betroffene Hautstelle legen. Der Umschlag wird mehrmals täglich gewechselt.

Arnika-Anguss-Verband

1 Teil Arnikatinktur wird mit 5 bis 10 Teilen Wasser oder Kamillentee verdünnt.
Ein Verband wird darin getränkt und um die entzündete Stelle gelegt oder es wird der Verband angelegt und danach mit der Mischung angegossen.

Tipp: Müden, überanstrengten Pferdebeinen nach Distanzritten und Turnieren hilft eine Waschung mit einer kalten Lösung von 5 ml Arnikatinktur in 2 l Wasser.

Arnikasalbe für chronische Fälle und bei stumpfen Verletzungen

100 ml Öl (Oliven-, Sonnenblumen-, Mandelöl) und 10 g getrocknete (oder 20 g frische) zerkleinerte Arnikablüten in einen Kochtopf geben. Erwärmen, bis Bläschen aufsteigen (maximal 70 °C, Thermometer nutzen), unter Rühren 10 Minuten ausziehen lassen und anschließend durch ein Baumwoll- oder Leinentuch in einen neuen Topf abgießen. Dabei das Pflanzenmaterial auspressen. Dann erneut erwärmen und 10 g Bienenwachs zusetzen. Ist eine weiche Konsistenz gewünscht, setzt man 5 g Bienenwachs und 5 g Lanolin zu. Man rührt, bis das Wachs geschmolzen ist, nimmt den Topf von der Kochstelle und rührt weitere 5–10 Minuten. In Salbendosen abfüllen und mit einem Küchentuch zudecken (Kondenswasser entweicht), bis die Salbe erkaltet ist. Anschließend die Dosen verschließen.

Arnikaöl-Johannisöl-Salbe: Ideal für stumpfe Verletzungen

100 ml Johanniskrautöl (siehe **S. 129**) werden in einem kleinen Kochtopf mit 100 ml Arnikablütenöl (siehe Ringelblumenöl **S. 123**) gemischt. Dieser Mischung werden 20 g Bienenwachs zugegeben. Unter ständigem Rühren wird vorsichtig erwärmt, bis das Wachs geschmolzen ist. Der Topf wird von der Kochstelle genommen und das Rühren noch 5–10 Minuten fortgesetzt. Dann wird in Salbendöschen abgefüllt.

Beinwell, Wallwurz *(Symphytum officinale)*

Beinwell wurde bereits in der Antike in Form von Breiumschlägen bei Knochenbrüchen und Wunden hoch geschätzt. Schon sein Name offenbart seine Wirkung: «Beinwell» und «Wallen» bedeutet Zusammenheilen von Knochen.

Beinwell gedeiht in nassen Wiesen, Gräben und an Flussufern. Dort bildet er bei ausreichendem Nährstoffangebot Stauden von mehr als 150 cm. Beinwell enthält Schleimstoffe und Gerbstoffe. Er wirkt reizmildernd und schmerzstillend, wundheilungsfördernd, immunstimulierend, entzündungshemmend und durchblutungsanregend. Besonders geschätzt ist seine Unterstützung der Kallusbildung. Kallus ist das Gewebe, das nach einem Knochenbruch die Bruchenden wieder miteinander verbindet.

Man gräbt die Wurzel im Frühling oder im späten Herbst. Die Blätter können mehrmals im Jahr geschnitten werden.

Achtung: Selbst gesammelter Beinwell soll wegen seines möglichen Gehaltes an leberschädigenden Pyrrolizidinalkaloiden nur auf der unverletzten Haut angewendet werden. Traditionell wurde Beinwell wegen seiner guten Wundheilungseigenschaften auch auf offenen Wunden erfolgreich eingesetzt.

Zubereitung

Beinwellblättertee

1 EL gut zerkleinerte Blätter mit ¼ l warmem Wasser übergießen, 30 Minuten ziehen lassen.

Verwendung für Umschläge oder Bäder.

Beinwell-Kataplasma

Beinwellwurzelpulver oder fein geriebene frische Wurzel wird mit Beinwellblättertee zu einer Paste angerührt. Diese Paste wird auf ein Tuch aufgetragen und auf den verletzten Körperteil aufgelegt. Wenn möglich die Haare vorher scheren, da Beinwell stark anhaftet. Alle 2–4 Stunden erneuern.

Essig und Lehm

Essig-Lehm-Paste ist ein bewährtes Hausmittel, um die Wärme aus geprellten, gezerrten und entzündeten Gelenken, Sehnen und Muskeln zu ziehen. Die Paste wirkt entzündungshemmend, abschwellend und schmerzlindernd. Man verwendet Kräuter- oder Obstessig aus dem Lebensmittelhandel. Lehm kann selbst in einer Lehmgrube gegraben oder im Baustoffhandel (Bio-Baustoffe) erworben werden.

Achtung: Hunde benötigen einen Leckschutz.

Zubereitung

Essig-Lehm-Kataplasma

Kräuter- oder Obstessig wird etwa 1:1 mit Lehm zu einer streichfähigen Paste verrührt und auf den entzündeten Bereich 1–2 cm dick aufgetragen (möglichst zuvor Haare scheren). Keinen Verband anlegen, um die Kühlung durch Verdunstung nicht zu behindern. Es ist möglich, die Stelle dünn mit Haushaltspapier zu umwickeln. Die Essig-Lehm-Paste lässt man antrocknen, danach wird sie abgeschabt oder abgewaschen und zweimal täglich erneuert.

Lein, Echter *(Linum usitatissimum)*

Informationen zur Pflanze siehe **S. 109**.

Zubereitung

Leinsamenauflage

Leinsamen wird mit Wasser unter Rühren aufgekocht, bis ein streichfähiger Brei entstanden ist. Dieser Brei wird 1–2 cm dick auf ein Tuch gestrichen, eingeschlagen und auf die zu behandelnde Stelle gelegt. Eine Temperaturkontrolle der Auflage am bloßen Unterarm des Behandlers schützt das Tier vor Verbrennungen.

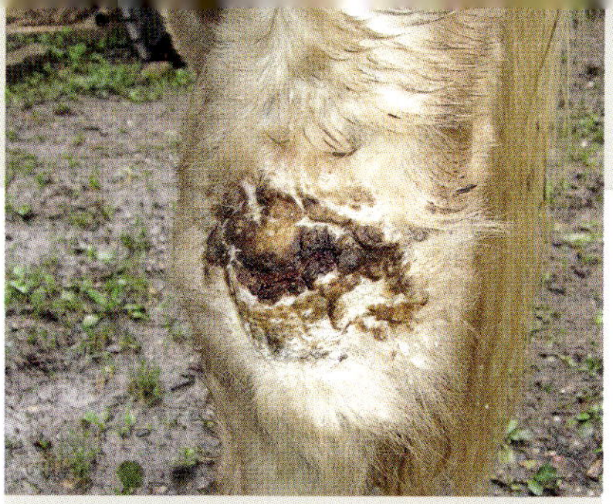

Eine chronisch entzündete Wunde auf der Vorderseite des Sprunggelenks beim Pferd. Hier muss zur äußeren Anwendung auch die innere Unterstützung von Immunsystem und Stoffwechsel kommen.

Meerrettich *(Armoracia rusticana)*

Informationen zur Pflanze siehe **S. 80**.

Durch Meerrettichauflagen kommt es zu einer intensiven Hautreizung und damit zu einer Steigerung der Hautdurchblutung und Aktivierung der Heilbestrebungen des Körpers in diesem Bereich. Meerrettichauflagen werden bei Nervenschmerzen, Arthrose, geschwollenen Pferdebeinen und hartnäckigen Gallen empfohlen.

Zubereitung

Meerrettichauflage

Frischer Meerrettich wird gerieben, fingerdick auf eine Kompresse verteilt und eingeschlagen. Die Kompresse wird auf die betroffene Körperstelle aufgelegt und bei Bedarf mit einem Pflaster fixiert. Beim ersten Mal nicht länger als 4 Minuten einwirken lassen und die Hautrötung kontrollieren (Gefahr von heftigen Hautreizungen). Bei guter Verträglichkeit kann die Anwendung bis zu 10 Minuten betragen. Wenn die Dämpfe zu intensiv sind, kann ein Tuch darübergelegt werden. Nach dem Abnehmen der Auflage wird die Hautstelle mit Körperöl eingerieben, hautempfindliche Tiere vorher einölen. Die Anwendung erfolgt einmal täglich, bei Verträglichkeit auch öfter, aber nach spätestens 5 Tagen 1–2 Tage pausieren.

Weißkohl *(Brassica oleracea)*

Informationen zur Pflanze siehe **S. 132**.

Achtung: Kohlauflagen nicht auf akute Entzündungen legen.

Zubereitung

Kohlauflage, Krautwickel

Kohlauflagen wie auf **S. 132** beschrieben, eignen sich zur Unterstützung der Heilung chronischer Gelenksentzündungen.

Der Umschlag wird alle 12 Stunden (morgens und abends) gewechselt. Nach dem Abnehmen der Kohlauflage wird die Stelle mit lauwarmem, dünnem Kamillen- oder Ringelblumentee gut abgewaschen und vorsichtig trockengetupft. Das ist besonders bei hautempfindlichen Tieren wichtig.

Zu Beginn der Anwendung können durch die starken Reaktionen vermehrt Schmerzen auftreten.

Lorbeer *(Laurus nobilis)*
Lorbeerbäume waren noch vor der letzten Eiszeit auch in unseren Breiten heimisch, jetzt wachsen sie im Mittelmeerraum. Seit vielen Jahrhunderten werden Lorbeerblätter als Gewürz und für kultische Zwecke genutzt. Ein altbewährtes Mittel in der Tiermedizin ist das Lorbeeröl, auch Lorbeerbutter genannt. Lorbeeröl ist ein grünes, salbenartiges Fett mit stark aromatischem Geruch, das aus den Früchten des Lorbeers gepresst wird. Es besteht aus ätherischem Öl und fettem Öl und enthält viel Chlorophyll. Bei Kälte wird es butterartig, in der Wärme flüssig.

Lorbeeröl
Lorbeeröl wird als reizende und durchblutungsfördernde Einreibung bei Verstauchungen, Quetschungen, chronischen Sehnen-, Gelenks- und Knochenentzündungen und bei rheumatischen Beschwerden eingesetzt.

Arthrosen und rheumatische Beschwerden – innerliche Maßnahmen

Rheumatische Beschwerden, Gicht und Arthrosen gehören zu den sogenannten Ablagerungskrankheiten. Ihnen wird in der Naturheilkunde mit Ausleitungstherapien begegnet. Harntreibende, durchblutungsfördernde und stoffwechselanregende Heilpflanzen wie Birke, Brennnessel, Hauhechel, Schachtelhalm, Löwenzahn oder Wacholder können hilfreich sein. Diese Hausmittel sind in den **Kapiteln Gesund erhalten** und **Niere und Harnwege** zu finden.

Weide (*Salix*-Arten)
Die Weiden begleiten in ganz Europa Bäche und Flüsse und besiedeln die Uferzonen von Seen, Teichen und Mooren. Ob Bruch-, Silber- oder Purpurweide, alle Weidenarten enthalten in ihrer Rinde Salizylate. Diese sorgen im Verbund mit den übrigen Inhaltsstoffen dafür, dass Weidenrinde und die aus ihr hergestellte Abkochung fiebersenkend, schmerzstillend und entzündungshemmend wirkt. Sie wird deshalb bei Arthritis, Gicht und rheumatischen Beschwerden eingesetzt, bei Schmerzzuständen wie Koliken und Neuralgien und außerdem bei grippalen Infekten und weiteren fieberhaften Erkrankungen. Man schält im Frühjahr die Rinde von den 2- bis 4-jährigen Zweigen und trocknet sie.

Zubereitung

Weidenrindentee
1 TL klein geschnittene Weide mit ¼ l kaltem Wasser übergießen, aufkochen und 5 Minuten ziehen lassen.

Mädesüß, Echtes *(Filipendula ulmaria, früher Spirea ulmaria)*

Mädesüß liebt feuchte Plätze an Bachläufen, in Wiesen und Weiden. Es enthält neben Salizylaten auch Gerbstoffe. Mädesüß wirkt keimtötend, fiebersenkend und harntreibend. Es wird bei rheumatischen Beschwerden und Gicht, bei Durchfall, Nieren- und Blasenerkrankungen sowie bei Erkältungskrankheiten mit Fieber und Gliederschmerzen eingesetzt.

Man sammelt die oberen, voll erblühten Pflanzenteile und trocknet sie.

Zubereitung

Mädesüßtee

1–2 TL Mädesüßkraut mit ¼ l kochendem Wasser übergießen, 10 Minuten ziehen lassen, abseihen.

Die Salizylate aus der Natur dienten der modernen Pharmakologie für die Entwicklung des Schmerzmittels Aspirin®, der Acetylsalizylsäure (ASS). Die Acetylsalizylsäure wirkt schneller als die Salizylate der Weidenrinde. Pflanzliche Salizylate müssen erst in den Darm gelangen und von den Darmbakterien umgewandelt werden, um ihre Wirkung entfalten zu können. Für den Magen ist Weidenrinde besser verträglich als ASS. Das Mädesüß, die Spirea, war Namensgeberin für das Aspirin®.

Hagebutten: Heckenrose, Hundsrose *(Rosa canina)*

Hagebutten sind die Früchte der Heckenrose. Sie sind reich an Vitamin C. Hagebutten stärken die Abwehrkräfte bei Infektionskrankheiten und in der Rekonvaleszenz nach schweren Krankheiten. Sie unterstützen bei Schwäche und Wundheilungsstörungen und regulieren die Verdauung. Sie wirken harntreibend und mildern Entzündungen und Schmerzen bei Gelenksproblemen. Besonders bei alten Tieren sind sie durch das breite Wirkspektrum sehr nützlich. Im Frühjahr helfen Kuren mit Brennnesseln und Hagebutten beim Fellwechsel.

Man sammelt die reifen Früchte im Herbst, viertelt sie und trocknet sie zügig bei warmen Temperaturen, jedoch nicht über 40 °C.

Die moderne Medizin hat in den Hagebutten Stoffe entdeckt, die Schmerz und Entzündung bei Rheuma und Arthrose mildern. Hagebuttenpulver wirkt oft gleich gut wie synthetische Entzündungshemmer, jedoch ohne unangenehme Nebenwirkungen.

Zubereitung

Hagebutten für Pflanzenfresser

Pflanzenfressern werden die getrockneten Früchte direkt gefüttert.

Hagebutten speziell beim Pferd

30–40 g Hagebutten täglich als Futterzusatz fördern das Hufwachstum, verbessern das Haarkleid, schützen vor Hufrehe und steigern die Abwehrkräfte.

Tabelle 8-2

Heilpflanzen bei Problemen an Hufen und Klauen

Droge *(Heilpflanze lat.)*	Wichtige Inhaltsstoffe	Wirkungen (Auswahl)	Anwendungs-/ Zubereitungsform
Bockshornkleesamen *(Trigonella foenum-graecum)*	Schleimstoffe, Flavonoide, Aminosäuren, Saponine	Entzündungshemmend, reizlindernd, entquellend	Äußerlich; als feucht-warmer Breiumschlag
Breitwegerich-, Spitzwegerichblätter *(Plantago major, P. lanceolata)*	Schleime, Flavonoide, Gerbstoffe, Kieselsäure	Reizlindernd, antimikrobiell, entzündungshemmend	Äußerlich; gequetschte frische Blätter direkt auflegen, Aufgüsse für Waschungen, Spülungen, Fußbäder
Harzbalsam von Fichten, Kiefern, Lärchen *(Picea*-Arten, *Pinus*-Arten, *Larix decidua)*	Harze, ätherisches Öl	Antibakteriell, antimykotisch, antiseptisch, wundheilungsfördernd	Äußerlich; Salben, «Zugsalben»
Teebaumöl *(Melaleuca alternifolia)*	Ätherisches Öl	Entzündungshemmend, antimikrobiell gegen Bakterien, Pilze, Hefen	Äußerlich; ätherisches Öl in fettem Öl 5 %ig, auf kleinen Arealen (Strahl) pur
Lorbeeröl *(Laurus nobilis)*	Fettes Öl, ätherisches Öl	Hautreizend, durchblutungsfördernd	Äußerlich; Lorbeerbutter, Salben
Muskatnussöl	Ätherisches Öl	Gegen rheumatische Beschwerden	Äußerlich; als Ölauszug in Hufpflegesalben
Niauli-Öl *(Melaleuca viridiflora)*	Ätherisches Öl	Antibakteriell, entzündungshemmend, gewebestraffend u. -regenerierend, schmerzstillend	Äußerlich; als Bestandteil von Hufpflegesalben, Einreibungen
Nelkenöl *(Syzygium aromaticum)*	Ätherisches Öl	Antibakteriell, pilztötend, entzündungshemmend, schmerzstillend	Äußerlich; als Bestandteil von Hufpflegesalben, Einreibungen
Ringelblumenblütenblätter *(Calendula officinalis)*	Ätherisches Öl, Saponine, Bitterstoffe, Schleime, Flavonoide	Antibakteriell, wundheilungsfördernd	Äußerlich; Tinktur, auf kleinen Arealen (Strahl) pur
Weißkohlblätter, Sauerkraut *(Brassica oleracea)*	s. S. 159	Hautreizend, durchblutungsfördernd, fördert die Abszessreifung, wundheilungsfördernd	Äußerlich; Auflage, Umschlag

* Pflanzen zur Reinigung und Härtung von Klauen und Hufen wie Eichenrinde und Walnussblätter sowie bei Entzündungen von Klauen und Hufen wie Kamillenblüten, Salbeiblätter siehe im Kapitel Haut.

Hausmittel und Rezepturen für Hufe und Klauen (Rind, Schaf, Ziege, Pferd, Schwein)

Die Bedeutung der Klauen- und Hufgesundheit für die Tiere

Klauen- und Huftiere sind Zehenspitzengänger. Klauen- und Hornschuh bilden die schützende Hornkapsel für die Zehenspitzen, auf denen eine enorme Gewichtsbelastung liegt. Die steile Aufrichtung der Zehen- und Mittelfußknochen erfordert beim Gehen eine gute Stoßbrechung. Diese gewähren die Bänder, die ein Abfedern und Auseinanderweichen der Zehen bei Belastung zulassen. Hinzu kommen die elastischen Zehenballen und beim Pferd zusätzlich der weiche Hufstrahl, die sehr gut federnde Polster darstellen.

Die dauernde Druck- und Zugbelastung durch den Stoßabfangmechanismus erfordert eine sehr innige Verbindung zwischen der Hornkapsel und der über dem Knochen liegenden Lederhaut – der Schicht, die das Horn produziert und ernährt. Diese innige Verbindung wird durch viele Zöttchen und Blättchen der Lederhaut gewährleistet.

Jede Verletzung im Bereich Huf und Klaue, jede Störung in der Durchblutung und bei der Hornbildung, jede übermäßige oder mangelhafte Abnutzung stört das ganze System und kann für das Tier hochgradig schmerzhaft sein. Fachkundige Pflege und der Hufschnitt bzw. Klauenschnitt sind die wichtigsten Maßnahmen, um Huf- und Klauenerkrankungen zu vermeiden. Ist es zu Erkrankungen gekommen, können zusätzlich angewendete Heilpflanzen mit keimtötenden, gewebestärkenden und zusammenziehenden Eigenschaften den Heilungsprozess unterstützen.

Huf- und Klauenreinigung

Die Reinigung von Hufen und Klauen erfolgt üblicherweise trocken mit einem Hufkratzer oder mit Wasser und Bürste. Bei übel riechenden Infektionen wie Strahlfäule, Ballenfäule oder Moderhinke kann mit Zubereitungen aus Gerbstoffpflanzen gereinigt werden, damit die zusammenziehende und keimtötende Wirkung sofort einsetzt. Verwendet wird:

- **Eichenrindenabkochung** (siehe **S. 105**)
- **Schwarztee** (siehe **S. 106**)
- **Walnussblättersud und Kataplasma** (siehe **S. 135**)

Huf- und Klauenpflege

- **Lorbeeröl, -butter**
  Zur Anregung des Hufwachstums bei spröden, rissigen und unregelmäßigen Hufen vom Pferd massiert man regelmäßig den Kronsaum. Denn dieser ist für die Hornbildung zuständig. Zu dieser Massage benutzt man das durchblutungsfördernde Lorbeeröl.
  Lorbeeröl wird auch in Huffetten verwendet. Diese werden benutzt, um die Hufe vor zu viel Feuchtigkeit oder vor dem Austrocknen zu schützen. Dementsprechend werden die Hufe vor dem Kontakt mit Nässe gefettet. Wenn sie zu trocken sind, dann wird nach feuchten Umschlägen oder einem Gang durchs taufeuchte Gras eingefettet.

Entzündungen im Bereich von Huf und Klaue

- **Ringelblumentinktur** (siehe **S. 126**)
  Nach der Reinigung wird eine 1:5 mit Wasser verdünnte Ringelblumentinktur aufgesprüht.
- **Hufbalsam mit Lorbeer**
  Der Hufbalsam mit Lorbeer eignet sich für entzündliche Huf- und Klauenerkrankungen, Erkrankungen der Lederhaut und der angrenzenden Weichteile sowie bei Panaritium und Klauengeschwür.

1

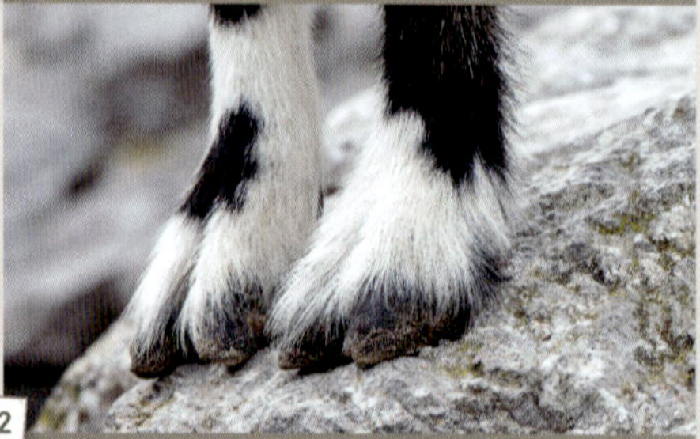

2

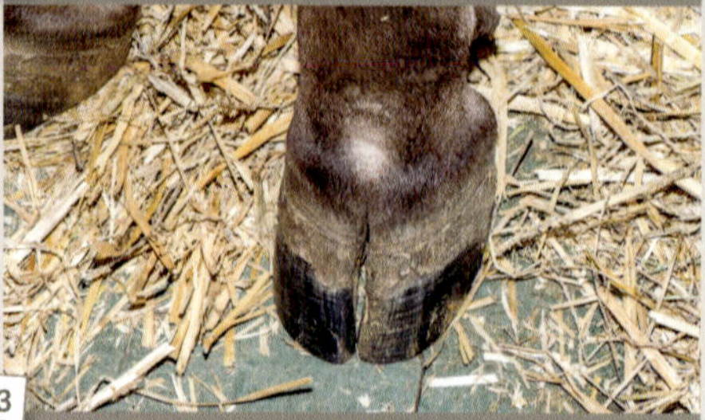

3

4

1 Gesunder Pferdehuf vor dem Beschlagen
2 Gesunde Ziegenklauen sind hart genug, um dem Abrieb durch Felsen standzuhalten.
3 Die gesunde Klaue eines Rindes
4 Ein Hornspalt neigt dazu, sich auszudehnen. Hufpflege und durchblutungsfördernde Einreibungen am Kronsaum können Einhalt gebieten.

Zubereitung

Hufbalsam
100 ml Olivenölauszug herstellen mit gleichen Teilen von Ringelblumenblüten, Salbeiblättern, Muskatnuss, Johanniskraut, Kamillenblüten. 4 Wochen ziehen lassen, erwärmen, abfiltrieren, erneut erwärmen und 10 g Bienenwachs dazugeben und unter Rühren schmelzen lassen.
In den noch warmen und flüssigen Balsam werden entweder fettes Lorbeeröl oder je 5 Tropfen von folgenden ätherischen Ölen eingemischt: Niaouli-Öl, Teebaumöl, Nelkenöl, Lärchen- oder Kiefernöl oder Lärchenterpentin, Lorbeerblätteröl.

- **Feuchtwarmer Umschlag mit Bockshornkleesamen**
  Bockshornklee wirkt im Bereich der Hufe und Klauen entzündungshemmend, reizlindernd, desinfizierend und entquellend. Informationen zur Pflanze **S. 78**.

Zubereitung

Bockshornkleesamen-Beinumschlag
50 g grob gemahlene Bockshornkleesamen werden mit ¼ l heißem Wasser zu einer Paste verrührt und auf ein Tuch gestrichen. Dieses wird auf den entzündeten Bereich gelegt.

Weitere Anwendungen bei Huf- und Klauenproblemen
- **Kohlauflage** (siehe **S. 132**)
- **Leinsamenauflage** (siehe **S. 163**)
- **Spitzwegerich- oder Breitwegerichaufguss**

Zubereitung

Spitzwegerich- oder Breitwegerichaufguss
1 Teil Spitzwegerich oder Breitwegerich wird mit 20 Teilen Wasser aufgegossen.
Die Aufgüsse werden für Waschungen, Spülungen und Fußbäder verwendet.

Zubereitung

Breitwegerichkompressen
Frische, saubere Breitwegerichblätter werden gequetscht, auf die entzündeten Stellen aufgelegt und mit einem Verband fixiert. Dieser wirkt entzündungshemmend, keimhemmend und wundheilungsfördernd.

- **Harzsalben** (siehe **S. 133**)
  Harzsalben werden zur Abszessreifung und Erhöhung der Durchblutung aufgetragen. Traditionell werden sie angewendet bei Sohlengeschwüren und Klauenabszessen. Ebenso wurde traditionell Lärchenharz direkt aufgetragen.

Oberflächlicher Hufabszess, Vernagelung

- **Kohlauflage**
- **Sauerkrautauflage**

Zubereitung

Sauerkrautauflage
Sehr bewährt bei Vernagelung: Hufeisen abnehmen, 1–2 kg Sauerkraut in einen Plastiksack oder eine Babywindel geben, den betroffenen Fuß hineinstellen und den Sack am Röhrbein mittels Klebeband befestigen. Ein- bis zweimal täglich anwenden.

Strahlfäule

- **Teebaumöl** (siehe **S. 137**)
  Bei der Strahlfäule wird pures Teebaumöl direkt aufgetragen.
- **Ringelblumentinktur** (siehe **S. 126**)
  Bei Strahlfäule oder Ballenfäule wird die Ringelblumentinktur unverdünnt oder leicht verdünnt aufgetragen.

Vom Hufbalsam mit Lorbeer profitiert auch ein entzündeter Strahl.

9 Lunge und Atemwege

Allgemeines zur Funktion

Beim Atemtrakt unterscheidet man einen Bereich, der die Atemluft leitet, und einen, der den Austausch von Gasen zwischen der Luft und dem Blut ermöglicht: Sauerstoff gelangt ins Blut und Kohlendioxid wird ausgeatmet. Aufgabe des luftleitenden Systems mit Nasenhöhlen, Luftröhre und Bronchien ist es, die Atemluft anzuwärmen, zu befeuchten und zu filtrieren. Dazu ist dieser Bereich mit einer Schleimhaut überzogen, die Flimmerhärchen besitzt sowie feuchtigkeits- und schleimabsondernde Drüsen, die einen Schutzfilm auf der Schleimhaut bilden. Schmutz und Krankheitserreger aus der Atemluft bleiben im Schleim haften und werden mit diesem von den Flimmerhärchen Richtung Rachen transportiert und dort vom Tier abgeschluckt. Größere Partikel oder größere Schleimmengen werden ausgeniest oder ausgehustet. Steht den Tieren ausreichend frische Atemluft von guter Qualität zur Verfügung (sauber, sauerstoffreich, mit optimaler Luftfeuchte und Temperatur), sind ihre Atemwege durch diesen Selbstreinigungsmechanismus bestens geschützt.

Der Geruchssinn ist für den Hund besonders wichtig. Eine verstopfte Nase beeinträchtigt ihn sehr.

Was führt zu Atemwegserkrankungen?

Meist sind es mehrere Faktoren gleichzeitig, die zu Erkrankungen der Atemwege führen. Vorwiegend handelt es sich bei diesen Erkrankungen um Entzündungen – sehr oft ausgelöst durch Reizung der Schleimhäute oder durch Erkältung. Reizend auf die Schleimhäute wirken Staub aus Futter und Einstreu (mit Pilzsporen und Pollen) sowie Rauch (z. B. Zigarettenrauch), zu trockene Luft (Luftfeuchte unter 40 Prozent) ebenso wie zu feuchte Luft (Luftfeuchte über 80 Prozent) und Schadgase. Letztere treten vor allem bei Stallhaltung auf (durch hohen Kohlendioxidgehalt bei schlechter Lüftung oder Ammoniak aus stark verschmutzter, uringetränkter Einstreu).

Erkältungen werden durch extreme Temperaturschwankungen und Zugluft begünstigt. Atemwegserkrankungen treten deshalb vermehrt von Herbst bis Frühjahr auf.

Ist die Schleimhaut der Atemwege erst entzündlich gereizt, ist der Weg für das Eindringen von Viren und Bakterien bereitet. Diese Krankheitserreger können nun in die Schleimhaut eindringen, sich dort vermehren und sie schädigen. Durch Husten und Niesen werden Viren und Bakterien vor allem über die Luft auf andere Tiere übertragen.

Die Rolle des Immunsystems

Eine wichtige Rolle bei Atemwegserkrankungen spielen Viren. Diese werden beim Niesen und Husten durch feine Tröpfchen von Tier zu Tier übertragen. Es kommt zur Ansteckung (Tröpfcheninfektion). Diese zieht jedoch nicht zwangsläufig eine Infektionskrankheit nach sich. Bestenfalls bewirkt sie im Tier eine Aktivierung der körpereigenen Abwehr. Zum einen werden Abwehrzellen mobilisiert, die in die Schleimhäute wandern und Krankheitserreger direkt vernichten («unspezifische» Abwehr). Zum anderen entwickelt sich eine Immunität, d. h. im Tier entstehen spezielle Abwehrkörper gegen die Erreger wie bei einer Impfung. Neugeborene und Jungtiere werden besonders oft von Atemwegserkrankungen betroffen («Kinderkrankheiten»). Bei ihnen ist das Immunsystem noch in der Entwicklung und noch nicht kompetent genug, um den Angriff durch Mikroorganismen zu verhindern. Einen wichtigen Schutz bietet den Jungtieren in dieser Lebensphase das Kolostrum – die erste Muttermilch, die reich an Abwehrstoffen gegen Krankheitserreger ist.

Auch durch Stress können Infektionen der Atemwege begünstigt werden, denn Stress schwächt das Immunsystem. Er wird z. B. ausgelöst durch zu viele Tiere auf engem Raum, Konkurrenz um Futter- oder Schlafplätze, Orts- oder/und Besitzerwechsel, das Absetzen der Jungtiere von der Mutter, Transporte, schmerzhafte Eingriffe.

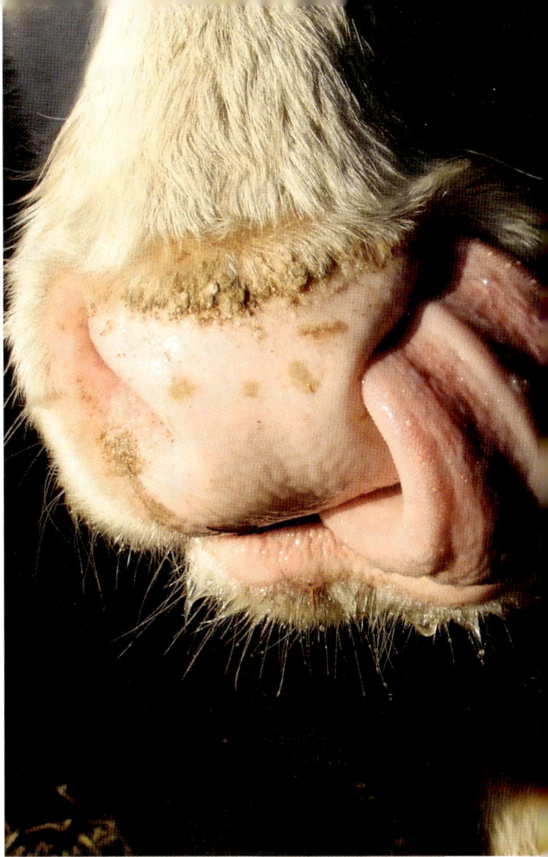

Naseputzen beim Rindvieh

Krankheitszeichen

Wenn die Schleimhaut der Atemwege in ihrer Funktion eingeschränkt ist und sie zusätzlich mit krank machenden Viren, Bakterien oder, seltener, Pilzen besiedelt wird, können sich folgende Symptome (oft in der angegebenen Reihenfolge) entwickeln:

- Nasenausfluss, verklebte Nasenöffnungen
- tränende, gerötete Augen
- Schwellung und Rötung im Rachen
- Halsschmerzen, Schmerzen beim Schlucken, Futterverweigerung
- Niesen, Husten, Würgen
- Atembeschwerden: verstärkte Atmung bis Atemnot, rasselndes, pfeifendes Atemgeräusch
- Fieber
- schlechtes Allgemeinbefinden, Mattigkeit, Appetitlosigkeit

Verlauf von Atemwegserkrankungen

Schnupfen

Am Beginn steht zumeist ein Schnupfen. Das Tier zeigt klaren, wässrigen bis schleimigen Nasenausfluss, manchmal zugleich mit einer Augenbindehautentzündung. Es ist noch lebhaft. Die Nase ist verklebt und verkrustet. Ein kurzzeitiger Fieberanstieg auf bis zu 40 °C zeigt den ersten Virusschub an.

Unterstützende Maßnahmen bei Atemwegserkrankungen

- Absonderung von anderen Tieren (Vermeidung von Ansteckung)
- Optimierung der Haltungsbedingungen (v. a. der Luftqualität)
- Versorgung mit Wärmelampe oder Decke
- vorsichtiges Reinigen der Nase und ihrer Umgebung mit Heilpflanzentee

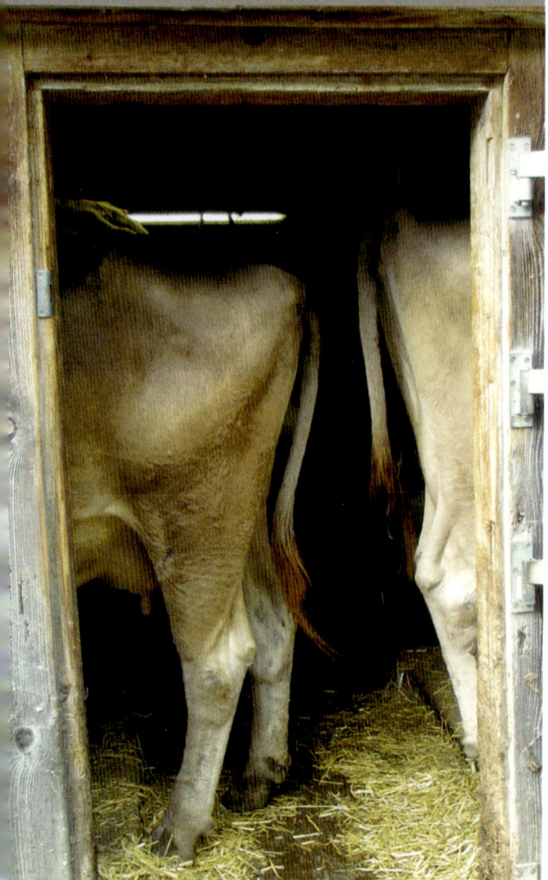

Niedrig, eng und dunkel – keine guten Bedingungen

Halsentzündung

Wenn die Infektion fortschreitet, dann folgt in wenigen Tagen der zweite Fieberschub. Zur Kontrolle sollte die Körpertemperatur gemessen werden. Die Normalwerte für alle Tierarten und Altersstufen sind im **Kapitel Einführung** zu finden.

Die Erkrankung breitet sich von der Nase in den Rachen aus. Zum Schnupfen kommen Halsschmerzen und manchmal auch Schluckbeschwerden und ein trockener Reizhusten.

Solange das Tier frisst und trinkt und keine weiteren Beschwerden hat, kann es in diesen Phasen ausschließlich mit Heilpflanzen unterstützt werden. Vorsicht geboten ist bei sehr jungen und alten Tieren, da deren Abwehrkräfte häufig eingeschränkt sind.

Bronchitis

Erfasst die Erkrankung auch Luftröhre und Bronchien, so bildet sich dort zäher, eitriger Schleim, der die Flimmerhärchen funktionsunfähig macht und in dem sich die Bakterien vermehren können. Dieser Schleim erschwert die Atmung und verursacht schmerzhaften Husten. Hohes Fieber (bis 41 °C) zeigt die Infektion an. Nun ist das Tier matt, frisst und trinkt kaum oder nicht, und die Lymphknoten im Halsbereich schwellen an.

Achtung: Hier muss der Tierarzt hinzugezogen werden!

Lungenentzündung (Pneumonie)

Selbst dieser Krankheitszustand kann sich noch verschlimmern. Die feinen Luftkanäle und Lungenbläschen füllen sich immer mehr mit Schleim – bis sie schließlich vollständig verstopft sind und nicht mehr beatmet werden können. Fieber, zäher Nasenausfluss, Husten und angestrengte,

Geräumig, gut eingestreut und mit der Möglichkeit, an die frische Luft zu gehen – gute Voraussetzungen nicht nur für die Gesunderhaltung der Atemwege

beschleunigte Atmung zeigen eine schwere Erkrankung an. Es besteht der Verdacht auf eine Lungenentzündung.

Besonderheiten der Tierarten

Atemwegserkrankungen beim Rind

Wässriger Nasenausfluss und sporadischer Husten ohne Fieber lassen sich mit pflanzlichen Zubereitungen, Vitamingaben und verbesserter Haltung meist ausheilen (ausmisten, gut einstreuen). Wenn zusätzlich hohes Fieber, schnelle Atmung und Appetitverlust beobachtet werden, besteht der Verdacht auf Rindergrippe mit Bronchitis, Lungenentzündung und oft auch mit Brustfellentzündung. Hier soll rasch der Tierarzt zugezogen werden.

Auch diese Tiere können zusätzlich zur schulmedizinischen Behandlung mit Pflanzenzubereitungen unterstützt werden. Die Heilungschancen sind höher, wenn die Luft verbessert, Zugluft vermindert und die Besatzdichte reduziert wird. Bei Weidetieren kann Husten durch Lungenwürmer oder andere Parasiten verursacht sein. Dies kann durch mikroskopische Untersuchung von Kotproben abgeklärt werden. Rasche Atmung mit Schwitzen bei kleinsten Anstrengungen – aber ohne Fieber – ist bei Kälbern fleischbetonter Rassen oft ein Symptom für Selenmangel.

Atemwegserkrankungen bei Schaf und Ziege

Husten ist bei Schafen und Ziegen ein häufiges Symptom. Wenn Husten beim Einfüttern oder Einstreuen auftritt, ist er meist eine Reaktion auf den Staub. Hierbei hilft es oft schon einzustreuen, während die Tiere im Auslauf sind. Bei Tieren mit Weidegang kann Husten durch Lungenwürmer oder andere Parasiten verursacht

Ein offener, geräumiger Boxenlaufstall bietet Rindern optimale Klimabedingungen für gesunde Atemwege.

sein. Eine Kotprobenuntersuchung durch den Tierarzt gibt Aufschluss. Sehr gefürchtet ist die Pasteurellose (Schafrotz), weil diese Bakterien innerhalb weniger Stunden die Lungen und das Brustfell so schädigen können, dass das Tier verendet. Es liegt aber immer an den Haltungsbedingungen und der Fütterung, ob die Krankheit auftritt. Schwere Krankheitsverläufe mit Atemnot und hohem Fieber sollen rasch dem Tierarzt vorgestellt werden. Gegen Pasteurellose gibt es zudem eine Schutzimpfung.

Abgase aus dem Güllekeller belasten die Atemwege.

Atemwegserkrankungen beim Schwein

Je artgerechter die Haltung der Schweine ist, umso seltener erkranken sie. Dies gilt auch für die Atemwegserkrankungen. Ein trockener, sauberer Liegeplatz mit guter Luft ist die beste Vorbeugung. Wenn Schweine auf Spaltenböden gehalten werden, sind sie dadurch Ammoniak und anderen Schadgasen, die aus dem Güllekanal aufsteigen, ausgesetzt. Wässriger Nasenausfluss und sporadischer Husten ohne Fieber kann mit Pflanzenzubereitungen gemildert werden. Schweine mit angestrengter Atmung und Fieber brauchen rasche tierärztliche Behandlung. Auch bei Schweinen gibt es Parasiten, die die Lunge durchwandern und Husten verursachen können.

An die frische Luft bei jedem Wetter – das trainiert das Immunsystem und aktiviert den Stoffwechsel.

Atemwegserkrankungen beim Pferd

Pferde neigen zu Atemwegserkrankungen und allergischen Reaktionen der Atemwege. Das Stallklima sowie die Qualität der Einstreu und des Futters spielen hier eine entscheidende Rolle. Auslöser ist häufig Staub, wodurch Pollen und Schimmelpilzsporen in die Atemluft gelangen. Die chronische Belastung äußert sich in langwierigem trockenem Husten und «Dämpfigkeit». Das Pferd wird kurzatmig und verliert seine Leistungsfähigkeit, weil die Lunge nur noch unzureichend Sauerstoff in den Körper bringen kann. In den Luftsäcken und Nasennebenhöhlen kann sich durch chronische Entzündungen Eiter ansammeln, der aufgrund der engen Ausgänge nur schwer zu entleeren ist. Verdächtig für eine eitrige Entzündung der Nasennebenhöhle ist einseitiger Nasenausfluss. Nicht selten sind Luftsackentzündungen die Folge einer Druse (Strengel).

Die Druse ist eine hoch ansteckende, durch Bakterien ausgelöste Erkrankung der oberen Atemwege. Auffallend ist die starke Schwellung der Lymphknoten im Kehlgang. Druse befällt besonders Fohlen und Jährlinge. Die betroffenen Tiere haben hohes Fieber und zeigen sehr stark gestörtes Allgemeinfinden mit Husten und schleimig-eitrigem Nasenausfluss.

Achtung: Bei Verdacht auf Druse ist das Tier dem Tierarzt vorzustellen. Auch chronischer Husten und Nebenhöhlenentzündungen sind durch den Tierarzt zu behandeln.

Heilpflanzen können zusätzlich von Nutzen sein. Sie helfen, zähe Sekrete zu lösen, die den Nährboden für Bakterien bilden. Insbesondere die Inhalation hat sich bewährt. Traditionell wurden bei Pferden Viehpulver verwendet wie das Druse-Pulver, beschrieben auf **S. 78**.

1

2

3

1 Hunde pflegen Nasenausfluss abzulecken.
2–3 Kerngesund!

Atemwegserkrankungen beim Hund

Hunde haben kaum Probleme mit Atemwegserkrankungen, wenn man von den Rassen absieht, denen sehr kurze Nasen angezüchtet wurden. Zumeist sind es die Junghunde, die sich erkälten und husten. Wie bei allen Jungtieren wird durch derartige Infekte ihr Immunsystem trainiert. Der Husten des Hundes gleicht eher einem Würgen, sodass leicht der Eindruck entstehen kann, dem Hund sei ein Fremdkörper im Halse stecken geblieben. Häufig spuckt er dabei weißen Schaum aus. Um sicherzugehen, dass kein Fremdkörper im Hals steckt, sollte der Hund dem Tierarzt vorgestellt werden.

Gefürchtet ist der «Zwingerhusten», eine hauptsächlich durch Viren verursachte Krankheit. Er wird begünstigt durch Ansammlung von Hunden – etwa in Hundeschulen, bei Ausstellungen, in Pensionen, Tierheimen und Händlerzwingern. Wird in Einrichtungen, die viele Tiere beherbergen, zu wenig auf die Hygiene geachtet, kann Zwingerhusten auch einen schweren Verlauf nehmen: Auf der durch Viren geschädigten Schleimhaut machen sich Bakterien breit. Hier muss der Tierarzt hinzugezogen werden. Heilpflanzen können zusätzlich von Nutzen sein. Insbesondere die Inhalation hat sich bewährt.

Atemwegserkrankungen bei der Katze

Junge Katzen trainieren ihr Immunsystem an banalen Schnupfenerregern. Gefürchtet ist jedoch der «Katzenschnupfen» bei Katzenwelpen. Dies ist eine durch verschiedene Viren und Bakterien verursachte schwere Erkrankung von Nase und Augen. Sie wird meist von der chronisch erkrankten Mutter – oft schon während der Trächtigkeit – auf die Jungen übertragen. Je schlechter die Lebensbedingungen der Katzen sind und je mehr Katzen auf engem Raum leben, umso schwerer verläuft diese Erkrankung. Rassekatzen mit sehr kurzer Nase leiden unter Katzenschnupfen besonders schwer. Anzeichen für ei-

Eine Erkältung wird aufgrund des Niesgeräuschs beim Huhn landläufig als «Pips» bezeichnet.

nen schweren Verlauf sind stark verklebte Augen, die unbehandelt zur Erblindung der Tiere führen können. Solchen Katzenschnupfen sollte der Tierarzt behandeln. Zusätzlich helfen die Inhalation und die Stärkung des Immunsystems (siehe **Kapitel Katze**). Zur Vorbeugung gibt es eine Impfung.

Atemwegserkrankungen beim Kaninchen und Meerschweinchen

Bei Meerschweinchen und Kaninchen kommen banale Atemwegserkrankungen vor, deren Heilung durch Heilpflanzen unterstützt werden kann. Bei Kaninchen gibt es daneben eine schwere Form des Schnupfens, die durch verschiedene Bakterien verursacht wird. Schlechte Haltungsbedingungen begünstigen schwere Erkrankungen. Besonders gefürchtet ist die Ausbreitung der Bakterien in die Lunge und ins Mittelohr, was zu einer Kopfschiefhaltung führt. Dieser folgenschwere Kaninchenschnupfen, der chronisch werden und unter schlechten Lebensbedingungen zum Tod führen kann, muss vom Tierarzt behandelt werden. Zusätzlich helfen die Inhalation und die Stärkung des Immunsystems mit Heilpflanzen.

Atemwegserkrankungen bei Geflügel

Hühnervögel werden durch ihr Federkleid – im Gegensatz zu Wasservögeln – nur sehr schlecht vor Feuchtigkeit geschützt. Sind sie nasskalter Witterung ausgesetzt, so ziehen sie sich schnell eine Erkältung zu. Das gilt auch für die Küken des Wassergeflügels. Eine Erkältung äußert sich beim Huhn durch Niesen, Schnorcheln und in schweren Fällen durch ein pfeifendes, röchelndes Atmen. Ein erkältetes Huhn macht Schleuderbewegungen mit dem Kopf, um den Schleim aus der Schnabelhöhle zu bekommen. Bei Atemnot sperrt es den Schnabel weit auf. Bei Druck auf den Oberschnabel quillt in der Regel eitrig-schleimiges Sekret aus den Nasenlöchern.

Trockene Unterkunft und eine Wärmequelle sind die wichtigsten vorbeugenden und bei Erkrankung unterstützenden Maßnahmen. Zusätzlich hilft Inhalation. Auch beim Geflügel gibt es schwerwiegende infektiöse Atemwegserkrankungen, die der Therapie durch den Tierarzt bedürfen. Zur Vorbeugung einiger Atemwegserkrankungen stehen Impfstoffe zur Verfügung.

Heilpflanzen für Lunge und Atemwege

Wann sind Heilpflanzen zur Unterstützung von Lunge und Atemwegen sinnvoll?

- Bei Virusinfektionen wie Erkältungen und grippalen Infekten – erkennbar an wässrigem bis schleimigem Ausfluss aus Nase und Augen sowie am Fieber.

Achtung: Antibiotika sind gegen Viren unwirksam!

- Begleitend bei bakteriellen Infektionen, um den Körper bei seinen Heilreaktionen zu unterstützen
- Bei allergisch bedingten Atemwegserkrankungen
- Vorbeugend in Krankheit begünstigenden Situationen
- Bei Anfälligkeit für Atemwegsinfektionen, bei schwachem Immunsystem
- Bei chronischen Atemwegsinfektionen, bei Infektionen der Nasennebenhöhlen

Was kann man mit Heilpflanzen erreichen?

- Die Durchblutung des Körpers und speziell der Schleimhaut der Atemwege wird gesteigert.
- Zäher Schleim wird verflüssigt und das Abhusten erleichtert.
- Die Flimmerhärchen werden befreit und können ihre Reinigungsfunktion wieder aufnehmen.
- Die Verkrampfungen in der Muskulatur der Bronchien lösen sich.
- Die Bronchien können sich weiten und mehr Luft einströmen lassen.
- Trockene Schleimhäute werden befeuchtet, dadurch wird der Hustenreiz gelindert.
- Viren und Bakterien werden zerstört.
- Das Immunsystem wird gestärkt: Immunzellen werden angelockt und bekämpfen Viren und Bakterien (Heilpflanzen zur Stärkung des Immunsystems siehe **S. 75** ff).

Achtung: Die Verbesserung der Lebensumstände ist gerade bezüglich Gesunderhaltung der Atemwege durch nichts zu ersetzen!

Hausmittel und Rezepturen für die Atemwege

Eine Auswahl der Heilpflanzen zur Unterstützung der Lunge und der Atemwege sowie der Augen findet sich in **Tabelle 9-1**. Die Dosierungen sind in **Kapitel 2** nach Tierart zusammengestellt.

Droge *(Heilpflanze lat.)*	Wichtige Inhaltsstoffe	Wirkungen (Auswahl)	Anwendungs-/ Zubereitungsform
Schleimdrogen			
Isländisch Moos *(Cetraria islandica)*	Schleime, Bitterstoffe, Flechtensäuren	Reizlindernd, antibakteriell, stärkend, entzündungshemmend, immunstimulierend	Innerlich; Kaltwassermazerat, Tee, wässrige Extrakte in Hustensäften
Malvenblüten u. -blätter *(Malva neglecta/ M. sylvestris)*	Schleime, Flavonoide, Gerbstoffe	Reizlindernd, immunstimulierend, auswurffördernd	Innerlich; Kaltwassermazerat, Saft, Sirup, Pulver
Spitzwegerichkraut *(Plantago lanceolata)*	Schleime, Flavonoide, Gerbstoffe, Kieselsäure	Reizlindernd, hustenstillend, antibakteriell, antiviral, krampflösend, entzündungshemmend	Innerlich; Tee, Hustensaft, Frischpflanzensaft
Saponindrogen			
Schlüsselblumenwurzel, -blüten *(Primula veris, P. elatior)*	Saponine	Schleimlösend, auswurffördernd, entzündungshemmend	Innerlich; Tee, Hustensaft
Ätherischöldrogen			
Anisfrüchte *(Pimpinella anisum)*	Ätherisches Öl, Flavonoide, fettes Öl	Auswurffördernd, antibakteriell, krampflösend	Innerlich (süß!), inhalativ; Tee, Säfte, Tropfen, Kapseln
Eukalyptusöl *(Eucalyptus globulus)*	Ätherisches Öl	Antibakteriell, auswurffördernd, durchblutungsfördernd, schleimlösend, krampflösend	Innerlich, inhalativ, Einreibung; Kapseln, Tropfen, Spray
Fenchelfrüchte *(Foeniculum vulgare)*	Ätherisches Öl, Proteine, Flavonoide, fettes Öl	Auswurffördernd, antibakteriell, krampflösend, schleimlösend, entzündungshemmend	Innerlich, inhalativ; Tee, Sirup, Fenchelhonig, Tinkturen
Fichten-/Kiefernnadel-, Latschenkiefernöl (*Picea*-Arten; *Pinus*-Arten)	Ätherisches Öl	Auswurffördernd, durchblutungsfördernd, schleimlösend, antiseptisch	Inhalativ, Einreibung; ätherisches Öl, Salben
Kamillenblüten *(Matricaria chamomilla)*	Ätherisches Öl, Flavonoide, Schleimstoffe	Auswurffördernd, antimikrobiell, entzündungshemmend, krampflösend, beruhigend, angstlösend, immunstimulierend	Inhalativ; Tee, Öl, wässrig-alkoholische Auszüge

Tabelle 9-1 Heilpflanzen zur Unterstützung von Lunge, Atemwegen und Augen (Auswahl)

Droge *(Heilpflanze lat.)*	Wichtige Inhaltsstoffe	Wirkungen (Auswahl)	Anwendungs-/ Zubereitungsform
Ätherischöldrogen			
Salbeiblätter *(Salvia officinalis, Salvia triloba)*	Ätherisches Öl, Gerbstoffe, Bitterstoffe	Auswurffördernd, entzündungshemmend, antibakteriell, hemmt Vermehrung von Viren und Pilzen, abschwellend	Innerlich, inhalativ; Tee, alkoholische Extrakte, ätherisches Öl
Teebaumöl *(Melaleuca alternifolia)*	Ätherisches Öl	Entzündungshemmend, antimikrobiell	Inhalativ; ätherisches Öl
Thymiankraut, Quendelkraut *(Thymus vulgaris, Thymus serpyllum)*	Ätherisches Öl, Gerbstoffe,	Schleimlösend, regt die Flimmerhärchen an, krampflösend, bronchienweitend, auswurffördernd, entzündungshemmend, antibakteriell	Innerlich, inhalativ, Einreibung; Tee, Säfte, Tropfen, ätherisches Öl
Bei Atemwegserkrankungen geeignete Immunstimulanzien			
Holunderblüten *(Sambucus nigra)*	Ätherisches Öl, Flavonoide, Schleime	Immunstimulierend, antiviral, schleimlösend	Innerlich; Tee, Extrakte, Sirup
Lindenblüten *(Tilia platyphyllos, T. cordata)*	Schleime, Flavonoide, ätherisches Öl	Immunstimulierend, beruhigend, auswurffördernd	Innerlich; Tee
Purpursonnenhutkraut *(Echinacea purpurea)*	Schleime, Flavonoide	Immunmodulierend, entzündungshemmend	Innerlich; Presssaft, Fertigpräparate
Pflanzen zur Pflege entzündeter Augen			
Augentrostkraut *(Euphrasia rostkoviana)*	Iridoide, Aucubin, Flavonoide, Gerbstoffe, Bitterstoffe	Heilungsfördernd, schmerzlindernd	Innerlich; Tee äußerlich; Tee für Umschläge
Fenchelfrüchte *(Foeniculum vulgare)*	s. o.	s. o.	Äußerlich; Tee für Umschläge
Kamillenblüten *(Matricaria chamomilla)*	Ätherisches Öl, Flavonoide, Schleimstoffe	Antimikrobiell, entzündungshemmend, krampflösend, immunstimulierend	Äußerlich; Tee, wasserverdünnte Tinkturen für Umschläge
Ackerschachtelhalmkraut *(Equisetum arvense)*	Kieselsäure, Flavonoide	Bindegewebsfestigend, hautstoffwechselanregend	Innerlich; Tee äußerlich; Tee für Umschläge
Teeblätter (Schwarztee) *(Camellia sinensis)*	Gerbstoffe, Flavonoide, Carotinoide, Mineralien	Entzündungshemmend, zusammenziehend	Äußerlich; Tee für Umschläge

Isländisch Moos *(Cetraria islandica)*

Weitere Informationen zu Isländisch Moos siehe S. 110.

Isländisch Moos wird wegen seiner reizlindernden Schleimstoffe bei Entzündungen im Mund- und Rachenraum, zum Beispiel bei Halsschmerzen und Reizhusten, angewendet. Da Isländisch Moos auch Bitterstoffe enthält, die gegen Appetitlosigkeit wirksam sind, eignet sich der Tee gut bei Atemwegsproblemen mit Appetitmangel.

Isländisch Moos ist regional geschützt. Es ist in der Apotheke zu erhalten.

Der Kaltwasserauszug ist die optimale Zubereitung für Heilpflanzen mit Schleimstoffen. Vor der Verabreichung wird der Tee leicht erwärmt (30 °C). Der lauwarme Tee kann mindestens zweimal täglich verabreicht werden.

Isländisch Moos enthält Bitterstoffe. Deswegen wird es von Jungtieren nicht gerne aufgenommen. Wenn dies der Fall ist, kann man es wie folgt zubereiten: Kaltwasserauszug für einige Minuten. Dadurch werden viele Bitterstoffe herausgelöst. Danach wird abgeseiht und der Auszug weggeschüttet. Mit dem abgeseihten Isländisch Moos wird erneut ein Kaltwasserauszug, diesmal eine Stunde lang, gemacht. In diesem sind die Schleimstoffe noch vorhanden, aber nur noch wenige Bitterstoffe gelöst.

Zubereitung

Isländisch-Moos-Tee

1–2 TL getrocknetes Isländisch Moos zerkleinern und mit ¼ l kaltem Wasser für 1 Stunde ansetzen, anschließend abseihen.

Schlüsselblume, Wiesen-, Wald- *(Primula veris, P. elatior)*

Die Schlüsselblume wächst auf ungedüngten Wiesen, in Auwäldern und lichten Laubwäldern. Schlüsselblumenblüten und -wurzeln haben sekretlösende und auswurffördernde Eigenschaften. Deswegen werden sie bei Erkältungskrankheiten mit festsitzendem Husten eingesetzt. Die Blüten sind mild und wohlschmeckend und deshalb gut für Jungtiere geeignet.

Schlüsselblumen sind regional geschützt. In Schutzgebieten dürfen ihre Wurzeln grundsätzlich nicht gesammelt werden. Für Blüten gibt es Ausnahmegenehmigungen. Blüten und Wurzeln sind in der Apotheke erhältlich.

Der lauwarme Tee kann mindestens zweimal täglich verabreicht werden.

Stärker wirksam, weil reicher an sekretlösenden Saponinen, ist die Schlüsselblumenwurzel. Diese wird zur Teeherstellung zerkleinert und die Ziehdauer des Tees um einige Minuten verlängert.

Zubereitung

Schlüsselblumenblüten-Tee – ideal für Jungtiere

1 TL Schlüsselblumenblüten mit ¼ l siedendem Wasser übergießen, 3 Minuten ziehen lassen, anschließend abseihen.

Spitzwegerich und Malven *(Plantago lanceolata und Malva neglecta, M. sylvestris)*

Spitzwegerich findet man vom Frühjahr bis spät in den Herbst auf nahezu jeder Wiese. Für Spitzwegerich-Zubereitungen wählt man jeweils die inneren Blätter. Die im Spitzwegerich enthaltenen Schleimstoffe und das antibiotisch wirksame Aucubin sind hitzeempfindlich. Deshalb ist es sinnvoll, den Spitzwegerich kalt zuzubereiten. Wird Spitzwegerich als Wintervorrat gesammelt, so legt man die Blättchen zum Trocknen einzeln auf ein feines Sieb oder fädelt sie locker auf und hängt sie an einen trockenen, schattigen Ort. Blätter, die sich beim Trocknen dunkel färben, werden verworfen.

Der Spitzwegerich ist eines der besten Heilmittel bei Atemwegserkrankungen von Mensch und Tier. Er wirkt reizlindernd, hemmt Entzündung und Husten, festigt das Gewebe und wirkt gegen Bakterien. Die Malve wirkt vor allem reizlindernd (Informationen zur Malve **S. 110**). Beide Pflanzen gehören zu den Schleimdrogen.

Zubereitung

Spitzwegerich-Malven-Kaltansatz

1–2 TL Malvenblätter und -blüten und ½ TL zerkleinerte Spitzwegerichblätter mit ¼ l kaltem Wasser 1–2 Stunden ansetzen, anschließend abseihen.

Vor der Verabreichung wird der Kaltansatz leicht erwärmt.

Für den Kaltansatz ist einwandfreies Sammelgut Voraussetzung. Er wird jedes Mal frisch angesetzt und zweimal täglich verabreicht.

Thymian, Gewürz- *(Thymus vulgaris)*

Thymian stammt aus dem Mittelmeergebiet. Unter südlicher Sonne entwickelt er besonders viel ätherisches Öl. Aber auch in unseren Breiten lohnt sich der Anbau im Garten. Dank seiner ätherischen Öle löst Thymian in den Atemwegen festsitzenden Schleim und beschleunigt dessen Abtransport, indem er die Tätigkeit der Flimmerhärchen anregt. Thymian fördert den Auswurf bei Husten, hat eine krampflösende und leicht schmerzstillende Wirkung. Zusätzlich wirkt er wachstumshemmend auf Bakterien und Viren. Thymian ist eine sehr wertvolle Heilpflanze gegen Husten und Erkältungskrankheiten.

Man sammelt von Mai bis in den Herbst die Triebspitzen kurz vor oder während der Blüte.

Zubereitung

Thymiantee

1–2 TL getrocknetes bzw. 1–2 EL frisch gepflücktes Thymiankraut zerkleinern und mit ¼ l heißem (nicht mehr sprudelndem) Wasser übergießen, sofort zudecken und 10–15 Minuten ziehen lassen. Dann die am Deckel kondensierten Wassertropfen in den Tee zurücklaufen lassen und abseihen. Der lauwarme Tee wird mindestens zwei- bis viermal täglich verabreicht.

Linde, Winter-, Sommer- *(Tilia cordata* und *T. platyphyllos)*

Die Linde trifft man in Parks und vereinzelt in Laubmischwäldern. Sie ist ein beliebter Alleebaum. Lindenblüten haben sich bei Mensch und Tier seit Jahrhunderten bewährt, um Erkältungskrankheiten vorzubeugen. Sie sind abwehrsteigernd und mobilisieren die Entgiftung des Körpers über das Schwitzen. Aber auch zur Unterstützung bei fiebrigen Erkältungen sind sie geeignet. Sie lindern Hustenreiz und wirken leicht krampflösend auf die Bronchien. So erleichtern sie das Abhusten.

Man sammelt die Blüten samt ihren Hochblättern kurz nach dem Aufblühen. Sie müssen besonders sorgfältig getrocknet werden. Schon geringe Feuchtigkeit verdirbt das Sammelgut.

Bei fieberhaften Erkältungen kann der Tee mit der doppelten Menge Lindenblüten zubereitet werden.

Zubereitung

Lindenblütentee

1 TL zerkleinerte Lindenblüten mit
¼ l kochendem Wasser übergießen
10 Minuten zugedeckt ziehen lassen, dann das Kondenswasser in den Tee zurückführen, abseihen.

Der Tee wird so warm, wie es das Tier toleriert, mindestens zwei- bis viermal täglich verabreicht.

Holunder, Schwarzer *(Sambucus nigra)*

Holunder ist anspruchslos und kommt in Gärten, Hecken und an Bachufern vor. Holunderblüten haben eine lange Tradition als Heilmittel bei fieberhaften Erkältungskrankheiten von Mensch und Tier. Sie werden als Tee eingesetzt bei trockenem Reizhusten, Kehlkopfentzündung und grippalen Infekten. Sie wirken schweißtreibend und lösen zähe Sekrete in den Atemwegen, was das Abhusten erleichtert. Die moderne Heilpflanzenforschung hat festgestellt, dass Holunderblüten die Bildung dünnflüssiger Sekrete fördern, Viren – die Hauptverursacher von Atemwegserkrankungen – abtöten können und das Immunsystem stimulieren.

Man sammelt die voll aufgeblühten Dolden. Nach dem Trocknen werden die Blüten abgerebelt und nachgetrocknet.

Zubereitung

Holunderblütentee

1 TL zerstoßene Holunderblüten mit ¼ l kochendem Wasser übergießen
10 Minuten zugedeckt ziehen lassen, dann das Kondenswasser in den Tee zurückführen, abseihen.
Der Tee wird so warm, wie es das Tier toleriert, mindestens zweimal täglich verabreicht.

Weitere Pflanzen mit guter Wirkung auf die Atemwege und das Immunsystem, wie die Angelikawurzel, Knoblauch, Meerrettich, Brunnen- und Kapuzinerkresse, sind im **Kapitel Gesund erhalten** (ab **S. 75**) zu finden.

Heilwirkung mit jedem Atemzug – Inhalation mit ätherischen Ölen

Sind die Atemwege erkrankt, so ist es geradezu ideal, wenn man das Heilmittel über die Atemluft verabreicht. Deshalb erfreut sich die Methode der Inhalation in der Volksmedizin besonderer Beliebtheit. Inhalation hat sich bei allen Tierarten und für Tiere jeden Alters bewährt. Zur Inhalation hervorragend geeignet sind ätherische Öle. Selbst bei verstopfter Nase finden ätherische Öle wie Eukalyptus- oder Pfefferminzöl ihren Weg – sogar bis in die Nasennebenhöhlen. Durch ihre abschwellende und entzündungshemmende Wirkung erleichtern sie das Atmen und mildern Husten- und Niesreiz. Zusätzlich können ätherische Öle Viren und Bakterien abtöten.

Die Vorzüge der Dampf-Inhalation sind:

- Der Organismus wird durchwärmt.
- Der Abfluss der Nasensekrete wird erleichtert.
- Riechen wird wieder möglich – das fördert den Appetit.
- Verklebungen an Augen und Nase werden schonend aufgeweicht.
- Es gibt keine Dosierungsprobleme.
- Für das Tier ist der Stress durch die Inhalation gering.
- Die Inhalation ist ohne besondere Fertigkeiten durchführbar.

Eine wunde, verklebte Nase und tränende Augen – so zeigt sich der Katzenschnupfen im akuten Stadium.

Dampfinhalation mit Kamillenblüten oder Thymian

Die Dampfinhalation mit Kamillenblüten ist empfehlenswert:

- Bei Entzündung der Nase, der Nasennebenhöhlen und der Augen mit wässrigem oder eitrigem Ausfluss
- Bei Reizhusten
- Bei akuter und chronischer Bronchitis

Die Dampfinhalation mit Kamille ist für alle Tierarten jeden Alters geeignet, besonders für Tiere, die in einen Käfig passen: Katzen (Katzenschnupfen!), kleine Hunde, Kaninchen, Meerschweinchen, Kleinnager, Geflügel einschließlich Zier- und Wildvögel, kleine Wildtiere wie Igel und Gartenschläfer.
Statt Kamillenblüten kann auch Thymian zur Inhalation genutzt werden.

Achtung: Die Dampfinhalation mit Thymian ist für empfindliche Tiere wie Säuglinge nicht geeignet. Thymiandämpfe können bei allen Tieren die Augen reizen.

Thymian gibt es in verschiedenen «Stärken». Gewürz-Thymian – auch Echter Thymian genannt – enthält in seinem ätherischen Öl viel antimikrobiell wirksames Thymol. Dieses Thymol ist für empfindliche Jungtiere ungeeignet. Thymian, der in höheren Lagen wächst, produziert ein ätherisches Öl, das statt Thymol das ebenfalls gut wirksame Linalool enthält. Dieses ist für Katzen und Jungtiere anderer Tierarten wesentlich besser verträglich. In der Apotheke ist Thymian Chemotyp Linalool erhältlich.

Wie funktioniert die Dampfinhalation?

Es ist wichtig, dass das Tier für die Inhalation die Dämpfe einatmen, aber nicht an das heiße Wasser gelangen kann. Deshalb muss der Behälter vor dem Umkippen geschützt und mit einem sich nicht erhitzenden Gitter abgedeckt sein. Ist das Tier im Käfig und die Inhalierflüssigkeit außerhalb, ist die Gefahr gebannt, dass es sich daran verbrüht.

1 2 3 4

1–4 Die Durchführung einer Inhalation ist einfach – vorausgesetzt, man hat einen geeigneten Käfig, der gut dampfdurchlässig ist.

Für kleinere Tiere gilt:

- In einen gut durchlüfteten Käfig setzen.
- Die Wirkung wird erhöht, wenn man das Tier im Käfig und die Inhalierlösung gemeinsam unter einen kleinen Tisch stellt, der mit einem großen Tuch abdeckt ist.

Für größere Tiere gilt:

- Lebhafte Tiere mit einem Halfter oder im Fressgitter gut fixieren.
- Den dampfenden Behälter unter den Kopf des Tieres stellen. Mit einem Tuch oder einer Schürze können die Dämpfe gezielt in die Nase des Tieres geleitet werden.
- Einzelboxen für junge Kälber (Kälberiglus) können auch komplett mit einem Tuch abgedeckt werden. So entsteht mit wenig Aufwand ein Inhalationsraum. Bei kalter Witterung ist dies allerdings nicht zu empfehlen, da das Fell des Tieres durch die Dämpfe feucht wird.

Besonders quirlige Jungiere muss man vor Verbrühungen mit der heißen Inhalierflüssigkeit schützen.

Man lässt die Tiere den Dampf während etwa 10–15 Minuten einatmen. Wichtig ist, dass während der gesamten Anwendungsdauer jemand anwesend ist und darauf achtet, dass die Inhalation für das Tier wohltuend ist. Zeigt das Tier Abwehrverhalten, wird der Inhalationsraum sofort geöffnet, um die Temperatur zu senken. Inhaliert wird zwei- bis dreimal täglich, eventuell öfter, jeweils mit frischer Lösung. Man lässt das Tier in warmer, zugfreier Umgebung nachtrocknen.

Tipp für kleine und große Tiere (außer Katzen und Jungtiere): 2–5 Tropfen ätherisches Thymianöl mit warmem Wasser aufgießen und mit einer Sprühflasche auf die Nase sprühen. Auch die Aufstallung kann besprüht werden. Ätherische Öle wirken in geringen Dosen.

Inhalation mit Düsen- und Ultraschallvernebler

Zur Inhalation pflanzlicher Tinkturen oder ätherischer Öle kann man auch Düsen- und Ultraschallvernebler nutzen. Diese Gerätschaften sind zwar teuer, sie haben jedoch den großen Vorteil, dass die pflanzlichen Wirkstoffe so fein zerstäubt werden, dass sie bis tief in die Lunge eingeatmet werden können, was mit Dampf nicht gelingt. Sie können demnach auch bei schwerer Bronchitis und bei Pneumonie begleitend zur tierärztlichen Therapie eingesetzt werden.

Düsen- und Ultraschallvernebler werden vor allem in Tierkliniken und Tierarztpraxen, aber auch in einigen Reitställen und in Geflügelgroßbetrieben eingesetzt.

Rezepte zur Dampfinhalation

Zubereitung

Dampfinhalation kleinerer Tiere

- 2 EL Kamillenblüten oder Thymiankraut, oder
- 1 TL Tinktur (Zubereitung siehe **S. 24**) oder
- wenige Tropfen ätherisches Öl

werden in einer flachen Schüssel mit 1 l kochend heißem Wasser übergossen. Wenn der Inhalierraum groß ist, muss die Menge an Kamillenblüten oder Thymiankraut sowie Inhalierflüssigkeit angepasst werden. Hier ist es von Vorteil, wenn man statt der Blüten oder des Krautes das reine ätherische Öl verwendet.

Zur Verstärkung der Wirkung in größeren Räumen können 4–8 Tropfen Eukalyptusöl zugegeben werden.

Achtung: Eukalyptusöl darf wegen seiner intensiven Wirkung nicht bei Neugeborenen und Jungtieren eingesetzt werden.

Zubereitung

Ätherischölmischung gegen Geflügelschnupfen

Gegen den Geflügelschnupfen kann man in der Apotheke eine Mischung aus ätherischen Ölen herstellen lassen. Man nehme:

- 0,5 ml Menthol
- 10 ml Eukalyptusöl *(Eucalypti aetheroleum)*
- 10 ml Kiefernnadelöl *(Oleum therebinthinae)*

und stelle eine Mischung her. Man gibt 1 l heißes Wasser in eine flache Schüssel, setzt 10 Tropfen der Mischung dazu und lässt inhalieren.

Zubereitung

Ätherischölmischung gegen Bronchitis des Pferdes

Gegen Bronchitis der Pferde lässt man folgende Mischung herstellen:

- 1,5 ml Latschenkiefernöl *(Pini puminionis aetheroleum)*
- 1,5 ml Eukalyptusöl *(Eucalypti aetheroleum)*
- 30 ml Kiefernnadelöl *(Oleum therebinthinae)*

Man gibt 1 l heißes Wasser in eine flache Schüssel, tropft 1–2 ml der Mischung dazu und lässt inhalieren.

Teebaumöl bei Husten und Bronchitis des Pferdes

Einige Tropfen Teebaumöl in einen Eimer mit heißem Wasser geben und das Pferd inhalieren lassen, oder mit Obstessig verdünntes Teebaumöl auf Stirn, Hals und Brust einreiben.

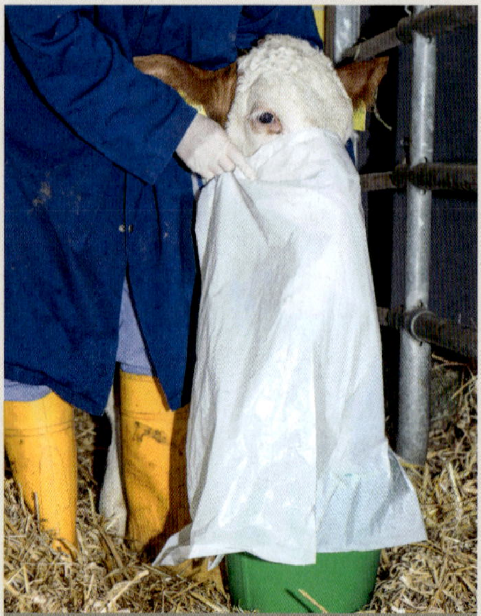

Bei der Dampfinhalation eines größeren Tieres ist besonders auf den Schutz vor Verbrühungen durch die Inhalierlösung zu achten.

Wenn die Augen betroffen sind

Viren können auch die Augenbindehäute befallen und führen dort zu Reizung, Rötung, Schwellung und vermehrtem Tränenfluss. Kommen Bakterien hinzu, trübt sich die Tränenflüssigkeit und wird eitrig. Schnupfen kann sich aber auch von der Nase aus in die Augenhöhlen ausbreiten, indem die Krankheitserreger den Tränennasengang hinaufwandern. Dieser Verbindungsgang leitet normalerweise die zur Augenspülung von den Tränendrüsen im Auge gebildete Tränenflüssigkeit in die Nase ab, sodass das Auge nicht «überläuft».

Von einer Dampfinhalation mit Kamillenblüten profitieren auch die Augen. Oft ist der Kamillendampf bereits ausreichend, um die Entzündung der Bindehäute zum Abklingen zu bringen. Sind die Augen verklebt, sollten sie zusätzlich mit Spüllösungen aus Heilpflanzen gereinigt werden. Hierzu werden mit Heilpflanzentee getränkte Kompressen genutzt.

Achtung: Augen sind empfindlich!

Sollte das Tier beginnen, sich am Auge zu scheuern und zu reiben, so muss umgehend ein Tierarzt hinzu gezogen werden. Es besteht die Gefahr, dass das Auge zusätzlich verletzt wird.

Stellt man bei seinem Tier tränende, gerötete, geschwollene, licht- und berührungsempfindliche Augen fest, ohne dass weitere Anzeichen für eine Erkältung zu sehen sind, sollte das Tier ebenfalls umgehend von einem Tierarzt gründlich untersucht werden. Insbesondere bei einseitigem Auftreten ist mit einem Fremdkörper im Auge oder mit einer Verletzung zu rechnen, was sofortiges Handeln nötig macht.

Schmerzen in den Bindehäuten und der Hornhaut führen beim Tier zudem dazu, dass sich der Augenapfel in die Augenhöhle zurückzieht. In der Folge kann sich das Augenlid nach innen rollen und die Wimpernhaare können auf der Hornhaut reiben. Dauert dieser Zustand mehrere Tage, kann dadurch ein Hornhautgeschwür entstehen. Die Hornhaut wird undurchsichtig – das Auge wird blind.

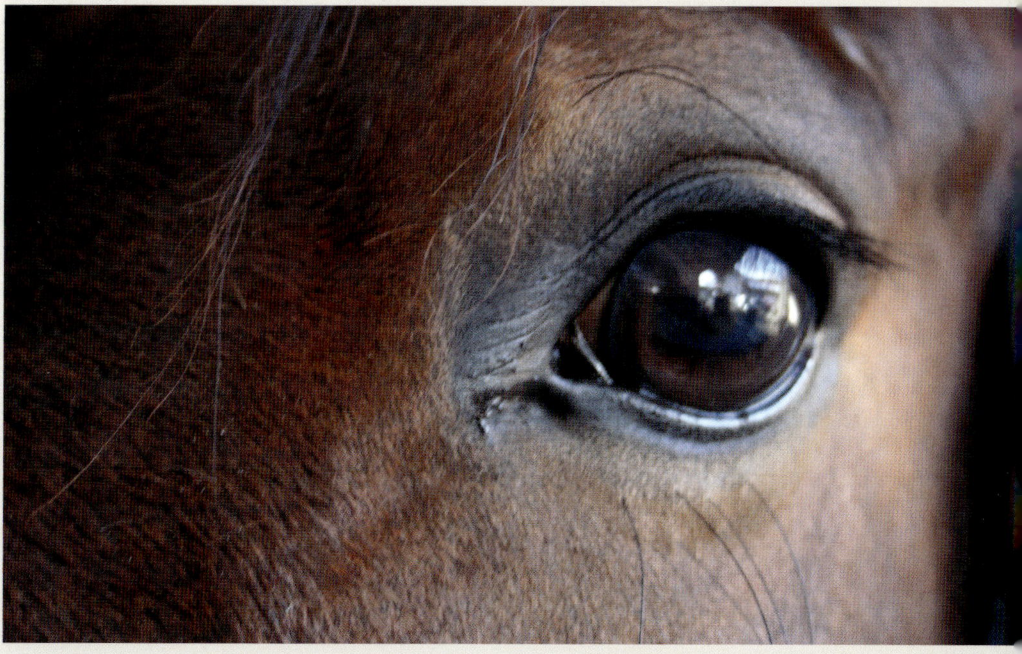

Besonders folgenschwer: Augenentzündungen der Neugeborenen

Nesthocker wie Hunde, Katzen und Kaninchen werden mit fest verschlossenen Augenlidern geboren. Leidet ein Muttertier an chronischem Schnupfen (Katzenschnupfen, Kaninchenschnupfen), so werden die Neugeborenen bereits bei der Geburt infiziert. Beginnt sich um den 8.–10. Lebenstag die Lidspalte zu öffnen, können diese Krankheitserreger in die Augenhöhlen gelangen, wenn sie nicht schon zuvor über den Tränennasengang dorthin aufgestiegen sind. In den Augenhöhlen vermehren sie sich. Die noch geschlossenen Lider schwellen an oder aus der unvollständig geöffneten Lidspalte tritt Eiter aus. Krankheitserreger und Eiter schädigen die Augen, verkleben die Lider miteinander und letztlich auch mit der Hornhaut. Ohne Behandlung können die Tiere erblinden.

Man legt den Tieren mehrmals täglich mit lauwarmen Heilpflanzentees getränkte Kompressen auf die entzündeten Augen und versucht nach kurzer Einwirkzeit vorsichtig, die Lidspalte zu öffnen. Ist dies gelungen, werden in den folgenden Tagen mehrmals täglich Spülungen mit Heilpflanzentees gemacht. Die Tees werden grundsätzlich frisch zubereitet, die Kompressen nur einmal genutzt. Lassen sich die Augenlider nicht nach wenigen Tagen öffnen oder bilden sich in den Augen zähe, silikonartige Massen, ist dringend der Tierarzt hinzuzuziehen.

1

2
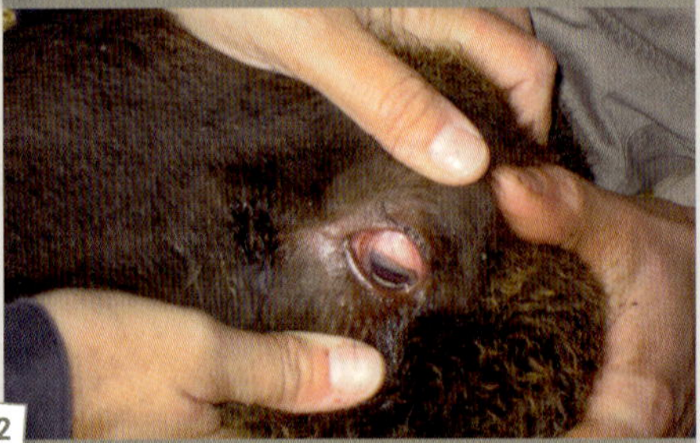

1 Katzenschnupfen befällt immer auch die Augen.
2 Bindehautentzündung

Tees und Kompressen für die Augen

Tipp: Wenn der Tierarzt eine antibiotische Salbe für die Augen des Tieres verschreibt, so bewährt es sich, vor der Eingabe dieser Salbe das Auge mit einer der beschriebenen pflanzlichen Zubereitungen zu reinigen. Das unterstützt die antibiotische Wirkung der Salbe und fördert die Heilung.

Augenspülungen werden angenehmer, wenn man der Spüllösung wenige Körnchen Kochsalz zusetzt, wodurch sie der Tränenflüssigkeit angeglichen wird.

Achtung: Alle Tees werden jeweils frisch zubereitet und vor der Anwendung durch einen Kaffeefilter gelassen, um sie von Partikeln zu befreien, die das Auge reizen könnten. Für jede Anwendung werden neue Kompressen genutzt, um Keimverschleppung zu vermeiden.

Augentrost, Gemeiner *(Euphrasia rostkoviana)*

Man findet Augentrost auf Wiesen und in lichten Wäldern bis auf 2500 Meter Höhe. Schon der Name tut kund, wozu diese Pflanze traditionell eingesetzt wird: Bei Bindehaut- und Lidrandentzündungen und selbst bei Hornhautverletzungen wirkt Augentrost schmerzlindernd und heilend. Geerntet werden die oberirdischen Teile der Pflanze zu Beginn der Blütezeit.
Mit dem lauwarmen Tee ein- bis zweimal täglich die Augen auswaschen.

Zubereitung

Augentrosttee
1–2 TL getrocknetes Augentrostkraut oder 3–4 Pflanzen mit ¼ l kaltem Wasser ansetzen, kurz aufkochen und 5 Minuten ziehen lassen. Anschließend durch einen Kaffeefilter abseihen.

Weitere Heilpflanzentees zur Reinigung der Augen und Unterstützung der Heilung

- **Augentrosttee und Schwarztee im Wechsel** (Informationen zu Schwarztee siehe **S. 106**)
  Bewährt hat sich die abwechselnde Anwendung von Augentrosttee und Schwarztee (Gerbstoffdroge), z. B. morgens Augentrosttee, abends Schwarztee. Dies ist eine gute Kombination bei Bindehaut- und Lidentzündungen.
- **Kamillentee** (Informationen zur Pflanze **S. 103**)
- **Fencheltee** (Informationen zur Pflanze **S. 103**)
  Auch Fencheltee kann bei Tieren jeden Alters für die Augen genutzt werden.
  Mit dem lauwarmen Tee ein- bis zweimal täglich die Augen auswaschen.
- **Schachtelhalmtee** (Informationen zur Pflanze **S. 84**)
  Bei geschwollenen und geröteten Augen lindert eine Kompresse mit Schachtelhalmtee.
- **Fenchel- und Schachtelhalmtee bei Lidrandentzündungen**

Zubereitung

Fencheltee
1–2 TL Fenchelfrüchte, frisch gequetscht, mit ½ l kochendem Wasser übergießen, zudecken und 10 Minuten ziehen lassen. Das Kondenswasser am Deckel in den Auszug zurückführen und durch einen Kaffeefilter abseihen.

Schachtelhalmtee
1 TL geschnittenes Schachtelhalmkraut mit ¼ l heißem Wasser übergießen, 30 Minuten lang ziehen lassen, durch einen Kaffeefilter abseihen. Lauwarm auflegen.

Fenchel- und Schachtelhalmtee
1 TL Schachtelhalm, geschnitten und 1 TL Fenchelfrüchte, frisch gequetscht mit ¼ l heißem Wasser aufgießen und 30 Minuten lang zugedeckt ziehen lassen, durch einen Kaffeefilter abseihen.
Lauwarm zu Umschlägen nutzen.

Wärme tut gut – Wickel bei Erkältungen

Tiere, die sich erkältet haben, aber auch solche, die durch große körperliche Anstrengung, mangelnden Appetit oder Durchfall entkräftet sind, brauchen Wärme. Bereits durch Zudecken kann man einem erkrankten Tier schon viel Linderung verschaffen. Die Wirkung von Decken verstärkt sich, wenn man eine Wärmeflasche dazwischen schiebt.

Zudem kann die Temperatur mit erwärmten oder wärmenden Pflanzenzubereitungen erhöht und über eine längere Zeit gehalten werden.

Einfacher, sicher nicht so effektiv und trotzdem hilfreich ist für kranke Tiere das Wärmeangebot durch Wärmelampen, Wärmekissen und -flaschen. Man bietet dem Tier im Käfig oder im Stall einen Wärmebereich an. Das Tier kann selbst entscheiden: Es wird sich unter der Wärmelampe oder auf der Wärmeflasche so lange aufhalten, wie es ihm gut tut.

Wärmende Wickel

Wickel sind ein altbewährtes Hausmittel. Sie wirken nicht nur lokal, sondern auf den ganzen Körper.

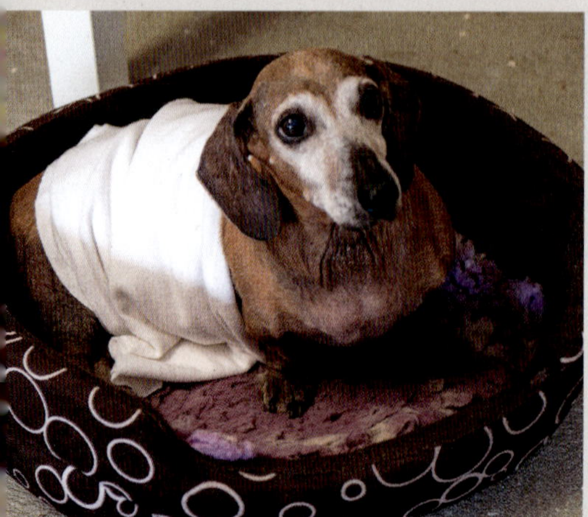

Ein warmer Wickel bringt Linderung bei vielen Beschwerden.

Achtung: Wickel brauchen etwas Geschick und Erfahrung. Wer regelmäßig mit Wickeln arbeiten möchte, kann sich in entsprechenden Kursen weiterbilden.

Bei der Anwendung von Wickeln ist Vorsicht geboten:

- Unsachgemäß angewendet, können wärmende Wickel zu Verbrennungen führen. Die Temperatur des Wickels muss deshalb vor der Anwendung auf der eigenen Haut überprüft werden, am besten auf der Innenseite des Handgelenkes oder am Unterarm.
- Werden wärmende Wickel bei hohem Fieber angewendet, können sie zur Verschlimmerung der Symptome führen. Deshalb vorher die Temperatur des Tieres messen (Normaltemperaturen bei unseren Haustieren siehe ab **S. 12**).
- Wickel dürfen nur auf gesunder, unverletzter Haut angewendet werden.
- Das Tier darf während der Wickelanwendung nicht alleine gelassen werden. Wenn es Abwehr oder Unbehagen zeigt, ist der Wickel sofort zu entfernen.

Durchblutungsfördernde Einreibungen

Noch vor 100 Jahren war die scharfe Einreibung beim Pferd eine wichtige Maßnahme bei einer Lungenentzündung. Auch in Zeiten der Antibiotika ist diese Einreibung als zusätzliche Maßnahme sinnvoll. Man kann sich eine Mischung zur scharfen Einreibung in der Apotheke herstellen lassen. Man nehme zur scharfen Einreibung der Brust für ein Pferd mit Pneumonie:

- 10 g Senföl *(Oleum Sinapis expressum)*
- 150 g Spiritus

Genügend Bewegung - dann braucht es keine durchblutungsfördernden Maßnahmen.

Wärmende Wickel mit Kartoffeln oder Polenta

Warme Wickel sind spannungslösend und schmerzlindernd und somit nicht nur geeignet als Zusatztherapie bei Halsschmerzen und Bronchitis, sondern auch bei Spannungsschmerzen im Rücken und Nacken.

Das braucht man für einen wärmenden Wickel:

- Kartoffeln oder Polenta
- Leinen- und Baumwolltücher, Kompressen, grobgewobene Gazen zum Einschlagen
- Warme Tücher oder Decken zum Abdecken
- Breite Binden oder Schals zum Fixieren

Kartoffel- oder Polentapäckchen werden – nach Test auf der eigenen Haut am Unterarm – so warm wie möglich, d. h. vom Tier toleriert, auf den Brustkorb oder den Halsbereich gelegt, mit warmen Tüchern abgedeckt und mit breiten Binden oder einem Schal befestigt.

Der Wickel wird so lange belassen, wie er wärmt. In der Regel ist das ungefähr eine Stunde. Ein Wickel kann bis dreimal täglich angewendet werden. Die Kartoffelmasse und die Polenta werden jedoch nur einmal verwendet.

Zubereitung

Kartoffelwickel

Die Kartoffeln werden mit Schale weich gekocht. Das Tuch für den Kartoffelwickel wird so groß gewählt, wie es der zu wärmende Bezirk auf der Haut des Tieres erfordert. Die noch heißen Kartoffeln werden in das Tuch eingeschlagen (Päckchen packen) und mit der flachen Hand oder dem Nudelholz zerdrückt, bis das Kartoffelpäckchen eine Schichtdicke von etwa 2 cm hat.

Polentawickel

Die Polenta kocht man mit Wasser auf und lässt sie langsam bei niedriger Temperatur ausquellen, bis eine streichfähige Masse entsteht. Die Polentamasse wird noch heiß 2 cm dick auf ein Tuch auftragen und darin eingeschlagen (Päckchen packen). Das Polentapäckchen wird so groß gewählt, wie es der zu wärmende Bezirk auf der Haut des Tieres erfordert.

Die Bilder zu den Wickeln und zum richtigen Auflegen sind auf den Seiten 34-35 zu finden.

Leinsamenmehl-Senfmehl-Wickel

Zusätzlich zur physikalischen Wärmewirkung kann man auch noch eine medizinische Wirkung erreichen, indem man für den wärmenden Wickel Pflanzen mit scharfen Inhaltsstoffen verwendet. Diese Scharfstoffe, wie sie im Senf enthalten sind, führen zu einer lokalen Durchwärmung, sind durchblutungssteigernd, stoffwechselanregend und schleimlösend. Sie sind geeignet bei länger andauernden und chronischen Erkrankungen und unterstützen den Heilungsprozess bei Lungenentzündung, Bronchitis, Kehlkopfhusten oder Brustfellentzündung. Als Beispiel dient der Leinsamenmehl-Senfmehl-Wickel.

Achtung: Für diesen Wickel gelten alle oben genannten Vorsichtsmaßnahmen in besonderem Maße, denn Scharfstoffe können selbst in kaltem Zustand zu Verbrennungen der Haut führen. Der Leinsamenmehl-Senfmehl-Wickel sollte auch vom wickelerfahrenen Laien nur bei erwachsenen Rindern, Schafen, Ziegen und Pferden eingesetzt werden.

Das braucht man:

- Leinsamen, gemahlen
- Senfkörner vom Schwarzen Senf *(Brassica nigra)*, gemahlen
- Leinen- und Baumwolltücher, Kompressen, grobgewobene Gazen zum Einschlagen
- Tücher oder Decken zum Abdecken
- Breite Binden oder Schals zum Fixieren

Achtung: Beim Umgang mit Senfmehl sollte man Handschuhe tragen und die Augen schützen.

Zubereitung

Leinsamenmehl-Senfmehl-Wickel

Leinsamenmehl mit Wasser aufkochen, bis ein zäher Brei entstanden ist. Den Leinsamenbrei unter 60 °C abkühlen lassen. Senfmehl dazu geben. Das Verhältnis Senfmehl zu Leinsamen beträgt 1:1. Man erreicht aber auch mit Mischungen von 1:2 und 1:4 noch gute Wirkungen.

Die Mischung 0,5 – 1 cm dick auf Mull streichen, Tuchränder einschlagen (Päckchen packen) und den Umschlag auflegen. Bei der ersten Anwendung sollte man nach 5 Minuten die Reaktion der Haut kontrollieren: Eine lokale Rötung ist erwünscht, aber keine übermäßige Hautreizung oder gar Verbrennung. Wenn sich auch bei einer Kontrolle nach 10 Minuten keine Unverträglichkeit zeigt und das Tier den Aufschlag toleriert, kann der Wickel wie ein wärmender Wickel befestigt und über Nacht belassen werden.

Nach dem Abnehmen des Wickels wird die Haut abgewaschen, um Reste des Senfmehles zu entfernen. Andernfalls kann die Haut geschädigt werden oder das Tier kann sich beim Ablecken eine unangenehme Reizung der Zunge und der Mundschleimhäute zuziehen.

Honig und Heilkräuter – ein heilkräftiges Team

Honig war schon vor Jahrtausenden ein wichtiges Heilmittel: Aus dem alten Ägypten ist eine über 20 m lange Schriftrolle aus Papyrus erhalten, die aus der Zeit um 1550 v. Chr. stammt – der Papyrus Ebers. In dieser Schrift sind etwa 800 Rezepturen gegen die verschiedensten Erkrankungen aufgezeichnet. In den Rezepturen finden sich viele Heilpflanzen, die noch heute genutzt werden. Dabei spielt Honig eine ganz wichtige Rolle.

Auch in unseren Breiten wurde Honig vielfach eingesetzt, besonders auch zur Wundheilung (siehe auch **S. 127**). In der Volksmedizin wird Honig bei Mensch und Tier gerne als Heilmittel bei Atemwegserkrankungen eingesetzt. Honig gilt in anderen Kulturen als «Medizinpferd», das Heilstoffe wirksam in den Körper bringt.
So wird's gemacht:

- Frische oder getrocknete Pflanzen werden zerkleinert und mit Honig bedeckt.
- Nach ein paar Minuten Ziehdauer werden Pflanzen und Honig vermengt und entweder direkt mit dem Löffel eingegeben (Schlecken) oder zu Pillen, Latwergen und Ähnlichem verarbeitet (siehe Zubereitungsarten ab **S. 27**).

Tipp: Honig gegen Pollenallergie

In einem naturbelassenen Honig sind immer auch Pollen. Es hat schon so manchem zur Pollenallergie neigenden Pferd geholfen, den Winter über täglich einen Esslöffel Honig vom heimischen Imker zu schlecken. In der Darmschleimhaut werden alle Nahrungsbestandteile vom Immunsystem geprüft: als Nahrung geeignet oder nicht. Gelangt der Pollen in Honig gebunden als Nahrung in den Darm, so wird er dort häufig vom Immunsystem toleriert. Treffen

1

2

1 Bienenhonig hilft nicht nur gegen Atemwegserkrankungen.
2 Islandponys leiden nicht selten unter dem Pollenreichtum in unseren Breiten.

dann im Frühling Pollen auf die Schleimhaut der Atemwege, so bleibt die Überreaktion des Immunsystems im Bereich Atemwege aus.

Honig für Hustentee, Hustensaft und Hustensirup

Hustentees werden traditionell mit Honig gesüßt. Dies nicht nur, um die Tiere mit schnell verfügbarer Energie zu versorgen und die Akzeptanz zu verbessern, sondern auch, weil man beobachtet hat, dass die Drüsen der Schleimhäute angeregt werden, vermehrt dünnflüssige Sekrete zu produzieren. Diese verbessern die Funktion der Flimmerhärchen und erleichtern das Abhusten zäher Sekrete. Aus diesem Grund dient Honig auch als Zutat für selbst gemachte Hustensäfte.

Zubereitung von Spitzwegerichhonig

Zubereitung

Selbst gemachter Hustensaft mit Spitzwegerich und Honig

Spitzwegerichblätter, am besten frisch kleinschneiden, mit wenig abgekochtem Wasser im Mörser zerreiben. Anschließend den Pflanzenbrei in einer kleinen Menge Wasser kurz aufkochen. In den noch lauwarmen Sud reichlich Honig einrühren.

Zubereitung

Zwiebel-Hustensirup für Pferde und Wiederkäuer

Eine Zwiebel wird fein gewürfelt und in einem Schraubglas mit 2 EL Honig überdeckt.

Nach etwa 20 Minuten bildet sich obenauf Saft. Dieser Saft wird bei Husten mehrmals täglich löffelweise eingegeben.

Möglichst frisch zubereiten. Lehnen die Pferde den Zwiebelsirup ab, so kann man ihn mit Obstessig verdünnen.

Achtung: Zwiebelsirup ist für andere Tiere nicht geeignet.

Zubereitung

Erdkammersirup

Ein weithalsiges Schraubglas wird bis zum Rand abwechselnd mit einer Lage frischer, aber trockener, zerkleinerter Kräuter und Honig gefüllt.

Das Glas wird gut verschlossen und für 3 Monate 50 cm tief in der Erde vergraben und anschließend filtriert.

Ein solcher Sirup ist 1 Jahr lang haltbar. Für einen Erdkammersirup eignen sich Fenchelfrüchte, Fichtensprossen, Spitzwegerichblätter und Thymiankraut.

Der Honig-Heilpflanzenansatz kann auch oberirdisch an einem konstant kühlen und dunklen Platz gelagert werden.

Wie Lindenblütentee wird auch Lindenhonig bei Erkältungen und fiebrigen Infekten empfohlen. Er hat entzündungshemmende und beruhigende Wirkung.

10

Nieren und Harnwege

Allgemeines zur Funktion

Die Nieren filtern das Blut. Nicht weiter verwertbare Bestandteile aus der Nahrung und aus den Stoffwechselprozessen des Körpers («harnpflichtige Stoffe») sowie Arznei- und Giftstoffe werden aus dem Blut herausgefiltert und in Wasser gelöst als Harn ausgeschieden.

Über Menge und Zusammensetzung des Harns regeln die Nieren zudem die Zusammensetzung des Blutes, den Blutdruck sowie den gesamten Flüssigkeitshaushalt des Organismus. Um ihre wichtigen Aufgaben ordnungsgemäß erfüllen zu können, müssen die Nieren gut durchblutet werden.

Bei den Säugetieren wird der Harn in den Nierenbecken gesammelt und über die Harnleiter zur Harnblase transportiert, die den Harn speichert. Die Entleerung der Harnblase erfolgt schließlich über die Harnröhre. Harnleiter, Harnblase und Harnröhre werden als ableitende Harnwege bezeichnet. Vögeln fehlt die Harnblase. Ihre Harnleiter münden direkt in die Kloake.

Was führt zu Erkrankungen in den Nieren und den Harnwegen?

Blasenentzündung

Krankheitserreger können in allen Abschnitten des Harntraktes zu Entzündungen führen. Am häufigsten kommt es jedoch zu Blasenentzündungen. Weibliche Tiere sind aufgrund der kürzeren Harnröhre, durch die Bakterien leichter in die Blase aufsteigen können, häufiger von Blasenentzündungen betroffen. Durchnässung oder Baden bei kühlem Wetter oder an windigen Tagen können Auslöser für eine Blasenentzündung sein.

Tipp: Nasse Tiere trocken reiben und mit einer Decke zudecken. Bei offensichtlichem Frieren für rasche Wärmezufuhr sorgen – zum Beispiel warmer Stall oder Wärmelampe.

Harnsteine

Harnsteine bestehen aus Mineralstoffen. Diese stammen aus der Nahrung und werden, wenn sie überflüssig sind, normalerweise im Harn gelöst und mit ihm ausgeschieden. Sie können jedoch auch in den ableitenden Harnwegen ausfallen und sich zu Kristallen zusammenfügen. Sind die Kristalle noch klein, werden sie als Harngrieß oder Blasenschlamm bezeichnet.

Harnsteine bilden sich bevorzugt, wenn im Futter zu viel Kalzium, Phosphor oder Magnesium enthalten ist. Eine an den Bedarf der Tiere angepasste Futterzusammensetzung hilft, Blasensteine zu vermeiden.

Harnkristalle können eine weitere Ursache für Blasenentzündungen sein, da sie durch ihre scharfen Kanten und Spitzen die Schleimhaut der Blase reizen.

Generell sind Tiere, die wenig trinken, gefährdet, Harnsteine zu bekommen. Auch bei alten Tieren steigt die Gefahr der Harnsteinbildung: Der Blasenmuskel beginnt zu erschlaffen, wodurch bei jeder Blasenentleerung ein Harnrest in der Blase bleibt, in dem Mineralstoffe besonders leicht ausfallen und sich zusammenlagern. Auch der Blasenschließmuskel funktioniert beim alten Tier oft nicht mehr einwandfrei. Dadurch kommt es einerseits zur Inkontinenz, dem Verlust der Stubenreinheit, und andererseits zu häufigerem Eindringen von Bakterien in die Blase. Bakterien begünstigen zusätzlich die Steinbildung. Sie wirken im Harn sozusagen als Kristallisationspunkte für Steine.

Meerschweinchen leiden häufig unter Blasensteinen. Ursachen sind Fütterungsfehler.

Krankheitszeichen

- Häufiges Harnabsetzen, jedoch in geringen Mengen
- Harnträufeln, Inkontinenz
- Schmerzäußerungen beim Harnabsatz
- Harn in Farbe und Geruch verändert
- Blut im Harn (rötlich gefärbt)
- Vermehrtes Lecken der Genitalregion
- Manchmal Fieber (immer kontrollieren!)
- Harnsteine:
  - Starkes Pressen mit tropfenweisem Harnabsatz
  - Erfolglose Bemühungen zum Harnabsatz mit rascher Verschlechterung des Allgemeinbefindens und kolikartigen Schmerzen
- Chronische Nierenerkrankung
  - Großer Durst – große Harnmenge, dadurch evtl. Verlust der Stubenreinheit
  - Struppiges Haarkleid, schlechtes Allgemeinbefinden, Gewichtsverlust
  - Mangelnder Appetit oder Heißhunger
  - Mit Fortschreiten der Erkrankung kommt es zur Austrocknung
    - Haut verliert ihre Elastizität
    - Tief liegende Augen
    - Zäher Speichel
  - Geruch nach Harn aus dem Maul und dem Fell
  - Erbrechen

Verlauf von Erkrankungen der Nieren und Harnwege

Einfache Harnwegsentzündungen

Blasenentzündungen infolge von Erkältungen heilen vielfach ohne weitere Maßnahmen im Laufe weniger Tage wieder ab. Mit Heilpflanzen können die Heilungsprozesse unterstützt werden. Leider neigen Harnwegsinfekte und Blasenentzündungen dazu, sich zu wiederholen. Deshalb ist es wichtig, nicht nur den akuten Zustand zu behandeln, sondern ein Wiederauftreten durch geeignete vorbeugende Maßnahmen zu verhindern. Heilpflanzen eignen sich dazu besonders gut.

Fortgeschrittene Harnwegs- und Nierenentzündung

Sind die Abwehrkräfte eines Tieres geschwächt, etwa aufgrund des Alters oder wegen nicht angemessener Fütterung und Haltung, so kann eine Harnwegsinfektion einen schweren Verlauf nehmen und sogar in die Nieren aufsteigen. Das heißt, dass über die Harnröhre eingedrungene Bakterien sich durch die Blase und Harnleiter bis in die Nieren ausbreiten. Dies führt zu einer Nierenbeckenentzündung und schließlich zur Entzündung des Nierengewebes.

Erkrankungen der Nieren werden für das Tier rasch lebensbedrohlich.

Achtung: Bei schweren Harnwegsentzündungen muss, insbesondere wenn sie mit Fieber verbunden sind, umgehend ein Tierarzt zugezogen werden.

1 Getreidefütterung vor einer Ausstellung birgt die Gefahr von Blasensteinen.
2 Bei Schweinen mit Weidegang kommen Harnwegserkrankungen kaum vor.

Eine Nierenentzündung kann auch die Folge von Vergiftungen oder unverträglichen Arzneimitteln sein oder direkte Folge bakterieller Infektionen über die Blutbahn. In solchen Fällen ist das Tier schwer krank, es besteht die Gefahr von Nierenversagen. Hier sollten die intensivmedizinischen Möglichkeiten einer Tierklinik genutzt werden.

Verlegung der Harnwege durch Harnsteine

Besteht aufgrund von Koliksymptomen und vergeblichem Harndrang der Verdacht, dass es durch Harnsteine zur Verlegung der Harnwege gekommen ist, muss der Tierarzt zugezogen werden. Er beurteilt, ob krampflösende Mittel angezeigt sind. Harntreibende Tees dürfen hier auf keinen Fall eingesetzt werden.

Achtung: Bei Verlegung der Harnwege Tierarzt zuziehen.

Chronische Nierenerkrankung

Im Alter lässt die Funktion der Nieren nach. Es gelingt ihnen immer weniger, die Stoffwechselabbauprodukte aus dem Körper restlos zu entfernen, wodurch sich eine langsame Vergiftung mit harnpflichtigen Substanzen entwickelt. Die Nieren werden zunehmend empfindlich. Muss ein älteres Tier beispielsweise aufgrund von Arthrosen oder einer Herzschwäche Medikamente nehmen, so kann Nierengewebe geschädigt werden. Dies ist ein schleichender Prozess, den man an seinem Tier nicht so leicht erkennt. Ein Blutbild gibt hier wichtige Hinweise. Regelmäßige jährliche oder halbjährliche Vorsorgeuntersuchungen helfen bei der Erkennung.

Besonderheiten der Tierarten

Nieren- und Harnwegserkrankungen beim Rind

Bei Rindern kommen Erkrankungen des Harntraktes selten vor. Ein höheres Risiko besteht nach einer Schwergeburt, die zu einer Nieren(-becken)entzündung führen kann. Das Tier zeigt dann Schmerzen beim Harnabsatz und einen dünnen Harnstrahl, oft verbunden mit Koliken. Hier ist der Tierarzt zu rufen.

Harnsteine kommen bei intensiv mit Kraftfutter gefütterten Maststieren vor, wenn die Mineralstoffzufuhr unpassend ist. Durch Umstellung der Ration und Beigabe von Kochsalz ins Kraftfutter, um die Wasseraufnahme zu erhöhen, können Harnsteine völlig verhindert werden.

Einige Pflanzen können Nieren und Blase schädigen wie Eicheln, Eichenlaub oder Adlerfarn. Vergiftungen mit diesen Pflanzen kommen allerdings fast nur vor, wenn den Tieren kein geeignetes Futter zur Verfügung steht. Aus Hunger fressen sie dann auch solche Pflanzen, die sie normalerweise meiden.

Nieren- und Harnwegserkrankungen bei Schaf und Ziege

Harnsteine kommen bei männlichen Mastlämmern und Mastkitzen und bei erwachsenen Schaf- und Ziegenböcken vor. Besonders häufig betroffen sind jüngere Tiere, die für eine Ausstellung vorbereitet werden: Sie werden intensiv mit Getreide und Gras gefüttert. Die Ration enthält zu viel Phosphor und Silizium und zu wenig Kalzium. Betroffene Tiere stehen häufig mit gesenktem Kopf und breitbeinig da, pressen und schlagen nach dem Bauch. Sie setzen nur tropfenweise oder gar keinen Harn mehr ab und werden zusehends apathischer. Penis, Vorhaut und Unterbauch sind geschwollen, und nicht selten fühlt man in der schon bläulich verfärbten Penisspitze Steine. Hier kann nur noch der Tierarzt durch rasches chirurgisches Eingreifen helfen. Zur Vorbeugung der Steinbildung muss auf reichliche Wasserversorgung und passende Mineralfuttermischung geachtet und der Raufutteranteil erhöht werden.

Nieren- und Harnwegserkrankungen beim Schwein

Eine optimale Gestaltung der Futterrationen, besonders im Hinblick auf das Kalzium-Phosphor-Verhältnis, ist zum Vorbeugen von Harngrieß oder Harnsteinen unerlässlich. Bei Sauen kommen selten Harnblasenentzündungen vor.

Nieren- und Harnwegserkrankungen beim Pferd

Bei Pferden können falsch zusammengesetzte Mineralfutter zur Harnsteinbildung führen. Betroffen sind besonders ältere Wallache, doch selbst bei Fohlen kann ein Überangebot an Mineralien zur Steinbildung führen. Harnsteine verursachen erst dann Symptome, wenn sie die Harnleiter oder Harnröhre verlegen: Die Tiere versuchen wiederholt vergeblich, Harn abzusetzen, und zeigen Kolik.

Pferde mit Nierenleiden sind häufig im hinteren Rücken schmerzempfindlich. Ihre Leistungsbereitschaft sinkt, sie magern ab und haben ein struppiges Fell, das im fortgeschrittenen

Stadium nach Harn riecht. Auch Zahnstein und geschwürige Veränderungen auf der Zunge können auf Nierenerkrankungen hinweisen. Akutes Nierenversagen kann Folge einer schweren Darmkolik sein. Auch Schmerzmittel, wie sie bei Gelenkserkrankungen und Hufrehe eingesetzt werden, können die Nieren schädigen und sogar zum Nierenversagen führen.

Nieren- und Harnwegserkrankungen beim Hund

Blasenentzündungen kommen bei Hunden jeden Alters vor, insbesondere aber bei älteren Tieren und kastrierten Hündinnen. Am häufigsten gelangen Bakterien über die Harnröhre in die Blase, aber auch Harnsteine können die Ursache sein. Das typische Symptom ist der häufige Harndrang, wobei nur kleine Mengen Harn abgesetzt werden. In manchen Fällen ist der Harn in Farbe und Geruch verändert, nicht selten ist er blutig. Insbesondere bei älteren Rüden kann eitrig-blutiger Urin auch die Folge einer Prostataentzündung sein. Durch die besondere Lage der Prostata beim Hund kommt es bei einer vergrößerten, entzündeten Prostata nicht, wie beim Menschen, zu Harnabsatzbeschwerden, sondern zu blutigem Urin. Probleme macht die vergrößerte Prostata eher beim Kotabsatz, da sie auf den Enddarm drückt. Diese Beschwerden lassen sich durch Heilpflanzen lindern.

Nieren- und Harnwegserkrankungen bei der Katze

Bei Katzen, vornehmlich bei kastrierten Katern, können sich Harnsteine als Folge einer ungeeigneten Fütterung und durch Harnwegsinfektionen bilden. Einige handelsübliche Futtersorten enthalten zu hohe Mengen an Magnesium oder Phosphor, die im Harn ausfallen und scharfkantige Kristalle bilden. Diese reizen die Blasenwand und die Harnwege. Das Absetzen des Harnes wird schmerzhaft und bei genauem Beobachten ist nicht selten Blut in der Katzentoilette zu finden. Im schlimmsten Fall ist der Harnabsatz durch Harnkristalle in der Harnröhre völlig blockiert. Dann muss unbedingt der Tierarzt aufgesucht werden. Neben der tierärztlichen Behandlung und einer Diät zum Auflösen der Steine kann das Tier mit Heilpflanzen unterstützt werden. Bei manchen Katzen kann eine körperliche Ursache für Nieren- und Blasenprobleme nicht gefunden werden. Stress des Tieres – beispielsweise in Mehrkatzenhaushalten oder bei nicht zusammenpassenden Tiergesellschaften – spielt bei der Krankheitsentstehung eine bedeutende Rolle.

Ältere Katzen leiden sehr häufig an einer Nierenschwäche (chronische Niereninsuffizienz). Anzeichen dafür kann der große Durst der Katze sein, die ausgetrocknete Haut und der schwankende Gang. Die Blutuntersuchung beim Tierarzt ergibt erhöhte Nierenwerte. Auch wenn es nicht möglich ist, schon zerstörtes Nierengewebe wiederherzustellen, so kann doch die schulmedizinische Therapie mit Homöopathika aus Heilpflanzen unterstützt werden.

Nieren- und Harnwegserkrankungen bei Kaninchen und Meerschweinchen

Kaninchen und Meerschweinchen in Käfighaltung leiden sehr häufig unter Blasensteinen. Meist bestehen diese Steine aus Kalzium, und die Ursache liegt im zu hohen Kalziumgehalt des Fertigfutters. Auch die im Zoofachhandel angebotenen Minerallecksteine, an denen die Tiere ihr Nagebedürfnis befriedigen, statt zu lecken, tragen zur Überversorgung mit Kalzium bei. Selbst Heu kann für Kaninchen und Meerschweinchen zu kalziumreich sein – wenn es einen hohen Anteil Luzerne enthält. Auch manche Kräuter wie Löwenzahn und Petersilie, sind kalziumreich und sollten deshalb in Maßen gefüttert werden.

Kommen zur Kalziumüberversorgung Bewegungsmangel, Überfütterung und Verfettung hinzu, so können Blasensteine zum Dauerproblem werden. Die Tiere sitzen häufig stundenlang reglos mit gekrümmtem Rücken. Der Bauch ist verspannt und Druck im Bereich des Bauches verursacht Schmerz und führt zu Abwehr. Heilpflanzen sind bei Kaninchen und Meerschweinchen sowohl zur Therapie als auch zur Vermeidung von Harnsteinen bestens geeignet. Die Tiere fressen frische und getrocknete Heilpflanzen direkt und nehmen auch meist problemlos Heilpflanzentees aus ihrer Trinkflasche auf.

Nieren- und Harnwegserkrankungen beim Geflügel

Beim Geflügel funktionieren Nieren und Stoffwechsel anders als beim Säugetier. Der von den Nieren produzierte Harn wird in den Darm geleitet und dort durch Rückresorption von Wasser eingedickt. Statt Harnstoff entsteht zudem im Eiweißstoffwechsel der Vögel Harnsäure. Kot, der pastöse Harn und die zu weißen Kristallen ausgefallene Harnsäure werden gemeinsam durch die Kloake ausgeschieden. Störungen von Nieren und Harnwegen und Magen-Darm-Störungen sind deshalb beim Geflügel schwer auseinanderzuhalten. Sind Durchfälle beim Geflügel durch entsprechende Diät nicht zu beeinflussen, sollte der Tierarzt klären, ob es sich um eine Erkrankung von Nieren- oder Harnwegen handelt. Entzündungshemmende und krampflösende Heilpflanzen wirken sich positiv auf die Gesundheit von Nieren und Harnwegen aus.

1

2

3

1 Eine Schwäche der Nieren kann sich in vermehrtem Durst äußern.
2 Besonders kastrierte Kater haben Probleme mit Harnsteinen.
3 Bei der Gabe von mineralienreichen Heilpflanzen wie Petersilie und Löwenzahn muss das geringe Gewicht der Nager berücksichtigt werden.

Heilpflanzen für Nieren und Harnwege

Wann sind Heilpflanzen zur Unterstützung von Nieren und Harnwegen sinnvoll?

- Vorbeugend bei Neigung zu Nieren- und Blasensteinen
- Zur Anregung der Nierentätigkeit und damit zum Ausspülen von Nieren- und Blasensteinen
- Vorbeugend in krankheitbegünstigenden Situationen wie nasskalte Witterung, Stress
- Bei Anfälligkeit für Harnwegsinfektionen bei schwachem Immunsystem, altersbedingten Schwächen von Nieren, Blase und Blasenschließmuskel
- Bei chronischen Harnwegsinfektionen
- Begleitend bei schweren bakteriellen Infektionen, die antibiotisch behandelt werden müssen, um den Körper bei seinen Heilungsreaktionen zu unterstützen.

Geflügel reagiert empfindlich auf Wassermangel.

Was kann man mit Heilpflanzen erreichen?

- Steigerung der Durchblutung von Nieren und Schleimhäuten der abführenden Harnwege, dadurch
  - Bildung größerer Mengen Harn (unbedingt Trinkmenge erhöhen!)
  - Ausspülung reizender Bakterien und Harnkristalle
- Lösen von Verkrampfungen in Muskulatur von Harnleitern und Blase
- Schmerzminderung beim Harnabsatz
- Krankheitserregern wird das Eindringen in die Blasenschleimhaut erschwert
- Krankheitserreger werden an der Bildung eines Schutzfilms (Biofilm) gegen Immunzellen und Antibiotika gehindert
- Keimhemmung
- Stärkung des Immunsystems
- Förderung der Heilung einer entzündlich gereizten Schleimhaut

Tabelle 10-1

Heilpflanzen zur Unterstützung von Nieren und Harnwegen (Auswahl)

Droge *(Heilpflanze lat.)*	Wichtige Inhaltsstoffe	Wirkungen (Auswahl)	Anwendungs-/ Zubereitungsform
Arbutinhaltige Drogen			
Bärentraubenblätter *(Arctostaphylus uva-ursi)*	Arbutin, Gerbstoffe	Harndesinfizierend	Innerlich; Kaltwassermazerat, Pulver
Birnenblätter *(Pyrus communis)*	Arbutin, Gerbstoffe	Harndesinfizierend, antibakteriell, entzündungshemmend	Innerlich; Tee, Pulver
Preiselbeerblätter, -beeren *(Vaccinium vitis-idaea)*	Arbutin, Flavonoide, Proanthozyanidine	Harndesinfizierend, entwässernd, antibakteriell, biofilmverhindernd	Innerlich; Tee, Pulver
Saponindroge			
Goldrutenkraut, Echtes *(Solidago virgaurea)*	Saponine, Flavonoide, ätherische Öle, Bitterstoffe, Gerbstoffe	Durchspülend, entzündungshemmend, krampflösend, schmerzstillend, immunstimulierend, bakterienabtötend	Innerlich; Tee, Tinktur, Fertigarzneimittel
Flavonoiddrogen			
Birkenblätter, -knospen *(Betula pendula, B. pubescens)*	Flavonoide, Proanthozyanidine, Vitamin C, Kalium, Kalzium	Harntreibend, stoffwechselanregend, blutreinigend	Innerlich; Tee, Frischpflanzensaft, ganze Pflanze frisch u. trocken
Hauhechelwurzel *(Ononis spinosa)*	Flavonoide, ätherisches Öl, Gerbstoffe, Saponine	Harn- und steintreibend	Innerlich; Tee
Löwenzahn (Kraut, Wurzel) *(Taraxacum officinale)*	Flavonoide, Bitterstoffe, Kalzium, Kalium, Vitamine (B1, B2, C, E)	Harn- und galletreibend	Innerlich; Tee, Presssaft, als ganze Pflanze
Ätherischöldrogen			
Liebstöckelwurzel *(Levisticum officinale)*	Ätherisches Öl	Harntreibend	Innerlich; Tee
Petersilienkraut, -wurzel *(Petroselinum crispum)*	Ätherisches Öl, Flavonoide, Vitamin C	Harntreibend	Innerlich; Tee, als ganze Pflanze
Wacholderbeeren *(Juniperus communis)*	Ätherisches Öl, Proanthozyanidine Flavonoide	Nierendurchblutunganregend, harntreibend, krampflösend, entzündungshemmend, antibakteriell	Innerlich; Tee, ganze Beeren, ätherisches Öl
Mineralienreiche Drogen			
Brennnesselblätter, -kraut *(Urtica dioica, U. urens)*	Kieselsäure, Kalium, Eisen, Magnesium, Spurenelemente, Flavonoide, Carotinoide, Vitamin C u. B-Komplex	Harntreibend, entzündungshemmend, schmerzstillend, abwehrsteigernd, stoffwechselanregend	Innerlich; Tee, Presssaft, Pulver, als ganze Pflanze angewelkt oder trocken
Ackerschachtelhalmkraut *(Equisetum arvense)*	Kieselsäure, Aluminium, Kalium, Flavonoide	Harntreibend, bindegewebsfestigend, stoffwechselanregend, biofilmverhindernd	Innerlich; Tee, Pulver, als ganze Pflanze

Bei Harnwegserkrankungen geeignete Immunstimulanzien:
Meerrettichwurzel, Kapuzinerkresseblätter und - blüten, Brunnenkressekraut, Purpursonnenhutkraut, Bockshornkleesamen. Pflanzenbeschreibungen siehe Kapitel Gesund erhalten.

Hausmittel und Rezepturen für Nieren und Harnwege

Eine Auswahl der Heilpflanzen zur Unterstützung von Nieren und Harnwegen findet sich in **Tabelle 10-1**. Die Dosierungen sind in **Kapitel 2** nach Tierart zusammengestellt.

So kann das Trinken gefördert werden

Die Durchspülung der Harnwege ist wichtig. Es lohnt sich, die Tiere zur Aufnahme größerer Flüssigkeitsmengen zu bewegen.

- Hunden kann man eine Fleischbrühe anbieten oder mit dieser das Trockenfutter einweichen. Milch und Sahne im Trinkwasser erhöhen das Interesse am Trinken.
- Wiederkäuern, Pferden und Schweinen kann man eine kleine Portion Speisesalz unter das Futter mischen.
- Kaliumhaltige Pflanzen wie die Brennnessel fördern das Trinken beim Geflügel.

Achtung: Niemals versuchen, das Tier zur Aufnahme von Heilpflanzentee zu zwingen, indem man es dursten lässt. Damit würde man gerade bei Harnwegserkrankungen großen Schaden anrichten.

Gegenanzeigen: Wann harntreibende Tees nicht angewendet werden dürfen

Bei Wasseransammlungen (Ödemen) in den Beinen oder Schwellung im Bereich des Brustbeines und am Unterbauch muss der Tierarzt abklären, ob die Ödeme die Folge einer Herz- oder Nierenerkrankung sind. Ist dies der Fall, dürfen harntreibende Tees nicht eingesetzt werden.

Bei Verdacht, dass Steine die Harnwege verlegen (vergeblicher Harndrang, Koliksymptome), dürfen harntreibende Tees nicht eingesetzt werden. Dies muss der Tierarzt klären, bevor eine Teetherapie begonnen wird.

Meerschweinchen trinken zusätzlich angebotenen Tee problemlos aus der Nuckelflasche.

Goldrute, Echte *(Solidago virgaurea)*

Die Echte Goldrute kommt in ganz Europa in lichten Wäldern, auf Kahlschlägen und an Waldrändern vor. Bei den Germanen stand sie als Heidnisch Wundkraut oder Goldwundkraut, als wundheilungsfördernde Pflanze, hoch im Kurs. Sie wirkt auf Nieren und Harnwege überaus positiv. Die Goldrute hat ein breites Spektrum von Inhaltsstoffen wie Saponine, Flavonoide, ätherische Öle, Bitterstoffe und Gerbstoffe. Auf die Harnorgane wirkt sie durchspülend, entzündungshemmend, krampflösend, schmerzstillend, immunstimulierend und bakterienabtötend.

Die Goldrute wird angewendet bei Entzündungen und wiederkehrenden Harnwegsinfektionen ebenso wie bei Harnsteinen und Nierengrieß und deren Vorbeugung. Sie wird in Blasentees mit Bärentraubenblättern, Preiselbeerblättern oder Birnenblättern kombiniert. Auch in ausleitenden Teemischungen, die besonders bei Arthrosen, Rheuma und Hautleiden eingesetzt werden, ist häufig die Goldrute enthalten. In solchen Mischungen kann sie mit Löwenzahn oder Brennnessel kombiniert werden. Das **Kapitel Gesund erhalten** enthält die Informationen zu diesen Pflanzen.

Goldrute blüht ab August, dann wird der obere, blütenbesetzte Teil des Krautes gesammelt.

Zubereitung

Goldrutenkrauttee

2 TL Goldrutenkraut werden mit ¼ l kochendem Wasser übergossen, 10 Minuten zugedeckt ziehen lassen, Kondenswasser in den Tee zurückführen, abseihen.

Wacholder, Gemeiner *(Juniperus communis)*

Wacholder gedeiht in Moor- und Heidelandschaften. In den Arzneibüchern des Mittelalters wird er hoch geschätzt. Hier heißt es an einer Stelle: «Eßt Kranewitt und Bibernell, dann sterbts nit so schnell.» Volkstümlich heißt der Wacholder auch Reckholder oder Kranewittbaum.

Wacholderbeeren enthalten viel ätherisches Öl. Sie wirken entzündungshemmend und bakterienabtötend. Vor allem regen sie die Durchblutung der Nieren an. Damit kommt es zu vermehrter Harnausscheidung. Wacholder eignet sich somit zur Durchspülungstherapie. Außerdem ist er verdauungsfördernd und milchflussanregend.

Genutzt werden seine Früchte, die sogenannten Wacholderbeeren. Ihre Reife dauert 2–3 Jahre. Die Wacholderbeeren sammelt man im Herbst. Da die nadelförmigen Blätter des Wacholders stechen, breitet man ein Tuch unter dem Wacholderstrauch aus und klopft die reifen Beeren ab.

Zubereitung

Wacholderbeerentee

1 TL frisch zerdrückter Wacholderbeeren mit ¼ l kochendem Wasser übergießen, 5 Minuten zugedeckt ziehen lassen, das Kondenswasser in den Tee zurückführen, abseihen. Nicht bei entzündlichen Nierenerkrankungen und nicht bei trächtigen Tieren anwenden. Nicht überdosieren und nicht länger als 6 Wochen anwenden.

Bakterielle Harnwegsentzündungen

Um den Körper gegen wiederkehrende Infektionen mit Erregern von Harnwegserkrankungen zu schützen, werden Heilpflanzen mit abwehrsteigernder Wirkung eingesetzt. Geeignet sind Meerrettich, Kapuzinerkresse, Brunnenkresse, Knoblauch, Sonnenhut oder Bockshornklee. Informationen zu abwehrsteigernden Pflanzen finden sich im **Kapitel Gesund erhalten**.

Bärentraube, Immergrüne
(Arctostaphylus uva-ursi)

Die Bärentraube ist ein Halbstrauch, der auf Heiden und kalkigen Bergen Europas wächst. Sie hat rote Beeren und ovale, ledrige Blätter. Bärentraubenblätter sind ein traditionelles nordisches Heilmittel gegen infektiöse Nieren- und Blasenkrankheiten. Ihr wichtigster Inhaltsstoff ist das Arbutin. Bärentraubenblätter haben eine harndesinfizierende Wirkung.

Man sammelt die jungen Blätter im Sommer. Es gibt regionale Sammeleinschränkungen.

Aufgrund des hohen Gerbstoffgehaltes der Bärentraubenblätter wird der Tee nicht mit kochendem Wasser zubereitet. Ein solcher Tee würde zu Magenreizungen führen und von Mensch und Tier wegen seines unangenehmen Geschmackes abgelehnt werden. Das Arbutin ist auch in kaltem Wasser löslich.

Zubereitung

Bärentraubenblätter-Kaltansatz

1 TL getrocknete Blätter mit ¼ l kaltem Wasser ansetzen, unter gelegentlichem Umrühren 12 Stunden ausziehen lassen, abseihen.
Für Jungtiere sind Bärentraubenblätter ungeeignet.

Bärentraubenblätterpulver

Bärentraubenblätter können bei Rind, Schaf, Ziege, Pferd und beim Schwein als Pulver unter das Futter gemischt oder in Bissen und Latwergen einarbeitet werden.
Für ein traditionelles Rezept bei Blasensteinen der Wiederkäuer nehme man:

- 40 g Bärentraubenblätter pulverisiert
- 30 g Birkenblattknospen fein geschnitten
- 30 g Petersilienwurzel pulverisiert oder fein geschnitten

mische daraus ein Pulver und gebe Rindern zwei- bis dreimal täglich 3 EL, Schafen zwei- bis dreimal täglich 1–2 TL voll mit dem Futter. Nicht bei trächtigen Tieren einsetzen.

Tipp: Für eine optimale Wirkung des Arbutins sollte der Harn basisch sein. Der Hund hat als Fleischfresser jedoch einen sauren Harn. Der Harn wird alkalischer, indem man dem Futter oder dem Tee pro Dosis eine Messerspitze bis ¼ TL Natron (Natriumbicarbonat, Speisesoda) zusetzt.

Bei Tieren, die Bärentraubenblätter ablehnen, versuche man es mit Preiselbeerblättern oder mit Birnenblättern. Auch sie enthalten das harnwegsdesinfizierende Arbutin.

Birnbaum *(Pyrus communis)*

Die Birne ist ein weit verbreiteter Obstbaum. Die Blätter des Birnbaums werden als milder und bekömmlicher Ersatz für Bärentraubenblätter verwendet, denn auch sie enthalten Arbutin, wenn auch wesentlich weniger. Außerdem sind Gerbstoffe und keimhemmende Stoffe enthalten. Für einen Tee werden junge Birnenblätter gesammelt. Wichtig ist, auf einwandfreie Blätter zu achten: Birnenblätter sind häufig vom Birnengitterrost befallen, einem Pilz, der in Wacholdergewächsen parasitiert und dessen Sporen mit dem Wind auf Birnenblätter übertragen werden. Birnengitterrost erkennt man an orangeroten Flecken auf der Blattoberseite.

Zubereitung

Birnenblättertee

1 EL geschnittene, getrocknete Birnenblätter mit ¼ l heißem Wasser übergießen, 10 Minuten ziehen lassen, abseihen.

Preiselbeere *(Vaccinium vitis-idaea)*

Preiselbeersträucher siedeln auf der gesamten nördlichen Erdhalbkugel auf sauren Böden, im Halbschatten lichter Wälder und Heidelandschaften. Preiselbeerblätter werden zur Durchspülung eingesetzt. Sie regen die Harnbildung an und wirken entwässernd. Mit der vermehrten Harnmenge werden Bakterien und Entzündungsprodukte aus der Blase geschwemmt. Die Wirkstoffe in Preiselbeerblättern töten Bakterien ab und verhindern eine Biofilmbildung.

Die Preiselbeerblätter werden im Sommer gesammelt. Es gibt regionale Sammeleinschränkungen.

Preiselbeeren

Die roten Preiselbeeren sind reich an Mineralien und Vitaminen und ebenfalls bei Blasenerkrankungen anwendbar. Preiselbeeren können auch getrocknet eingesetzt werden.

Zubereitung

Preiselbeerblättertee

1 TL Preiselbeerblätter mit ¼ l kochendem Wasser übergießen, 10 Minuten ziehen lassen, abseihen.

Für Säuglinge unter 6 Wochen ist Preiselbeerblättertee nicht geeignet.

Unterscheidung Bärentraubenblätter und Preiselbeerblätter: Bärentraubenblätter sind ganzrandig, auf beiden Seiten glänzend und deutlich sichtbar von einem Netz von Blattadern durchzogen. Preiselbeerblätter sind am Blattrand schwach gesägt, ohne Netz von Blattadern und auf der Unterseite mit braunen Punkten besetzt.

Durchspülung und Ausleitung

Achtung: Bei Verdacht, dass Steine die Harnwege verlegen (vergeblicher Harndrang, Koliksymptome), dürfen harntreibende Tees nicht eingesetzt werden. Dies muss der Tierarzt klären, bevor eine Teetherapie begonnen wird.

Petersilie *(Petroselinum crispum)*

Die Petersilie ist eine weit verbreitete Gartenpflanze. Ihre harn- und steintreibende Wirkung ist seit der Antike bekannt. Im *Neuw Kräuterbuch* des Leonard Fuchs von 1543 steht: «Wurzeln und Same des fremden Petersilg wie auch des gemeinen Peterlins treiben den Harn so sie in Wasser oder Wein gesotten und getrunken werden, sie sind gut zu dem Grimmen und Aufblasen des Magens und den Wehtagen der Nieren und der Blase.»

Von der Petersilie werden das Kraut und die Wurzel zu Heilzwecken genutzt. Von der früher üblichen Verwendung der Früchte wird heute wegen zu vieler Nebenwirkungen abgeraten. Wurzeln und Kraut enthalten ätherisches Öl und Flavonoide. Das Kraut enthält zusätzlich viel Vitamin C.

Petersilie wird traditionell bei Verdauungsbeschwerden, Wassersucht, Blasen- und Nierenleiden eingesetzt. Kraut und Wurzeln wirken sehr gut harntreibend und können zur Durchspülungstherapie bei Erkrankungen der harnableitenden Wege angewendet werden.

Die Wurzel wird im Herbst gegraben, sie kann im Backofen bis 40 °C getrocknet werden. Das Kraut kann während des ganzen Sommers geschnitten werden.

Achtung: Petersilie kann mit der sehr giftigen Hundspetersilie verwechselt werden. Es ist empfehlenswert, die Petersilie im eigenen Garten anzubauen.

Achtung: Petersilie enthält viel Kalzium. Deshalb sollten Meerschweinchen und Kaninchen nur kleine Mengen fressen. Während der Trächtigkeit keine Petersilie verfüttern.

Zubereitung

Petersilientee

1–2 Teelöffel Kraut oder fein geschnittene Wurzel mit ¼ l kochendem Wasser übergießen, zugedeckt ziehen lassen, nach 10 – 15 Minuten abseihen.

Traditionelle Teerezeptur

Man nehme Petersilienwurzel, Ackerschachtelhalmkraut und Thymiankraut zu gleichen Teilen und mische.

Hiervon 2 TL mit ¼ l heißem Wasser übergießen, 10 Minuten zugedeckt ziehen lassen, das Kondenswasser in den Tee zurückführen, abseihen. Mehrmals täglich 1–2 Tassen.

Dies ist eine traditionelle Rezeptur bei infektiösen Harnwegserkrankungen des Menschen, die auch für Tiere geeignet ist. Nicht bei Säuglingen anwenden.

Pflanzenfressern können Petersilienkraut und -wurzeln roh verabreicht werden.

Hauhechel, Dornige *(Ononis spinosa)*

Bereits der berühmte griechische Arzt Dioscurides, der im 1. Jahrhundert nach Chr. lebte, kannte die Hauhechel und empfahl sie als harntreibende Arznei.

Ein weiterer berühmter Heilpflanzenkundler, Leonard Fuchs, schrieb in seinem *Neuw Kräuterbuch* von 1543: «Die Rinde in Wein gesotten und getrunken bringt den Harn, bricht den Stein.»

Hauhechel kommt in fast ganz Europa bis auf Höhen von 1500 m vor. Sie bevorzugt steinig-trockene, sonnige Wald- und Wegränder und bildet eine kräftige, bis 50 cm lange Pfahlwurzel aus. Die Hauhechelwurzel enthält Flavonoide, ätherisches Öl, Gerbstoffe und Saponine. Sie wirkt harntreibend und ist zur Durchspülung bei entzündlichen Erkrankungen der Nieren und der ableitenden Harnwege sowie zur Vorbeugung von Nierengrieß geeignet. Bei alten Hündinnen kann sie bei Inkontinenz aufgrund von Östrogenmangel helfen.

Zubereitung

Hauhecheltee

2 TL Hauhechelwurzel mit ¼ l heißem, aber nicht kochendem Wasser übergießen, zudecken und 30 Minuten ziehen lassen. Das Kondenswasser in den Tee zurückführen, abseihen.

Hauhechelwurzel wird im Herbst gegraben, gründlich gereinigt, der Länge nach halbiert und getrocknet. Nutzt man dazu künstliche Wärme, so achte man darauf, dass die Temperatur 40 °C nicht überschreite.

Liebstöckel *(Levisticum officinale)*

Liebstöckel ist eine Kulturpflanze in Gärten. Sie beansprucht pro Pflanze mindestens einen halben Quadratmeter. Die Blätter werden auch Maggikraut genannt. Liebstöckel dient als Würzkraut. Die heilkräftige Wurzel des Liebstöckels wird Gichtwurz genannt. Sie war schon im Mittelalter als harntreibendes Mittel bekannt. Liebstöckelwurzel enthält ätherisches Öl und ist zur Durchspülung bei entzündlichen Erkrankungen der ableitenden Harnwege sowie zur Vorbeugung von Nieren- und Harngrieß geeignet.

Man gräbt die Wurzeln junger, 2- bis 3-jähriger Pflanzen im Herbst, reinigt sie samt der daran hängenden Seitenwurzeln und fädelt sie zum Trocknen auf.

Achtung: Liebstöckel gehört zu den Doldenblütlern. Unter diesen gibt es große Heilpflanzen, aber auch gefährliche Giftpflanzen. Es ist empfehlenswert, den Liebstöckel im eigenen Garten anzubauen.

Zubereitung

Liebstöckeltee

1–2 TL kurz zuvor fein geschnittene Liebstöckelwurzel mit ¼ l kaltem Wasser übergießen, bei geschlossenem Topf einmal aufkochen, sofort das Kondenswasser in den Tee zurückführen, abseihen.

Achtung: Nicht bei Nierenentzündungen oder Nierenschwäche einsetzen. Nicht bei trächtigen Tieren einsetzen. Keine Langzeitanwendung.

Ausleitende Pflanzen mit breiter Wirkung

Unter den Heilpflanzen gibt es solche, die noch weit mehr können, als den Harnfluss anregen:

- Brennnessel
- Ackerschachtelhalm
- Löwenzahn
- Birke

Sie aktivieren den Stoffwechsel, bringen Abgelagertes wieder in Fluss und unterstützen die Leber und die Nieren bei der Ausscheidung. Dadurch können Beschwerden, die durch Ablagerungen entstehen, wie Rheuma, Arthrosen, Gicht, Hautunreinheiten, Blutgefäßverengungen und Steinleiden gebessert oder vermieden werden. Die zur Ausleitung geeigneten Pflanzen werden im **Kapitel Gesund erhalten** besprochen.

Wärme tut gut: Warme Wickel

Harnwegserkrankungen werden häufig durch Erkältungen verursacht. Warme Wickel und Auflagen haben lange Tradition zur Unterstützung bei Nieren- und Harnwegserkrankungen. Sie fördern die Durchblutung und lindern Schmerzen, da sie krampflösend wirken (siehe **S. 194**).

Die Bedeutung der Antibiotika in der Therapie von Harnwegsinfektionen

Harnwegsinfektionen neigen dazu, wiederholt aufzutreten. Dies sind gerade solche, die mit Antibiotika behandelt wurden. Das hat mehrere Gründe:

Schädigung der Mikroflora

Antibiotika wirken nicht gezielt auf Krankheitserreger. Sie schädigen immer auch die physiologische Mikroflora der Schleimhäute im Darm sowie in Atem- und Harnwegen. Eine gesunde Mikroflora verwehrt den Krankheitserregern das Anhaften an der Schleimhaut und produziert gegen sie Abwehrstoffe. Sind diese «Wächter» dem Antibiotikum zum Opfer gefallen, steht Krankheitserregern der Weg offen.

Eine Schädigung der Darmflora begünstigt Krankheitserreger, die sich im Darm mangels Konkurrenz zahlreicher vermehren können. Da die meisten Krankheitserreger in Blase und Harnwegen aus dem Darm stammen, nimmt die Erkrankungshäufigkeit zu.

Zu geringe Wirkung

Antibiotika sind gegen Erreger von Blasenentzündungen häufig nicht ausreichend wirksam, weil bei Blasenentzündungen die gereizte Blase viel öfter entleert wird. Damit wird die nötige Konzentration und Einwirkzeit des Antibiotikums im Harn und den Harnwegen nicht erreicht. Nur sehr empfindliche Bakterien sterben, die widerstandsfähigeren haben dadurch weniger Konkurrenz.

Antibiotikaresistenz

Es gibt Bakterien, die gegen Antibiotika resistent sind. Sie profitieren von einer Antibiotikabehandlung, weil ihre Konkurrenten dezimiert werden. Dies schafft ihnen gute Bedingungen für ihre Vermehrung.

Biofilm

Bakterien haben eine intelligente Lösung gefunden, sich gegen Antibiotika zu schützen: Sie bilden eine gummiartige Schutzschicht, in die sie sich gemeinsam zurückziehen. Diese als Biofilm bekannte Schutzschicht ist für Antibiotika und Abwehrzellen des Körpers undurchdringbar. Im Biofilm warten die Bakterien auf für sie bessere Zeiten: Ist die Antibiotikatherapie beendet und kein Antibiotikum mehr im Harn, verlassen sie den Biofilm und beginnen erneut ihre schleimhautschädigenden Aktivitäten. Manche Pflanzenwirkstoffe können diesen Biofilm zerstören. Bei leichten Infektionen der Harnwege ist aus diesen Gründen nicht immer eine Behandlung mit Antibiotika sinnvoll.

11

Das Alter

Allgemeines zum Altern

In unseren Breiten ist die durchschnittliche Lebenserwartung von kleinen bis mittelgroßen Hunden, von Katzen und Pferden in den letzten Jahrzehnten deutlich gestiegen. Bei Hunden und Katzen liegt dies zum einen daran, dass sie häufig keinen unbeaufsichtigten Freigang mehr haben. Tod im Straßenverkehr oder durch Konkurrenzkämpfe wird somit seltener. Zudem wird die jährliche Fortpflanzung, die sicherlich zehrend wirkt, häufig unterbunden. Die Beschaffung und altersgerechte Zubereitung des Futters übernimmt der Mensch. Und als Familienmitglieder genießen Hund, Katze und Pferd auch eine bessere medizinische Versorgung. Die Tiermedizin wiederum hat in den letzten Jahren große Fortschritte gemacht – beispielsweise bei Herz-, Nieren- und Stoffwechselerkrankungen. Der Wohlstand in breiten Schichten der Bevölkerung erlaubt, dass den Heimtieren die Errungenschaften der Medizin zugutekommen.

Alte Tiere haben oft Probleme in mehreren Bereichen. Gut verträgliche Heilpflanzen leisten hier besonders gute Dienste.

Wie verläuft der Alterungsprozess?

Altern ist ein normaler Vorgang. Es bedeutet Abbau und Nachlassen von Fähigkeiten und Körperfunktionen. Bei jedem Individuum zeigt sich das fortschreitende Alter anders, in einem Organsystem ausgeprägter, in einem anderen weniger. Dies hängt ab von Konstitution und Genetik, von Lebensumständen und Fütterung des Tieres.

Alterszeichen

- Weißfärbung des Fells, v. a. im Kopfbereich
- Schlechtere Kondition, Müdigkeit
- Abnahme der Muskelmasse
- Verminderte Elastizität des Bindegewebes
- Haut und Haar, Hufe/Klauen/Krallen spröde und trocken
- Bindegewebsschwäche, manchmal mit Wassereinlagerungen
- Gliedersteifigkeit, Bewegungsunlust
- Weniger Appetit, schlechtere Futterverwertung
- Allgemeine Abwehrschwäche mit erhöhter Infektanfälligkeit und Tumorneigung
- Verminderte Aufmerksamkeit, Vergesslichkeit bis Senilität
- Schlechtes Augenlicht, Gehör
- Wesensveränderungen

Aufmerksame und rücksichtsvolle Begleitung des Tieres im Alter senkt das Risiko, dass aus Alterserscheinungen Alterserkrankungen werden. Neben der Unterstützung mit Heilkräutern sind regelmäßige Vorsorgeuntersuchungen beim Tierarzt empfehlenswert. Dadurch können tief greifende Erkrankungen wie Hormonimbalancen frühzeitig erkannt und behandelt werden. Es ist von Vorteil, wenn der Tierarzt den Verlauf des Alterungsprozesses mitverfolgen kann und bei plötzlich auftretenden Verschlechterungen des Zustandes miteinbezogen wird.

Verlauf des Alterns in den verschiedenen Organen

Verschleißerscheinungen am Skelett

Es kommt im Alter zunehmend zu Verschleißerscheinungen am Skelett. Gelenkschützende Knorpelschichten werden dünner und lückenhaft. Das führt zu Arthrosen, die mit Schmerzen verbunden sein können. Schmerzhaft können auch die bei alten Tieren häufigen Kalkablagerungen im Bereich der Gelenke sein. Typischerweise zeigen sich Arthroseschmerzen deutlicher beim Aufstehen und Anlaufen nach längerem Liegen.

Ein 31-jähriges, altersentsprechend gesundes Pferd – man erkennt das Alter an körperlichen Merkmalen und in Ausdruck und Verhalten.

Bindegewebsschwäche

Im Alter lässt die Bewegungsfreude nach. Dadurch bildet sich die Muskulatur zurück und die sie umgebenden bindegewebigen Strukturen, die Faszien, verkleben. Auffallend ist auch eine zunehmende Bindegewebsschwäche. Die Sehnen sind nicht mehr so straff: Es kommt zu Durchtrittigkeit, der Bauch und der Rücken beginnen durchzuhängen. Sogar die Augenlider können betroffen sein.

Es können Wasseransammlungen in den Beinen auftreten. Im Gegensatz zu einer entzündlichen Schwellung sind solche Ödeme kalt und nicht schmerzhaft. Sie lassen sich mit dem Finger eindrücken und die Druckstelle bleibt für einige Zeit erkennbar. Treten derartige Ödeme auch im Bereich des Brustbeines und am Unterbauch auf, so sollte der Tierarzt das Tier untersuchen, denn eine Herz- und Nierenerkrankung kann die Ursache sein.

Die Harnblase verliert ihre Spannkraft und entleert sich nur mehr unvollständig. In den Harnresten kommt es leichter zur Bildung von Harnsteinen. Leider funktionieren manchmal auch die Schließmuskeln von Darm und Blase nicht mehr zuverlässig, wodurch das Tier die Stubenreinheit verliert. Bei weiblichen Tieren begünstig ein schwacher Blasenschließmuskel das Aufsteigen von Infektionserregern aus Scheide und Darm in die Blase.

Schwäche des Herzens und des Kreislaufs

Das Herz wird schwächer, was eine verringerte Durchblutung und Sauerstoffzufuhr im Körper nach sich zieht. Erste Anzeichen sind nachlassende Kondition und anhaltende Müdigkeit nach Anstrengung: Die Tiere sind schnell erschöpft und außer Atem. Begünstigt werden Durchblutungsstörungen durch Alterserscheinungen der Blutgefäße, die ihre Elastizität verlieren und stellenweise durch Ablagerungen verengt werden. Mangelnde Durchblutung beeinträchtigt die Funktionsfähigkeit des gesamten Körpers mit allen seinen Organen – auch die des Herzens.

Nachlassende Immunfunktion

Alte Tiere sind anfälliger für Infektionen, sie erkranken zum Beispiel häufiger an Atemwegs- oder Harnwegsentzündungen. Durch das schwächere Immunsystem können Infektionen nicht mehr überwunden werden, und es kommt zu einem chronischen Verlauf. Durch das beeinträchtigte Immunsystem weisen alte Tiere auch ein erhöhtes Tumorrisiko auf, weil veränderte Körperzellen nicht mehr so sicher erkannt und zerstört werden wie bei jüngeren Tieren.

Verlangsamte Ausscheidung

Die Nieren lassen in ihrer Fähigkeit nach, das Blut zu filtern und überflüssige oder schädliche Stoffe auszuscheiden. Die Folge ist eine schleichende Vergiftung des Körpers mit harnpflichtigen Stoffen.

An Abbau- und Entgiftungsprozessen und somit indirekt auch an der Ausscheidung ist die Leber wesentlich beteiligt. Auch ihre Leistungsfähigkeit lässt im Alter nach. Häufig sind die Zellen der Leber unnötigerweise mit Fett gefüllt – eine Folge von Überfütterung und Bewegungsmangel. Das stört ihre Funktion. Ausgerechnet im Alter hat die Leber mit ihrer eingeschränkten Funktion aber oft mehr Arzneimittel abzubauen und ausscheidbar zu machen. Die Schwäche des Stoffwechsels bedingt, dass Haut und Haare trockener und weniger elastisch werden. Hufe und Krallen, auch Pfotenballen und Nasenspiegel, werden zunehmend spröde. Störungen im Fellwechsel, Juckreiz und unangenehme Ausdünstungen treten auf.

Reduzierte Verdauungskraft

Die Verdauung ist ebenso von Alterungsprozessen betroffen. Die Zähne werden zunehmend abgenützt und schadhaft. Zahnstein drängt das Zahnfleisch zurück und fördert die Bildung von Zahnfleischtaschen, in denen sich Futterreste und Fäulnisbakterien sammeln. Schlechter Mundgeruch und Zahnausfall sind die Folgen.

Der Magen ist schnell überfordert, wenn die Portion zu groß, zu schwer verdaulich oder das Futter zu kalt ist. Der Darm bewegt sich langsamer und verursacht dadurch Verstopfung und Blähungen. Die Verwertung des Futters nimmt ab und trotz guter Fütterung können Mangelerscheinungen auftreten.

Abnahme der Sinne und Einfluss auf die Psyche

Der Volksmund sagt: «Im Alter lassen alle Sinne nach – nur der Starrsinn nimmt zu!» Gehör und Sehsinn schwinden, und das Tier ist zunehmend auf seinen Geruchssinn angewiesen, der aber im Alter unzuverlässig werden kann. Flexibles Reagieren wird durch die Einschränkungen schwieriger. Zudem ist auch das Gehirn durch schlechtere Durchblutung vom Altern betroffen. Demenz gibt es auch im Tierreich – je älter die Tiere werden, umso häufiger tritt sie auf. Nachlassende Sinnesleistungen führen schnell zu Stress und Ängsten, zu Schlaf- und Appetitstörungen, zu Depression und manchmal auch zu Aggression.

Alterserscheinungen lassen sich letztlich nicht verhindern, vielleicht aber in ihrem Fortschreiten bremsen und in ihren Folgen mildern. Dazu sind pflanzliche Heilmittel geeignet.

Besonderheiten der Tierarten

Die häufigsten Probleme beim alten Pferd

Bei längerem Stehen neigen alte Pferde zu Wasseransammlungen (Ödemen) in den Beinen. Sie werden zudem häufig durch Gelenkprobleme wie Spat (Arthrose der Sprunggelenke) und Schale (Arthrose im Bereich von Fessel-, Kron- und Hufgelenk) beeinträchtigt. Auch Hornspalten treten vermehrt auf. Mit Heilpflanzen zur innerlichen und äußerlichen Anwendungen lassen sich Durchblutung und Stoffwechsel im Bereich der Gliedmaßen optimieren, Ablagerungen vermeiden helfen und gesundes Hufwachstum unterstützen. Fellwechselstörungen des alten Pferdes lassen sich durch Stärkung der Leber mit Heilpflanzen günstig beeinflussen.

Das Ruhebedürfnis steigt, Aktivitäten werden eingestellt.

Die häufigsten Probleme beim alten Hund

Beim alten Hund tritt nicht selten eine Linsentrübung auf, die zur Erblindung führt. Dies ist besonders dann der Fall, wenn der Hund an einem Diabetes erkrankt ist. Auch entwickelt sich häufig eine Herzschwäche. Zunehmend nachlassende Kondition und ein vor allem morgens auftretender Husten gelten als Anzeichen. Hier ist eine tierärztliche Kontrolle wichtig. Viele Hunde leiden im Alter an Arthrosen der Hüftgelenke (Hüftgelenksdysplasie) und Kalkablagerungen an der Wirbelsäule (Spondylosen). Auch Bandscheibenprobleme kommen häufiger vor. In allen genannten Fällen kann mit durchblutungsfördernden und stoffwechsel- und ausleitungsanregenden Heilpflanzen positiv Einfluss genommen werden.

Beim alten Rüden kommt es sehr häufig zu einer Vergrößerung der Prostata. Dann gibt es Probleme mit dem Kotabsatz, denn die vergrößerte Prostata engt nicht wie beim Menschen die Harnröhre ein, sondern den Enddarm: Der Kot erscheint bandförmig plattgedrückt. Häufig tropft gerade beim Kotabsatz aus der Harnröhre blutiges Sekret. In fortgeschrittenen Fällen wird der Tierarzt zur Kastration raten, was zur Rückbildung der Prostata führt. Ist das nicht möglich, können Heilpflanzen für Linderung der Beschwerden sorgen.

Die häufigsten Probleme bei der alten Katze

Der Schwachpunkt der alten Katze sind die Nieren. Dies zeigt sich darin, dass die an sich eher durstlose Katze nun viel trinkt und sehr viel Harn absetzt, manchmal sogar ihre Stubenreinheit verliert. In der Folge wird sie mager, ihre Haut und ihre ganze Bewegung werden unelastisch, und sie riecht unangenehm. Die Nierenschwäche äußert sich auch in schlechten Zähnen mit stinkenden braunen Belägen. Das Fell wird struppig. Die sehr alte Katze pflegt sich weniger. Vor allem werden die Krallen nicht mehr geschärft. Das von Natur aus gebogene Krallenhorn beginnt nun im Kreis zu wachsen und die Krallenspitzen drücken sich in die Zehenballen, was zu Vereiterungen führt. In diesem Stadium muss der Mensch die Pflege übernehmen. Heilpflanzen können hier unterstützen. Siehe hierzu **S. 65**.

Die häufigsten Probleme beim alten Kaninchen und Meerschweinchen

Beim Kaninchen und Meerschweinchen treten im Alter Zahnprobleme gehäuft auf. Von Speichel und Nahrungsbrei verklebte Lippen und ein nasses Kinn sind Anzeichen dafür. Die Tiere verlieren schnell an Gewicht und machen unnatürliche Kaubewegungen. Das Gebiss muss vom Tierarzt kontrolliert und eventuell korrigiert werden. Alte Tiere verlieren ihre Bewegungsfreude, werden steif und ungelenk. Die Krallen haben oft keinen Kontakt mehr zum Boden und nehmen sonderbare Formen an. Sie müssen regelmäßig gekürzt und gepflegt werden. Der altersbedingten Verdauungsschwäche kann man mit Heilpflanzen gut begegnen.

Heilpflanzen zur Unterstützung im Alter

Wann sind Heilpflanzen im Alter sinnvoll?

Tierärztliche Vorsorgeuntersuchungen geben über Leistungseinbußen der Organe und Sinnesorgane Auskunft. Bei nachlassenden Kräften ist es sinnvoll, das Tier rechtzeitig mit pflanzlichen Heilmitteln zu unterstützen. Heilpflanzen haben ihre Stärke in der Vorbeugung und wirken auf die körpereigenen Regulationssysteme. Diese müssen noch funktionsfähig sein, damit die Heilpflanzen ihre gesundende Wirkung entfalten können.

Heilpflanzen sind auch im Alter gut verträglich und können in der Regel über längere Zeit ohne Nebenwirkungen verabreicht werden. Da Heilpflanzen fast immer mehrere Wirkungen gleichzeitig haben, sind sie bei alten Tieren, die oft mehrere Beschwerden haben, von großem Vorteil. Viele Heilpflanzen sind gut miteinander kombinierbar – etwa in Teemischungen. Sie lassen sich auch mit synthetischen Arzneimitteln kombinieren.

Was kann man mit Heilpflanzen erreichen?

- Kräftigung des alten Herzens
- Bessere Durchblutung des gesamten Körpers, insbesondere des Gehirns, der Sinnesorgane, der Leber und der Nieren
- Förderung der Beweglichkeit
- Optimierung der Verdauung
- Unterstützung des Stoffwechsels und der Ausscheidung
- Anregung des Immunsystems
- Unterstützung bei Unruhe, Verwirrung, Nervosität und Schlaflosigkeit

Hausmittel und Rezepturen bei Altersbeschwerden

Eine Auswahl der Heilpflanzen zur Unterstützung bei Altersbeschwerden findet sich in **Tabelle 11-1**. Die Dosierungen sind in **Kapitel 2** nach Tierart zusammengestellt.

Tabelle 11-1

Heilpflanzen zur Unterstützung bei Altersbeschwerden (Auswahl)

Droge *(Heilpflanze lat.)*	Wichtige Inhaltsstoffe	Wirkungen (Auswahl)	Anwendungs-/ Zubereitungsform
Pflanzen für Herz und Kreislauf			
Weißdornblüten, -blätter, -beeren *(Crataegus monogyna, C. laevigata)*	Flavonoide, Polysaccharide	Verstärkt die Herzdurchblutung, kräftigt den Herzschlag, senkt Herzfrequenz und Blutdruck, reguliert den Herzrhythmus	Innerlich; Tee, Tinktur, Fertigprodukte
Ginkgoblätter *(Ginkgo biloba)*	Terpenlaktone, Flavonglykoside	Durchblutungsfördernd bis in die kleinsten Gefäße, besonders in Gehirn, Augen, Ohren; Verbesserung der Blutfließeigenschaften und der Gedächtnisleistung	Innerlich; Tinkturen und Tabletten als Fertigprodukte
Heidelbeeren *(Vaccinium myrtillus)*	Anthozyane, Carotin, Vitamin C	Blutgefäße schützend und stabilisierend	Innerlich; frische und getrocknete Beeren, als Pulver in Pillen und Latwergen, Tees
Pflanzen für starke Nerven trotz nachlassender Leistungsfähigkeit			
Baldrianwurzel *(Valeriana officinalis)*	Hydrophile Lignane, ätherisches Öl	Nervenstärkend, beruhigend, angstlösend, schlaffördernd, mildert nervöse Beschwerden am Herzen und im Darm, krampflösend, schützt vor Magen- und Darm-Geschwüren, immunstimulierend	Innerlich; Tee, Tinktur, Pulver
Hopfenzapfen *(Humulus lupulus)*	Flavonoide, ätherisches Öl, Bitterstoffe, Gerbstoffe	Beruhigend, angstlösend, entspannend, schlaffördernd, bessert nervöse Herzbeschwerden, Sekretion der Verdauungsdrüsen steigt, appetitanregend, antibakteriell	Innerlich, inhalativ; Tee, Kräuterkissen
Lavendelöl, -blüten *(Lavandula angustifolia)*	Ätherisches Öl, Flavonoide, Gerbstoffe	Beruhigend, angstlösend, bessert nervös bedingte Magen-, Darm- und Leberprobleme, antimikrobiell	Innerlich, inhalativ; Tee, ätherisches Öl, Kräuterkissen, Duftlampe
Pflanzen gegen Prostataprobleme und Inkontinenz beim Hund			
Brennnesselwurzel *(Urtica dioica, U. urens)*	Sterole, Lignane, Polysaccharide	Entzündungshemmend, abschwellend, immunmodulierend, harnabflussverbessernd bei vergrößerter Prostata	Innerlich; Tee, Tinktur, Fertigprodukte
Kürbiskerne *(Cucurbita pepo)*	Sterole, Aminosäuren, Mineralstoffe, fettes Öl	Entzündungshemmend, abschwellend, harnabflussverbessernd bei vergrößerter Prostata, antimikrobiell, blasenstärkend auch bei der Hündin	Innerlich; ganze oder zerkleinerte Samen
Zu weiteren Problemen wie Bindegewebsschwäche, Gelenksentzündungen, Verdauungs- und Hautproblemen siehe in den speziellen Kapiteln.			

In den vorausgegangenen Kapiteln wurden bereits viele Möglichkeiten der gezielten Unterstützung von Körperfunktionen dargestellt – diese sind in der **Tabelle 11-2** zusammengefasst. Nachfolgend werden zusätzliche Anwendungen zur Unterstützung alter Tiere aufgezeigt.

Das altersschwache Herz

Weißdorn *(Crataegus monogyna und Crataegus laevigata)*

Weißdorn wächst in ganz Europa, in Asien und Nordafrika und gilt als das beste Pflegemittel für das alternde Herz. Weißdorn kräftigt den Herzschlag, sorgt für eine gute Durchblutung des Herzmuskels, entspannt und weitet die Blutgefäße. Dabei ist er frei von schädlichen Nebenwirkungen und kann als tägliche Unterstützung von Herz und Kreislauf bis ans Lebensende eingesetzt werden.

Gesammelt werden die Blüten und Blätter zu Beginn der Blütezeit von Mai bis Anfang Juni. Die Beeren sammelt man im Herbst. Weißdornblüten, -blätter und -früchte werden getrocknet in gut schließenden Gefäßen aufbewahrt und jedes Jahr frisch gesammelt, da sie schnell an Wirksamkeit einbüßen.

Verwendet wird eine Teezubereitung aus Weißdornblüten, -blättern und -beeren oder eine Tinktur aus den Weißdornfrüchten. Den Pflanzenfressern können auch getrocknete Beeren ins Futter gegeben werden. Den Nagern legt man ganze Zweige mit Blättern und Blüten oder Beeren vor.

Achtung: Bis Weißdorn die volle Wirkung auf das Herz zeigt, vergehen 4–6 Wochen konsequenter täglicher Einnahme. Er ist also für akute Herzprobleme nicht geeignet. Diese sind ein Fall für den Tierarzt. Weißdorn kann jede vom Tierarzt veranlasste Herztherapie begleitend unterstützen.

Zubereitung

Weißdorntee
2 TL Blätter, Blüten und Beeren mit ¼ l kochendem Wasser aufgießen, ca. 20 Minuten ziehen lassen, abseihen.

Weißdorntinktur
Herstellung siehe **S. 24**

Tabelle 11-2

Beschwerden im Alter und mögliche Anwendungen

Beschwerden	Drogen	Hinweise
Herzbeschwerden	Weißdornblüten, -blätter, -beeren	Auch vorbeugend als Dauergabe
Durchblutungsstörungen	Ginkgoblätter	Nur als Fertigpräparat
Leberschwäche	Löwenzahnkraut und -wurzel	Auch vorbeugend als Kur
	Mariendistelfrüchte	Nur als Fertigpräparat, auch vorbeugend als Kur
Nierenschwäche, Steinleiden	Birkenblätter	Auch vorbeugend als Kur
	Hauhechelwurzel	Auch vorbeugend als Kur
	Goldrutenkraut	
Prostatabeschwerden	Kürbiskerne	Rüde
	Brennnesselwurzel	Rüde
Harninkontinenz	Kürbiskerne	Hündin, Rüde
	Hauhechelwurzel	Hündin
Immunschwäche	Sonnenhutkraut	Auch vorbeugend als Intervallgabe
	Meerrettich	Auch vorbeugend als Kur
	Kapuziner- u. Brunnenkressekraut	Auch vorbeugend als Kur
	Knoblauchzwiebel	Auch vorbeugend als Kur
Schmerzen durch Arthrose	Hagebutten	Auch vorbeugend als Kur
	Birkenblätter	Auch vorbeugend als Kur
	Brennnesselkraut, -blätter	Auch vorbeugend als Kur
	Löwenzahnkraut und -wurzel	Auch vorbeugend als Kur
Bindegewebsschwäche, Wasseransammlungen in den Beinen	Ackerschachtelhalmkraut	Auch vorbeugend als Kur
	Brennnesselkraut, -blätter	Auch vorbeugend als Kur
Verstopfung	Leinsamen	
Appetitlosigkeit und Darmträgheit	Wermutkraut	
	Enzianwurzel	
Angst und Unruhe, Tag-Nacht-Rhythmus-Störungen, Schlafstörungen, nervöse Magen-Darm-Störungen	Baldrianwurzel	
	Hopfenzapfen	
	Lavendelblüten, -öl	
Chronische Hautbeschwerden	Mariendistelfrüchte	Nur als Fertigpräparat
	Löwenzahnkraut, -wurzel	
Trockene Haut	Nachtkerzenöl	Innerlich
	Oliven- u. Mandelöl	Äußerlich als Pflege
	Sanddornöl	Äußerlich bei veränderter Haut
	Ringelblumenöl	Äußerlich bei veränderter Haut
Augenbeschwerden: schlechte Durchblutung	Heidelbeeren	Innerlich, auch vorbeugend als Kur
Augenbeschwerden: Entzündung durch schlechten Lidschluss	Ackerschachtelhalmkraut	Äußerlich als Kompresse

Schutz gealterter Blutgefäße

Ginkgo, Japanischer Tempelbaum ***(Ginkgo biloba)***

Ginkgoblätter sind ein vorzügliches Mittel, um die Durchblutung von Kopf bis Fuß zu steigern, die Fließeigenschaften des Blutes zu verbessern und die Blutgefäße bis in die feinsten Verästelungen frei und elastisch zu halten. Ginkgo ist zu empfehlen bei mangelhafter Durchblutung im Gehirn oder Innenohr, wodurch Demenz oder Schwerhörigkeit entstehen können. Es empfiehlt sich jedoch nicht, die Blätter selbst zu sammeln, denn sie könnten größere Mengen magenreizender Säuren enthalten. Geeignete Fertigprodukte kann der Tierarzt empfehlen.

Achtung: Ginkgo wird nur in Form von Fertigprodukten empfohlen.

Heidelbeere ***(Vaccinium myrtillus)***

Heidelbeersträucher wachsen in schattigen Wäldern und Heiden. Heidelbeeren enthalten Anthocyane, Carotin und Vitamin C. Eine Aufschwemmung getrockneter Heidelbeeren in heißem Wasser setzt man vor allem bei Jungtierdurchfällen ein. Beim alten Tier nützt man die schützende Wirkung der Heidelbeeren auf die feinsten Blutgefäße, die Blutkapillaren, die im Alter häufig brüchig werden. Besonders bei der Zuckerkrankheit, bei der es aufgrund der Brüchigkeit der Kapillaren in der Netzhaut zur Erblindung kommen kann, oder in den Nieren, wo die Kapillaren für die Blutfilterfunktion sehr wichtig sind, werden Heidelbeeren empfohlen. Man sammelt die reifen Früchte im Sommer und trocknet sie im Backofen bei 40–50 °C.

Tipp: Gartenheidelbeeren sind nicht so heilkräftig wie wild wachsende Arten.

Zubereitung

Getrocknete Heidelbeeren und Heidelbeerpulver

Den Nagern werden ganze getrocknete Beeren verfüttert. Bei anderen Tierarten wird das Pulver zum Futter gegeben oder in Latwergen, Pillen und Tees (weitere Informationen zur Pflanze **S. 109**) verarbeitet.

Baldrian *(Valeriana officinalis)*

Baldrian gehört schon seit der Zeit des berühmten Arztes Hippokrates, der im 5. Jahrhundert v. Chr. lebte, zum Arzneischatz der Menschen. Seither fehlt er in keinem wichtigen Kräuterbuch. Traditionell wird Baldrian als nervenstärkendes, beruhigendes und angstlösendes Mittel eingesetzt. Er ist wirksam bei leichten Herzbeschwerden und bei Magen-Darm-Beschwerden, er löst Krämpfe und schützt vor Magen- und Darmgeschwüren – besonders, wenn diese Beschwerden ihre Ursache in psychischer Belastung haben.

Baldrian hilft Pferden gegen Koliken und Panik aufgrund von Transportstress. Hunden hilft er gegen Verunsicherung und Aufregung bei Urlaubsreisen. Baldrian wirkt auch immunstimulierend. Verwendet wird die Baldrianwurzel, die ätherische Öle und viele weitere Wirkstoffe enthält.

Baldrian wächst in feuchten Wiesen, an Flussufern und feuchten Waldrändern.

Will man ihn selbst sammeln, so markiert man im Sommer bereits seinen Standort. Die Wurzel wird erst im Herbst gegraben, wenn sich die oberirdischen Pflanzenteile bereits einziehen. Nach einer gründlichen Reinigung unter fließendem Wasser entfernt man mit einem groben Kamm die vielen feinen Seitenwurzeln. Die verbleibenden Wurzeln werden zum Trocknen aufgehängt. Mehr als daumendicke Wurzeln werden längs halbiert.

Zubereitung

Baldrianwurzeltee

2 TL zerkleinerte Baldrianwurzel mit ¼ l kaltem Wasser übergießen, 12 Stunden stehen lassen, abseihen.

Baldrianwurzelpulver

Baldrianwurzel kann auch als Pulver dem Futter beigegeben oder in Pillen und Latwergen eingearbeitet werden.

Achtung: Baldrian kann die Narkosewirkung verstärken – daher den Tierarzt vor einer nötig werdenden Narkose von Baldriangaben unterrichten.

Tipp für geruchsempfindliche Tiere: Obstessig überdeckt den typischen Baldriangeruch. Dies hat sich vor allem bei Pferden bewährt.

Bewährte Kombinationen – geeignet für den alten Hund:

- Baldrian und Hopfen bei Schlaflosigkeit
- Baldrian und Kümmel bei nervösen Magen-Darm-Leiden

Hopfen, Echter *(Humulus lupulus)*

Den mehrere Meter hoch rankenden Hopfen findet man fast weltweit. An Flussufern und anderen feuchten Standorten windet er sich mithilfe von kieselsäurehaltigen Häkchen Jahr für Jahr die Bäume hinauf. Hopfen und Hanf sind verwandt. Auch Hopfen wirkt angstlösend, beruhigend und entspannend und bessert nervös bedingte Herzprobleme. Seine ätherischen Öle, Bitterstoffe und Gerbstoffe wirken zudem positiv auf Nieren- und Harntrakt sowie auf Magen, Darm und Leber. Sie fördern den Appetit und die Verdauung. Im Spätsommer werden die fast reifen weiblichen Blüten, die Hopfenzapfen, gesammelt und einschichtig auf Sieben getrocknet, denen man ein sauberes Tuch oder Papier unterlegt. Die wirksamen Bestandteile sind die kleinen gelben Öldrüsen an der Basis der Hopfenzapfen. Ist das Sammelgut trocken, kann man die gelben Öldrüsen absieben. Nutzt man die Hopfenzapfen als Ganzes, ist darauf zu achten, dass die Öldrüsen nicht als Bodensatz im Gefäß zurückbleiben.

Achtung: Im Sammelgut ist der Wirkstoffgehalt im 2. Jahr nach der Trocknung am höchsten.

Hopfen bewährt sich in verschiedenen Mischungen für den alten Hund:

- Hopfen und Baldrian (getrennt zubereiten und dann mischen) bei Angst, Unruhe und Schlafstörungen
- Hopfen und Weißdorn bei Altersherz und nervösen Herzbeschwerden
- Hopfen, Brennnessel, Löwenzahn und Birke bei Stoffwechselträgheit und nervösen Magen-Darm-Beschwerden
- Hopfen und Knoblauch bei Stress und Infektanfälligkeit

Tipp: Hopfensprossen können als kieselsäurehaltige Nahrungsergänzung gesammelt werden: Die ersten 10–15 cm der Sprossen lassen sich problemlos abbrechen und werden kurz blanchiert.

Zubereitung

Hopfentee

2 gehäufte TL Blüten mit ¼ l kochendem Wasser übergießen, zudecken und 15 Minuten ziehen lassen. Das Kondenswasser in den Tee zurückführen, abseihen.

Hopfenkissen für den alten Hund

Bewährt bei Säuglingen und Kleinkindern ebenso wie bei Welpen in der ersten Nacht im neuen Zuhause. Es lohnt sich, beim alten und verwirrten Hund auszuprobieren: Ein Stoffbeutel oder kleiner Kissenbezug (ca. 20 x 20 cm) wird mit ca. 100 g getrockneten Hopfenzapfen gefüllt. Auch Zusätze von Melisse, Lavendel und Kamille haben sich bewährt. Dieses Kissen wird auf den Schlafplatz des Tieres gelegt. Alle 2–3 Wochen werden neue getrocknete Kräuter eingefüllt.

Lavendel, Echter *(Lavandula angustifolia)*

Lavendel gedeiht in Gärten mit wasserdurchlässigem Boden. Unter südlicher Sonne ist er besonders reich an Wirkstoffen. Das ätherische Öl ist der wichtigste Inhaltsstoff des Lavendels. Außerdem enthält Lavendel Flavonoide und Gerbstoffe. Lavendel wirkt beruhigend und entspannend, er hilft bei nervösen Magen-, Darm- und Leberproblemen. Lavendel ist gut antimikrobiell wirksam und fördert die Wundheilung. Gesammelt wird, sobald sich die Blüten öffnen. Man schneidet die blühenden Stängel ab. Sind sie fertig getrocknet, werden die Blüten abgerebelt.

Lavendelöl dient zur Beruhigung bei Angst oder Aufregung. Dazu gibt man einen Tropfen des verdünnten ätherischen Öls auf ein Halstuch oder Halsband oder auf die Einlage des Schlafkorbes. Bei geruchsempfindlichen Tieren kann ein Tropfen Lavendelöl im Duftlämpchen verdampft werden. Die Inhalation wirkt hervorragend auf die Psyche.

Achtung: Zur Beruhigung sollte Lavendelöl nicht unverdünnt verabreicht werden.

Zubereitung

Lavendelblütentee

2 TL Lavendelblüten fein verreiben, mit ¼ l kochendem Wasser überbrühen, zugedeckt 10 Minuten stehen lassen, das Kondenswasser in den Tee zurückführen, abseihen.

Lavendelöl

1 Tropfen ätherisches Öl auf 10 ml fettes Öl wie Olivenöl oder Mandelöl.

Prostataprobleme

Brennnessel ***(Urtica dioica, U. urens)***
Informationen zur Pflanze siehe **S. 83**.

Zubereitung

Brennnesselwurzeltee
1 TL grob gepulverte Brennnesselwurzel mit ¼ l kaltem Wasser zum Kochen bringen und 10 Minuten ziehen lassen.
Der Tee wird über den Tag verteilt angeboten.
Ein Rüde erhält abgeleitet von der für Menschen benötigten Menge 1,5 g pro 10 kg Körpergewicht am Tag (entspricht ca. 1 gehäuftem TL zerkleinerte Wurzel).
Man kann auch ein Fertigprodukt aus der Apotheke einsetzen.

Kürbis ***(Cucurbita pepo)***
Kürbisse stammen aus Amerika. Der Ölkürbis hat heilkräftige Samen, die sich positiv auf die Beschwerden durch eine vergrößerte Prostata auswirken.
Die Kürbiskerne werden im Herbst aus den reifen Ölkürbissen entnommen. Man wäscht sie und trocknet sie für 10–14 Stunden bei 40–50 °C im Backofen. Beim anschließenden Schälen der Kerne ist darauf zu achten, dass das dünne silbrige Häutchen unter der Schale über dem Kern belassen wird. Beschädigte Kerne sollte man aussortieren und umgehend verzehren, da sie schnell ranzig werden.

Tipp: Kürbiskerne können auch der Hündin mit Blasenschwäche helfen.

Zubereitung

Kürbiskerne
Man gibt die frisch zerkleinerten Kerne unter das Futter.
Man kann die Kerne im Handel kaufen oder ein Fertigprodukt aus der Apotheke einsetzen.

Anhang

Innerliche Anwendungen – Beispiele

Beschwerden	Heilpflanzen/Verweis	Hinweise	Auf Seite
Angst, Aufregung	Baldrian	Baldrian kann Narkosewirkung verstärken	225
	Hopfen	Bewährt in Teemischungen	226
	Lavendel	Ätherisches Lavendöl verdünnt	227
Appetitlosigkeit	Anis	Süß, angenehmer Geschmack	103
	Bockshornklee	Samen, vielseitige Wirkung	78
	Engelwurz	Allgemein stärkend	77
	Enzian	In sehr kleinen Mengen wirksam	98
	Fenchel	Süß, angenehmer Geschmack	103
	Ingwer	Wärmend, regulierend	99
	Isländisch Moos	Anregend, magenschützend	110
	Kümmel	Verdauungsfördernd	102
	Pfefferminze	Allgemein kräftigend, vielseitig	104
	Salbei	Bei Kälbern bewährt	128
	Schafgarbe	Vielseitig, bei Jungtieren bewährt	104
	Wacholder	Allgemein stärkend	76
	Wermut	Anregend auf den Stoffwechsel	99
Arthrose	Siehe Gelenksentzündung chronisch	Innerliche und äußerliche Anwendungen	
Augenbeschwerden durch schlechte Durchblutung	Heidelbeere	Schützt die feinsten Blutgefäße	224
Bindegewebsschwäche	Ackerschachtelhalm	Festigend, stoffwechselanregend	84
Blähung	Anis	Kombinieren mit Fenchel u. Kümmel	103
	Engelwurz	Entkrampfend	77
	Fenchel	Für Säuglinge gut geeignet	103
	Ingwer	Wärmend, entspannend	99
	Kamille	Vielseitig, für Säuglinge geeignet	103
	Kümmel	Auch zur Bauchmassage	102
	Pfefferminze	Allgemein verdauungsregulierend	104
	Schafgarbe	Vielseitig, bei Jungtieren bewährt	104
	Wacholder	Allgemein verdauungsfördernd	76
Blasenschwäche	Siehe Harninkontinenz		
Bronchitis	Isländisch Moos	Reizlindernd, immunstimulierend	184
	Malve	Reizlindernd	185

Beschwerden	Heilpflanzen/Verweis	Hinweise	Auf Seite
	Schlüsselblume	Sekretlösend, auswurffördernd	184
	Spitzwegerich	Reizlindernd, entzündungshemmend	185
	Thymian	In Hustensaft, als Tee	185
Darmblutung	Lein	Leinsamenschleim	109
	Schafgarbe	Auch bei äußerlichen Blutungen	104
Darmträgheit	Anis	Regt Sekretion von Verdauungssäften an	103
	Fenchel	Regt Sekretion von Verdauungssäften an	103
	Lein	Zusätzlich viel Flüssigkeit geben	109
Druse	Anis	Im Drusepulver enthalten	78
	Bockshornklee	Samen, im Drusepulver	78
Durchblutungsstörungen	Ginkgo	Fertigpräparate aus der Apotheke	224
	Heidelbeere	Schützt die feinen Blutgefäße	224
Durchfall	Blutwurz, Tormentill	Auch bei schwerem und blutigem Durchfall	107
	Brombeere, Himbeere	Blätter für Pflanzenfresser und Schweine	107
	Eiche	Eichenrindenabkochung	105
	Gänse-Fingerkraut	Bei Pflanzenfressern und Schweinen	107
	Heidelbeere	Getrocknete Beeren, frische Beeren wirken abführend	109
	Karotte	Moro'sche Suppe	108
	Malve	Unterstützend bei leichten Durchfällen	110
	Teestrauch	Schwarztee	106
Ekzem	Stiefmütterchen	Tee, auch äußerlich	135
Erkältungskrankheit mit Fieber	Mädesüß	Keimtötend, schmerzlindernd	165
Erkältungskrankheit, vorbeugend	Holunder	Immunstimulierend	186
	Linde	Immunstimulierend	186
Erkältungskrankheit, wiederholt	Purpursonnenhut	Antimikrobiell, immunstimulierend, keine Daueranwendung!	81
Gelenksentzündung, akut und chronisch	Weide	Rinde, gut verträglich auch bei längerer Anwendung	164
Gelenksentzündung, chronisch	Ackerschachtelhalm	Dauerbehandlung möglich	84
	Birke	Blätter, kurweise	84
	Brennnessel	Kurweise	83

Fortsetzung auf Seite 232

Innerliche Anwendungen (Fortsetzung von Seite 231)

Beschwerden	Heilpflanzen/Verweis	Hinweise	Auf Seite
	Hagebutte	Entzündungshemmend, ohne Nebenwirkung	165
	Löwenzahn	Hilft Ablagerungen beseitigen	82
	Mädesüß	Gut verträglich	165
Harninkontinenz	Ackerschachtelhalm	Bindegewebsfestigend	84
	Hauhechel	Bei der alten, kastrierten Hündin	213
	Kürbis	Kürbiskerne für Hunde	228
Harnsteine	Ackerschachtelhalm	Harntreibend und bindegewebsfestigend	84
	Birke	Blätter, harntreibend und ausscheidungsanregend	84
	Brennnessel	Harntreibend und ausscheidungsanregend	83
	Goldrute	Auch zur Vorbeugung von Harngrieß	209
	Hauhechel	Steintreibend	213
	Löwenzahn	Harntreibend und ausscheidungsanregend	82
Harnwegsentzündung	Ackerschachtelhalm	Durchspülend, bindegewebsfestigend	84
	Bärentraube	Blätter bei Infektion mit Bakterien	210
	Birke	Blätter zur Durchspülung	84
	Birnbaum	Blätter bei Infektion mit Bakterien	211
	Goldrute	Gute Wirkung auf die Niere	209
	Hauhechel	Zur Durchspülung	213
	Liebstöckel	Zur Durchspülung	213
	Petersilie	Zur Durchspülung	212
	Preiselbeere	Bei Infektion mit Bakterien	211
	Wacholder	Zur Durchspülung	209
Hautbeschwerden, chronisch	Mariendistel	Unterstützt Entgiftung durch Leber	223
	Löwenzahn	Regt Ausscheidung an	82
Herzschwäche	Weißdorn	Zur Dauertherapie geeignet	222
Husten	Anis	Schleimlösend	103
	Fenchel	Schleimlösend	103
	Honig	Zur Herstellung von Hustensirup, zum Süßen von Hustentee	197
	Isländisch Moos	Reizlindernd	184
	Malve	Reizlindernd	185
	Schlüsselblume	Schleimlösend	184
	Spitzwegerich	Reizlindernd, entzündungshemmend	185

Beschwerden	Heilpflanzen/Verweis	Hinweise	Auf Seite
	Thymian	Schleimlösend, keimtötend	185
	Wacholder	Schleimlösend, durchblutungsfördernd	76
Immunsystem, geschwächt	Brunnen-, Kapuzinerkresse	Anregend, keimhemmend, vitaminreich	80, 81
	Holunder	Immunstimulierend, antiviral	186
	Knoblauch	Knoblauch verändert Geschmack und Farbe der Milch	79
	Linde	Immunstimulierend	186
	Meerrettich	Beim Hund Fertigpräparate nutzen	80
	Purpursonnenhut	Echinaceafertigpräparate empfohlen	81
Infektion	Brunnen-, Kapuzinerkresse	Gut wirksam gegen Keime	80, 81
	Kamille	Gut wirksam gegen Keime, äußerlich und innerlich	103
	Knoblauch	Gut wirksam gegen Keime	79
	Meerrettich	Gut wirksam gegen Keime	80
	Pfefferminze	Gut wirksam gegen Keime	104
	Schafgarbe	Gut wirksam gegen Keime, äußerlich und innerlich	104
Kolik aufgrund von Transport oder Stress	Baldrian	Baldrian kann Narkosewirkung verstärken	225
Kolik	Siehe Blähungen		
Kreislaufschwäche	Teestrauch	Schwarztee	106
	Ginkgo	Fertigpräparate aus der Apotheke	224
	Weißdorn	Zur Dauertherapie geeignet	222
Leberschwäche	Engelwurz	Galleanregend	77
	Kümmel	Galleanregend	102
	Löwenzahn	Galletreibend	82
	Mariendistel	Leberschützend	96
	Pfefferminze	Galleanregend	104
	Schafgarbe	Galletreibend	104
	Wermut	Galleanregend	99
Magengeschwür	Hafer	Als Schonkost	111
	Heidelbeere	Vorbeugung von Magengeschwüren	109
	Ingwer	Vorbeugung von Magengeschwüren	99
	Isländisch Moos	Einhüllend, schützend	110

Fortsetzung auf Seite 234

Innerliche Anwendungen (Fortsetzung von Seite 233)

Beschwerden	Heilpflanzen/Verweis	Hinweise	Auf Seite
	Kamille	Entzündungshemmend	103
	Lein	Leinsamenschleim, einhüllend	109
	Malve	Einhüllend	110
Milchmangel	Anis	In Milchbildungstee	145
	Bockshornklee	Samen, in traditionellen Milchpulvern	145
	Fenchel	In Milchbildungstee	145
	Kümmel	In Milchbildungstee	145
	Wacholder	Beeren, in traditionellen Milchpulvern	145
Nervenschmerzen	Weide	Rinde	164
Nervenschwäche	Baldrian	Kann Narkosewirkung verstärken	225
Nervöse Magen-Darm-Störungen	Hafer	Beruhigend und nährend	111
	Siehe Angst, Aufregung		
Prostatabeschwerden	Brennnessel	Wurzel für Rüden	228
	Kürbis	Kürbiskerne für Rüden	228
Rheumatische Beschwerden	Siehe Gelenksentzündung chronisch	Innerliche und äußerliche Anwendungen	
Schlafstörungen	Siehe Angst, Aufregung		
Schleimansammlung in den Atemwegen	Anis	Tee, Hustensaft	103
	Kamille	Tee	103
	Salbei	Tee	183
	Schlüsselblume	Tee, Hustensaft	184
	Thymian	Tee, Hustensaft	185
Schwäche nach Krankheit oder Geburt	Engelwurz	Oft in traditionellen Viehpulvern	101
	Enzian	Oft in traditionellen Viehpulvern	98
	Hafer	Reich an Eiweiß, Mineralstoffen, Spurenelementen	111
	Isländisch Moos	Appetitanregend	110
	Wermut	Allgemein stoffwechselanregend	99
Stoffwechselschwäche	Ackerschachtelhalm	Bindegewebsstärkend und harntreibend	84
	Birke	Blätter, stoffwechselanregend	84
	Brennnessel	Harntreibend und ausscheidungsanregend	83
	Enzian	Allgemein stoffwechselanregend	98
	Löwenzahn	Stoffwechselfördernd und harntreibend	82

Beschwerden	Heilpflanzen/Verweis	Hinweise	Auf Seite
Transportstress	Siehe Angst, Aufregung		
Unruhe	Siehe Angst, Aufregung		
Verdauungsschwäche	Anis	Verdauungssäfte anregend	103
	Bockshornklee	Samen, allgemein anregend	78
	Engelwurz	Allgemein stärkend	77
	Enzian	Allgemein stoffwechselanregend	98
	Fenchel	Verdauungssäfte anregend	103
	Ingwer	Brechreizstillend, bewährt bei Reiseübelkeit	99
	Isländisch Moos	Verdauungssäfte anregend	110
	Kamille	Regulierend, anregend	103
	Kümmel	Verdauungsfördernd	102
	Pfefferminze	Auch bei Übelkeit und Erbrechen	104
	Schafgarbe	Verauungsfördernd	104
	Wacholder	Allgemein verdauungsfördernd	76
	Wermut	Stoffwechselanregend	99
Verstopfung, akut	Aloe	Fertigpräparate aus der Apotheke	112
	Rizinus	Rizinusöl aus der Apotheke, wehenauslösend, für Muttersau knapp vor der Geburt geeignet	112
Verstopfung, chronisch	Flohsamen	Fertigpräparate aus der Apotheke	96
	Lein	Rohe Samen, ganze oder geschrotet	109

Äußerliche Anwendungen – Beispiele

Beschwerden	Heilpflanzen	Hinweise	Auf Seite
Abszess	Bockshornklee	Samen als warme Auflage	168
	Fichte, Kiefer, Latschenkiefer, Lärche	Harzsalbe als Zugsalbe	138
	Kohl	Kohlblätter-Auflage	132
Arthrose	Siehe Gelenksentzündungen chronisch	Innerliche und äußerliche Anwendungen	
Augenentzündung	Augentrost	Tee	193
	Fenchel	Tee	193
	Kamille	Tee	193
	Ackerschachtelhalm	Tee	193
	Teestrauch	Schwarztee	193
Brandwunde	Siehe Sonnenbrand		
Bronchitis	Kartoffel	Wärmender Wickel	195
	Mais	Polenta als wärmender Wickel	195
	Siehe auch Inhalation		
Bronchitis, chronisch	Lein / Senf	Wickel, nur bei erwachsenen Rindern, Schafen, Ziegen und Pferden	196
Ekzem	Eiche	Eichenrindenabkochung	148
	Koriander	Ätherisches Öl	136
	Stiefmütterchen	Auch innerlich	135
	Walnussbaum	Sud, Kataplasma von Walnussblättern	135
Euterentzündung	Essig-Lehm	Essig-Auflage, Essig-Lehm-Breiumschlag	162
	Johanniskraut	Ölauszug	129
	Lorbeer	Lorbeeröl	164
Euter-Schenkel-Ekzem	Eiche	Eichenrindenabkochung	148
Gelenksentzündung	Essig-Lehm	streichfähige Paste	162
Gelenksentzündung, chronisch	Meerrettich	Auflage	163
	Kohl	Kohlblätter-Auflage	163
	Lorbeer	Lorbeeröl	164
Geschwüre	Siehe Wunden, speziell infizierte		
Hautentzündung durch Bakterien	Kamille	Tee	126
	Schafgarbe	Tee	104
	Siehe auch Wunden, speziell infizierte		

Beschwerden	Heilpflanzen	Hinweise	Auf Seite
Hautpflege	Fette Öle	Olivenöl, Hanföl, Haselnussöl, Mandelöl, Nachtkerzenöl	122
	Ringelblume	Ölauszug oder Salbe	123
Hautpilz	Koriander	Ätherisches Öl	136
	Lavendel	Ätherisches Öl	137
	Propolis	Tinktur	137
	Salbei	Tee	137
	Teebaum	Ätherisches Öl	137
Hufabszess	Kohl	Sauerkrautauflage, Kohlblätter-Auflage	169
	Fichte, Kiefer, Latschenkiefer, Lärche	Harzsalbe als Zugsalbe	169
Hufentzündung	Bockshornklee	Samen als warmer Umschlag	168
Hufentzündung chronisch	Kohl	Kohlblätter-Auflage	132
	Lorbeer	Lorbeeröl	168
Hufentzündung, Strahlfäule	Ringelblume	Tinktur	169
	Teebaum	Ätherisches Öl	169
Hufpflege	Lorbeer	Lorbeeröl	167
Insektenabwehr	Kümmel	Ätherisches Öl, ebenso Fenchelöl oder Anisöl	148
	Lavendel	Ätherisches Öl	148
Insektenstiche	Johanniskraut	Ölauszug	148
	Kümmel	Ätherisches Öl, ebenso Fenchelöl oder Anisöl	148
	Propolis	Tinktur, bei Zeckenbissen	131
	Siehe auch Juckreiz		
Juckreiz	Aloe	Gel	131
	Lavendel	Ätherisches Öl	129
Klauenentzündung	Siehe Hufentzündung		
Narbenpflege	Aloe	Gel	130
	Ringelblume	Ölauszug oder Salbe	128
	Honig	Honigsalbe	128
	Johanniskraut	Ölauszug, speziell bei Narbenwucherungen	129
Nervenschmerzen	Meerrettich	Auflage	163
Pfotenpflege	Johanniskraut	Ölauszug oder Pflegesalbe	138

Fortsetzung auf Seite 238

Äußerliche Anwendungen (Fortsetzung von Seite 237)

Beschwerden	Heilpflanzen	Hinweise	Auf Seite
Prellung, Quetschung	Arnika	Nur äußerlich	161
Rheumatische Beschwerden	Siehe Gelenksentzündungen chronisch	Innerliche und äußerliche Anwendungen	
Sehnenentzündung, chronisch	Kohl	Kohlblätter-Auflage	132
	Lein	Leinsamen-Auflage	163
	Lorbeer	Lorbeeröl	164
Sonnenbrand	Aloe	Gel	130
	Johanniskraut	Ölauszug	129
	Lavendel	Ätherisches Öl	129
Strahlfäule	Siehe Hufentzündung		
Überanstrengung	Arnika	Pferd: Waschung mit Arnikatinktur	161
Verbrennung	Siehe Sonnenbrand		
Verletzung, stumpf	Arnika	Nur auf unverletzter Haut	161
	Beinwell	Nur auf unverletzter Haut	162
Vernagelung	Kohl	Sauerkrautauflage, Kohlblätter-Auflage	169
Verspannungen	Kartoffel	Wärmender Wickel	195
	Mais	Polenta als wärmender Wickel	195
Verstauchung	Arnika	Nur auf unverletzter Haut	161
	Lorbeer	Lorbeeröl	164
Wunden, frische	Kamille	Tee, Wundspülung	126
	Propolis	Tinktur verdünnt, Wundspülung	127
	Ringelblume	Tee, Wundspülung	126
	Salbei	Tee, Wundspülung	128
	Schafgarbe	Tee, Wundspülung	104
Wunden, schlecht heilend	Arnika	Umschlag mit verdünnter Tinktur	161
	Purpursonnenhut	Presssaft	131
Wunden, speziell infizierte	Eiche	Eichenrindenabkochung	148
	Honig	Auflage oder Verband	127
	Knoblauch	Saft, Tinktur, auch mit Honig kombiniert	131
	Kohl	Kohlblätter-Auflage	132
	Salbei	Tee, Wundspülung	128
	Schafgarbe	Tee, Wundspülung	104
Zerrung	Siehe Prellung		

Inhalation (Dampfinhalation, Druckzerstäuber, Ultraschallvernebler) – bei akuten und chronischen Erkältungskrankheiten

Beschwerden	Heilpflanzen	Hinweise	Auf Seite
Erkältungskrankheiten, akut und chronisch	Eukalyptus	Ätherisches Öl; nicht für Jungtiere geeignet	190
	Fichte, Kiefer, Latschenkiefer	Ätherisches Öl, speziell bei Pferd und Geflügel	190
	Kamille	Tee, Tinktur, ätherisches Öl; auch bei Augeninfektionen	190
	Teebaum	Ätherisches Öl, beim Pferd	190
	Thymian	Tee, Tinktur, ätherisches Öl; Vorsicht: Reizt die Augen; Thymian Chemotyp Linalool	190

Quellen- und Literaturverzeichnis

- *Aichberger L et al.: Kräuter für Nutz- und Heimtiere. 2. Aufl. Eigenverlag 2012.*
- *Brendieck-Worm C: Phytotherapie bei Magen-Darmstörungen. Tierärztl. Umschau 2014; 69: 340–346.*
- *Brendieck-Worm C: Die Honigbiene: Was hält sie gesund und was schadet ihr? Zeitschrift für ganzheitliche Tiermedizin 2014; 28: 131–136.*
- *Brendieck-Worm C: Phytotherapie bei Atemwegserkrankungen. Tierärztl. Umschau 2014; 69: 421–427.*
- *Bühring U: Praxislehrbuch der modernen Heilpflanzenkunde. 2. Aufl. Stuttgart: Sonntag Verlag 2009.*
- *Döderlein G (Stather-Döderlein): Tierarznei-Rezepte. 3. Aufl. Stuttgart: Wissenschaftliche Verlagsgesellschaft 1968.*
- *Fischer-Rizzi S: Medizin der Erde. 10. Aufl. München: Hugendubel (Irisiana) 1997.*
- *Friedberger F, Fröhner E: Lehrbuch der speciellen Pathologie und Therapie der Hausthiere. 4. Aufl. Stuttgart: Enke Verlag 1896.*
- *Fröhner E: Lehrbuch der Arzneiverordnungslehre für Thierärzte. 2. Aufl. Stuttgart: Enke Verlag 1894.*
- *Fröhner E: Lehrbuch der Arzneimittellehre für Thierärzte. 4. Aufl. Stuttgart: Enke Verlag 1896.*
- *Glaser H: Erfolgreiche Wundbehandlung. Stuttgart: Verlag Urachhaus 2000.*
- *Glauser U: Kaninchenapotheke. Hrsg: Kleintiere Schweiz. Zopfingen: Kompetenzzentrum für Kleintierfragen 2008.*
- *Heldmaier M: Phytochemische Charakterisierung öliger Extrakte aus pflanzlichen Drogen. Universität Hamburg: Dissertation 2007.*
- *Hiller K, Melzig FM: Lexikon der Arzneipflanzen und Drogen. 2. Aufl. Heidelberg: Spektrum Akademischer Verlag 2010.*
- *Hirsch S, Grünberger F: Die Kräuter in meinem Garten. 2. Aufl. Linz: Freya Verlag 2011.*
- *Klarer F, Stöger E, Meier B: Jenzerwurz und Chäslichrut – Pflanzliche Hausmittel für Rinder, Schafe, Ziegen, Schweine und Pferde. „Bristol-Schriftenreihe“ Band 39. Bern: Haupt Verlag 2013.*
- *Künzle J: Chrut und Uchrut – Praktisches Heilkräuterbüchlein. 300 000–400 000 Aufl. Lindau: Verlag F. Unterberger 1915.*
- *Mayer-Nicolai C: Arzneipflanzenindikationen gestern und heute. 1. Aufl. Baden-Baden: DWV 2010.*
- *Münstedt K, Hoffmann S: Bienenprodukte in der Medizin. Aachen: Shaker Verlag 2012.*
- *Nadig A: Heilpflanzen für Hunde. Stuttgart: Franckh-Kosmos-Verlag 2013.*
- *Nadig A: Medizinaltees in der Kleintierpraxis. Zeitschrift für Ganzheitliche Tiermedizin 2010; 24: 11–14.*
- *Pahlow M: Das große Buch der Heilpflanzen. Augsburg: Bechtermünz Verlag 2000.*
- *Reichling et al.: Heilpflanzenkunde für die Veterinärpraxis. 2. Aufl. Berlin, Heidelberg: Springer-Verlag 2008.*
- *Scheidemann W, Schusser G: Krankheiten der Harnorgane. In: Dietz O, Huskamp B (Hrsg.): Handbuch Pferdepraxis. 3. Aufl., Stuttgart: Enke Verlag 2006.*
- *Schilcher H, Kammerer S, Wegener T: Leitfaden Phytotherapie.3. Aufl., München: Elsevier 2007.*
- *Schwarz A, Seyffert A: Dr. Lampes illustrierte Tierheilkunde. Leipzig: Verlag Ernst Wiest Nachf. 1899.*
- *Simon A, Traynor K, Santos K, Blaser G, Bode U, Molan P: Medical honey for wound care – still the “latest resort”? Evid Based Complement Alternat Med 2014; 6 [2]: 165–173.*
- *Stadelmann I: Bewährte Aromamischungen. 5. Aufl., Ermengerst: Stadelmann Verlag 2001*
- *Teuscher E, Melzig MF, Lindequist U: Biogene Arzneimittel. 7. Aufl. Stuttgart: Wissenschaftliche Verlagsgesellschaft 2012.*
- *Teuscher E: Gewürzdrogen. Stuttgart: Wissenschaftliche Verlagsgesellschaft 2003.*
- *Trefz F M: Erstellung und Validierung eines Entscheidungsbaumes zur praxisnahen Behandlung von metabolischen Azidosen bei Kälbern mit Neugeborenendurchfall. LMU München: Dissertation 2011.*
- *Wabner D, Beier C (Hrsg.) Aromatherapie. München, Jena: Urban & Fischer 2009.*
- *Wichtl M: Teedrogen und Phytopharmaka. 5. Aufl. Stuttgart: Wissenschaftliche Verlagsgesellschaft 2009.*
- *Zinke J: Ganzheitliche Behandlung von Kaninchen und Meerschweinchen. Stuttgart: Sonntag Verlag 2004.*

Bildnachweis

Balmer, Regine *63m, 107ul, 113, 119 (2), 138, 151, 156 (2), 168 (1), 191, 217*
Böhringer, Michael *18, 28 (1–2)*
Capella, Chiara *177*
Corti, Nicolas *23, 30u, 33 (1–4), 40, 42o, 42u, 149 (1–5)*
Flickr, CC-BY-SA-2.0 *Stephen Fulljames 8/Chris Parfitt 15u/François Philipp 37/Flo Köhler 63u/dasu 66/Rennett Stowe 68/PsJeremy 70/Dean Morley 71/woodleywonderworks 73/Ole Husby 76, 111o/Franco Folini 79/Leimenide 81o/Paul Reynolds 82/Runge Marius 87u/Col Ford and Natasha de Vere 98o/John Tann 103ol/Kallerna 103u/Oona Räisänen 104o/Joan Simon 107o/S. Rae 109o/Mike Haller 119 (3)/M. Peinado (120 (1)/Davidlohr Bueso 120 (3)/storebukkebruse 126/paPisc 127/ Sonja Pieper 128o/Maja Dumat 129o, 156 (3), 172, 227/Matt Lavin 129u, 162, 210/Thamizhpparithi Maari 130l/net_efekt 132o/Susanne Nilsson 142l/Samsi1701 142r/Maret Hosemann 156 (1)/xulescu g 161/Manuel 164o/Bernard Dupont 165u/Greg Westfall 171/Christine Cimala 173/Stuart Webster 181/Dean Morley 185ol, 185or/John Shortland 186u/Smerikal 195/Kamillo Kluth 197 (1)/Photon_de 201/Jim Champion 202 (2)/Deliriant 205 (1)/Erwan Martin 205 (3)/Daniel Hartwig 219o/Toms Karameller 225*
Klarer, Franziska *12o*
Möller, Klaus *241*
Moosberger, Lona & Frey, Jonas *19 (2–4)*
Picasa, CC-BY-SA-3.0 *Constanze Dornhoff 107ur*
Pixabay, CC-BY-SA-01.1 *Hans Braxmeier 67, 83/Efraimstochter 104u/Vikramjit Kakati 123,*
Pixelio *Cornerstone 110o/Joujou 165o/Hans-Joachim Köhn 184u/Betty 185u*
Shutterstock *Rita Kochmarjova 7/Julija Sapic 43*
Stöger, Elisabeth *19 (1), 25 (1–5), 28 (3), 30o, 118 (1, 2), 192 (2)*
Tellmann, Andrea *27*
Wikimedia Commons, Public Domain *Jmeeter 81u/Javier Martin 98u/Tongopaso 137/AnRo0002 164u/Rob Hille 184o/Jonas Bergsten 211u/***CC-BY-SA-1.0** *Takeaway 78/***CC-BY-SA-2.0** *Donald Hobern 84u/Juanedc 199/Dimitri Torterat 219/digital cat 226/Pitke 229/***CC-BY-SA-2.5** *Friedrich Böhringer 189/***CC-BY-SA-3.0** *Myrabella 13/ 4028mdk09 14o, 44, 212/Frank Vincentz 39/Alvesgaspar 61/Anna rag 80o/Olivier Pichard 80u/AfroBrazilian 99o/Forest & Kim Starr 99u/H. Zell 102, 133, 209o, 224u/David Monniaux 103or/HeroidShehu 106u/Roland Zh 108/Bertfr 109u/Hedwig Storch 110u/Aiwok 135o/Andrew Butko 135u/Balaji 136o/Koosg 150/Dee.lite 153o/Rolf Bachmann 174/Warburg 186o/Danny Steven 193/Bastien M 196/Cgoodwin 202 (1)/HerbertT 206/Thomas Pruß 213o/Jamain 213u/Juntaletras 222/Stanisom 224o/Norbert Nagel 228o/DerGraueWolf 228u/***CC-BY-SA-4.0** *Isidre blanc 209u/Ryan Hodnett 211o*
Worm, Ferdinand *9, 10, 11, 14u, 15o, 16, 29o, 29u, 31 (1, 2), 33ul, ur, 34 (1–5), 35 (1–4), 35u, 36, 41, 45o, 45u, 62, 63o, 64, 69 (1–3), 72 (1, 2), 77o, 84ol, or, 85, 86, 87o, 89, 90, 93 (1–4), 96, 100, 105, 111u, 112, 114, 117 (1, 2), 118 (3), 119 (1), 120 (2), 128u, 130 (1–6), 131, 132 3er-Serie, 134o, 134u, 136u, 139 (1, 2), 139u, 141, 143o, 143u, 149 (6), 152, 153u, 160 3er-Serie, 163, 168 (2–4), 169o, 169u, 175, 176o, 176u, 178 (1–3), 179, 187, 188 (1–4), 190, 192 (1), 194, 197 (2), 198, 205 (2), 208, 215, 216*
Worm, Sebastian *12u, 106o, 157 3er-Serie*

Dank

Hausmittel wurden schon in alten Zeiten von Generation zu Generation überliefert. Sie waren das Erbe von Familien oder Dorfgemeinschaften. Man erinnerte sich an sie, wenn man sie brauchte und weil man sie als wohltuend oder nützlich erlebt hatte.

Wir empfinden es als besonderes Privileg, in einer Zeit und einer Gesellschaft zu leben, in der uns verschiedene Quellen zu medizinischem Wissen offenstehen. Ein Privileg ist zudem die Möglichkeit der digitalen Vernetzung, die uns gemeinsames Arbeiten über Hunderte von Kilometern hinweg ermöglicht. Die traditionellen Hausmittel sind auf diese Weise in der Moderne angekommen. Lebendig werden sie jedoch erst durch ihre Anwendung, Überprüfung und Weiterentwicklung. Allen, die bereit waren, hierbei mitzuwirken und uns an ihrem Wissen und ihren Erfahrungen teilhaben zu lassen, gilt unser herzlicher Dank. Wir danken allen Tierhaltern für die Weitergabe ihrer Hausmittel, ebenso den Teilnehmerinnen und Teilnehmern unserer Kurse und Seminare, die uns durch kritische Fragen, eigene Erfahrungen und Ideen weitergebracht haben.

Wir danken unseren Dozentinnen und Dozenten, die uns das Heilpflanzenwissen wissenschaftlich erschlossen haben und jederzeit für Fragen zur Verfügung standen. Sie versetzen uns damit in die Lage, Überliefertes kritisch zu bewerten.

Wir danken allen, die durch ihre Fotos dieses Buch gestaltet haben, besonders Ferdinand Worm, der unsere vielen Bilderwünsche in wochenlanger Arbeit umgesetzt hat. Das wiederum wäre nicht möglich gewesen ohne die Menschen, die bereit waren, ihre Tiere fotografieren zu lassen. Auch dafür ein herzliches Dankeschön!

Wir danken den Menschen, die unsere Texte kritisch gelesen und durch ihre Vorschläge verbessert haben.

Dank gilt nicht zuletzt dem Haupt Verlag, und hier ganz besonders Frau Regine Balmer. Sie war jederzeit offen für unsere Wünsche und Ideen und hat damit wesentlich zu unserer Freude an dieser Arbeit beigetragen.

Cäcilia Brendieck-Worm, Franziska Klarer, Elisabeth Stöger

Pflanzenverzeichnis (Deutsch-Latein) und Rezepturenverzeichnis

Stichwortverzeichnis